环境保护技术问答丛书

U0203205

工业脱硫脱硝技术问答

朱洪法　编著

石油工业出版社

内 容 提 要

本书以问答方式介绍工业脱硫、工业脱硝及工业同时脱硫脱硝技术。主要内容包括煤燃烧前脱硫、煤燃烧中脱硫、烟气脱硫、低氮氧化物燃烧、烟气脱硝等技术。此外，还介绍了各种同时脱硫脱硝技术及与脱硫脱硝相关的环保知识。

本书可供煤炭、发电、炼油、石化、化工、冶金、建材等行业从事烟气污染治理及控制的环保工作人员、技术人员、管理人员阅读，也可供环保专业的高等院校师生阅读。

图书在版编目（CIP）数据

工业脱硫脱硝技术问答/朱洪法编著. —北京：
石油工业出版社，2020.6
　（环境保护技术问答丛书）
　ISBN 978-7-5183-3989-1

　Ⅰ.①工…　Ⅱ.①朱…　Ⅲ.①工业–脱硫技术–问题
解答②工业–脱硝–技术–问题解答　Ⅳ.①X701-44

　中国版本图书馆 CIP 数据核字（2020）第 078656 号

出版发行：石油工业出版社
　　　　　（北京安定门外安华里 2 区 1 号楼　100011）
　　　　　网　　址：www.petropub.com
　　　　　编辑部：(010) 64523546　图书营销中心：(010) 64523633
经　　销：全国新华书店
印　　刷：北京中石油彩色印刷有限责任公司

2020 年 6 月第 1 版　2020 年 6 月第 1 次印刷
710×1000 毫米　开本：1/16　印张：15.75
字数：296 千字

定价：100.00 元
（如出现印装质量问题，我社图书营销中心负责调换）

前　　言

我国是能源消费大国，煤仍然是人类主要能源之一。煤炭燃烧，以及炼油、石化、冶金、建材等工业烟气排放的污染物中，二氧化硫及氮氧化物是最主要的大气污染物。二氧化硫、氮氧化物是形成酸雨的前体物质，酸雨对人类健康及生态环境会产生极大危害。

目前，各级地方政府都十分重视二氧化硫、氮氧化物及酸雨的控制工作，国家也制定了许多对二氧化硫、氮氧化物污染控制的相关政策及法规。面对严峻的环境保护形势和公众日益增长的环境保护诉求，各种工业企业都在以提高能效、降低排放为目标进行科学规划和优化选择，积极采用各种污染物净化、减排和利用技术。

为了适应我国治理大气污染工作的需要，普及环保知识，介绍工业企业脱硫脱硝技术的现状及进展，特编写了本书。

本书以问答方式简要介绍了工业上各种脱硫脱硝技术的原理、特点、应用情况及存在问题等。全书共分为三章：第一章为工业脱硫，主要内容包括煤燃烧前脱硫、煤燃烧中脱硫、湿法烟气脱硫、半干法烟气脱硫、干法烟气脱硫，以及与脱硫技术相关的环保知识；第二章为工业脱硝，主要内容包括低氮氧化物燃烧技术、燃煤锅炉的低氮氧化物运行技术、干法烟气脱硝、湿法烟气脱硝，以及与脱硝技术相关的环保知识；第三章为工业同时脱硫脱硝，主要包括活性炭/活性焦同时脱硫脱硝技术、固相吸附/再生同时脱硫脱硝技术、气固催化同时脱硫脱硝技术、吸收剂喷射同时脱硫脱硝技术及湿法同时脱硫脱硝技术等。刘雪峰、于洋、钟国财、王翠红、单红飞等也参与了本书的编写。

由于控制二氧化硫、氮氧化物的技术很多，涉及面很广，笔者水平所限，书中疏漏之处在所难免，敬请读者批评指正。

目　　录

第一章　工业脱硫

一、一般知识

1. 大气污染分为哪些类型?

大气污染通常是指由于人类活动或自然过程引起某物质进入大气中,呈现足够的浓度,持续了足够的时间,并因此危害了人体的舒适和健康,或危害了环境及生态系统。依据大气污染物组成及污染产生的原因,可将大气污染分为煤烟型、石油型、混合型及特殊型四种类型。

煤烟型污染是由用煤工业及家庭炉灶等燃煤设备的烟气排放造成的,我国大部分城市污染属于这类污染。燃煤排放烟气中的主要污染物是二氧化硫。它在大气中能被自由基氧化成三氧化硫,再溶于水汽中形成硫酸雾。硫酸雾可凝成大颗粒,形成酸雨,对人体及环境产生危害。

石油型污染是由于燃烧石油产品向大气中排放有害物质造成的。石油是多种烃类的复杂混合物,主要成分为碳、氢、氧、氮、硫等。石油及石油产品(如汽油、柴油)燃烧时产生的大量浓烟、硫化氢、氮氧化物及二氧化硫等会污染大气。这类污染物在阳光照射下会发生化学反应,并形成光化学烟雾。

混合型污染是由煤炭和石油产品在燃烧或加工过程中产生的混合物所造成的,是介于燃煤型污染与石油型污染之间的一种大气污染。这类污染反应十分复杂,如烯烃和臭氧反应生成的过氧化氢自由基等氧化剂能大大加快二氧化硫的氧化速率。

特殊型污染是由于各类工业企业排放的特殊气体(如氯气、氯化氢、硫化氢、氨气、金属蒸气及各种酸性气体等)引起的大气污染。

2. 什么是大气污染物?

大气污染物是指由于人类活动或自然过程排放到大气中,对人或环境产生不利影响的物质。按中国环境标准及环境政策法规规定,大气污染物可分为两种:一种是为履行国际公约确定的污染物,主要是二氧化碳及氯氟烃(CCl_3F、CCl_2F_2等);另一种是全国性的大气污染物,主要有粉尘、二氧化硫、氮氧化物、一氧化碳、光化学氧化剂、过氧乙酰硝酸酯等。其中,又以粉尘、二氧化硫及氮氧化物为主要污染。这些大气污染物的人为来源主要为化石燃料燃烧、工业生产过程、农业生产及交通运输等。

3. 什么是大气中的一次污染物和二次污染物？

大气污染物根据污染物的形成过程可分为一次污染物和二次污染物。一次污染物又称原发性污染物，是由污染源直接排放，且在大气迁移时其物理和化学性状未发生变化的污染物，如 SO_2、NO_x、CO_2、CO 和 HF 等；一次污染物进入环境中，在诸多因素的作用下，经过化学反应生成与原污染物在物理、化学性状方面有所不同的新污染物，称为二次污染物。如硫酸烟雾、硫酸盐气溶胶、光化学氧化剂、过氧乙酰硝酸酯等。

二次污染物对人体和环境产生的危害往往比一次污染物更严重，如 SO_2 转变为硫酸或硫酸盐后对人体健康的危害性会更大。而且二次污染物的形成机制较为复杂，因此在防止和治理二次污染的发生上也较为困难。我国大气环境中的主要污染物为尘、SO_2 及 NO_x 等。

4. 什么是大气污染源？有哪些类型？

大气污染源是指向大气排放足以对环境产生有害影响物质的生产过程、设备、场所或物体等，它又可分为多种类型。

(1) 天然大气污染源。自然界自行向大气环境排放有害物质的场所。如活动火山、自然逸出煤气和天然气的煤田、油田，释放硫化氢、氨等气态污染物的腐烂动植物等。

(2) 人为大气污染源。因人类生产和生活活动所形成的大气污染源，如燃料燃烧、能源开发以及向大气排放各种污染物的生产过程等。按功能不同，又可分为工业污染源、农业污染源、交通运输污染源及生活污染源等。

(3) 固定大气污染源。指排放大气污染物的固定装置、设备和场所。如火力发电厂排放 SO_2，就称火力发电厂为污染源。锅炉、工业窑炉、民用炉灶等也是排放硫氧化物、氮氧化物、碳氧化物、烟尘等污染物的固定排放源。

(4) 移动大气污染源。指在交通运输和移动生产过程中排放大气污染物的各种交通运输设施和设备，如汽车、船舶、机车、拖拉机等，排放的大气污染物有 CO、NO_x、SO_x、碳氢化合物及黑烟等。

(5) 大气污染点源。指集中在一点或可当作一点的小范围排放大气污染物的污染源。按排放污染物的持续时间，可分为连续排放点源和瞬时排放点源；按源的高度，可分为高架点源（如有一定高度的烟囱和排气筒）及地面点源。通常将高烟囱的排放作为高架连续排放点源。

(6) 大气污染面源。指在大面积范围排放大气污染物的污染源。如商业用锅炉、家用炉灶及个体小工业污染源均属污染面源。这些小锅炉或小火炉效率低，不适合安装烟气脱硫及除尘装置，所用烟囱低矮，排放的 SO_2 及烟尘难以扩散，从而造成该区域的局部污染。

5. 什么是大气气溶胶?

气溶胶是以固体或液体为分散相和气体为分散介质所形成的溶胶。如烟是固体微粒分散在空气中的固态气溶胶，烟雾是固液混合态气溶胶。大气气溶胶是悬浮于空气中固态和液态质点组成的一种复杂化学混合物。大气气溶胶可以作为细颗粒物（初生源）直接被排放出来，也可以由气态前体物通过化学反应（如光化反应）间接形成于大气中（次生源）。如排放到大气中的 SO_2 经过化学反应可生成硫酸盐气溶胶。

大气气溶胶的典型尺度是 $0.001\sim10\mu m$，其在大气中的停留时间少则几小时，平均可达几天、一周至数周，有散射、减弱阳光辐射的作用，使大气能见度降低，改变环境温度和植物的生长速度。

大气气溶胶超细粒子的自然来源包括火山爆发的烟尘、被风吹起的尘埃等。人为来源则来自化合燃料燃烧、工业生产排放、汽车尾气排放等过程中经过燃烧而排放的残留物，大多含有重金属等有毒物质。由于气溶胶粒径小、比表面积大，为大气中的许多化学反应提供了良好的反应床。而大气中的许多污染物（如 SO_2、NO_x 等）的最终归宿是形成气溶胶粒子。其粒子可通过呼吸道侵入人体，对健康造成危害。

6. 我国主要工业企业产生的大气污染物有哪些?

工业企业生产过程产生的大气污染物种类多、数量大。其产生的污染物种类和性质与工业企业的性质、产品结构、工艺流程、技术管理水平等密切相关。表 1-1 列出了我国主要工业企业产生的大气污染物。

表 1-1　我国主要工业企业产生的大气污染物

工业部门	企业	主要排放污染物
电力工业	火力发电厂	烟尘、SO_2、NO_x、CO
冶金工业	钢铁厂	烟尘、SO_2、CO、氧化铁粉尘、NO_x
	有色金属冶炼厂	含 Pb、Zn、Cu、Ca 等金属粉尘，SO_2，汞蒸气，氯化物
	炼焦厂	烟尘、SO_2、H_2S、CO、苯、酚、烃类、萘
炼油、石化及化工行业	炼油厂	烟尘、烃类、SO_2、苯、酚、H_2S、酸雾、氰化物
	石油化工厂	SO_2、H_2S、氯化物、氰化物、氯化氢、烃类、酸雾
	氮肥厂	粉尘、NO_2、CO、NH_3、酸雾
	磷肥厂	粉尘、氟化氢、四氟化硅、硫酸气溶胶
	氯碱厂	氯气、氯化氢、汞蒸气、卤代烃、氯乙烯

工业部门	企业	主要排放污染物
炼油、石化及化工行业	硫酸厂	SO_2、NO_2、硫酸气溶胶、砷化物、酸雾
	化纤厂	烟尘、氨、H_2S、CO_2、卤代烃、丙酮
	合成染料厂	氨、H_2S、苯、有机气体、NO_x
	涂料厂	苯、丙酮、芳烃、挥发性有机物
	合成橡胶厂	苯乙烯、乙烯、丁二烯、异戊二烯、异丁烯、二氯乙烷
	农药厂	砷化物、汞、氯气、农药
建材工业	水泥厂	烟尘、粉尘、氟化物
	砖瓦厂	烟尘、CO、NO_x
	石棉加工厂	粉尘
机械工业	机械加工厂	粉尘、烟尘
轻工业	造纸厂	SO_2、H_2S、烟尘
	灯泡厂	烟尘、汞
	食品加工厂	氨、H_2S
交通运输业	物流企业	烟尘、SO_2、NO_x、烃类

7. 大气污染控制的对象主要是什么?

大气污染物很多,对大气污染的对象主要是人类活动,特别是工业及农业生产过程、燃料燃烧和交通运输所排放的含有污染物的废气。主要包括:含二氧化硫废气、氮氧化物废气、各种含尘废气、含氟废气、含汞废气、硫化氢废气、各种酸雾、有机化合物废气、沥青烟、恶臭及其他有毒有害气体等。此外,也包括对破坏臭氧层物质和温室气体的排放控制。

中国大气环境污染以煤烟型污染为主,主要是工业生产及居民燃煤过程排放的污染物。因此,主要污染源控制包括燃煤电厂锅炉、工业锅炉和窑炉,以及对局地环境污染有显著影响的其他燃煤设施。重点区域是"两控区"及对"两控区"酸雨的产生有较大影响的周边省、市和地区。此外,以汽车排气为代表的石油型污染在一些大中城市日益凸显,污染物控制对象主要是汽车尾气中的烟尘、氮氧化物、硫化物及碳氢化合物等。

8. 硫在自然界以什么形式存在?

硫在自然界中少数以单质形式存在于火山爆发物里,大多数是以无机化合物的硫化物或硫酸盐形式存在于黄铁矿、雄黄矿、雌黄矿、方铅矿、闪锌矿、朱砂矿、硫镉矿、辉银矿、辉铋矿、辉钼矿、针镍矿、辉锰矿、辉锑矿、硫酸铅矿等矿物中。另有一部分以有机硫化物的形式存在于石油、煤炭、天然气等化石燃料中。矿泉水以及生物体的蛋白质和氨基酸中也含有少量硫。硫的另一重要来源是各种工业中的硫化氢。

9. 单质硫有哪些物理性质？

单质硫是一种淡黄色固体，俗称硫黄，性松脆。分结晶型硫和无定形硫。结晶型硫又有许多同素异形体，主要为斜方硫（或称 α-硫，是由 S_8 环状分子结晶而成）及单斜硫（或称 β-硫，也由 S_8 环状分子组成）。在一定温度下斜方硫与单斜硫可以相互转换。无定形硫主要为弹性硫（又称 γ-硫）。自然条件下只有 α-硫是稳定的，通称自然硫。斜方硫和单斜硫为分子晶体，弹性硫为链状结构晶体。分子大小和结晶类型均与温度的高低相关，如将硫加热到 500℃ 以上，硫蒸气中有 S_8、S_6、S_4、S_2 存在，如再逐渐加热到 1000℃ 以上，分子类型就会渐次减少到只剩下 S_2 一种分子。如加热到 1200℃，就全变成硫原子。硫的熔点 112.8℃（α-硫）、119.25℃（β-硫）。相对密度 2.07（α-硫）、1.96（β-硫）。沸点 444.67℃（α-硫、β-硫）。着火点 363℃。不溶于水，微溶于乙醇、乙醚，易溶于 CS_2、苯、四氯化硫。高热易燃，燃烧产物为氧化硫。硫与氧化剂混合能形成爆炸性混合物。硫黄粉体与空气形成爆炸性混合物，爆炸下限 2.3%。

10. 单质硫有哪些化学性质？

硫的化学性质活泼，主要化合价为 -2、+4 和 +6。在加热条件下，能与金、铂以外的所有金属直接化合，与活泼金属形成离子型硫化物，与不活泼金属形成共价型硫化物。如 S 与 Hg 在常温下即可反应生成 HgS，利用此反应，可用于除去散落在地上的有毒水银。

硫也能与惰性气体、碘和分子氮以外的所有非金属化合，生成共价型化合物。硫也可将磷、碲、砷、硅、硼等比其电负性低的非金属，从它们的氢化物及金属化合物中赶走而取而代之。经加热可与氢反应生成硫化氢，其水溶液就是氢硫酸。

硫是两性元素，既能与浓硝酸反应生成一氧化氮和硫酸，也能与氢氧化钠溶液反应生成硫化钠、亚硫酸钠和水。既可形成多种含氧酸，也能形成多种无氧酸。硫的化合物类型主要是硫化物、硫的卤化物和氧化物、硫酸盐等。常见化合物有硫酸、硫化氢、二氧化硫、二硫化碳、硫化汞、硫化铅、硫酸钙及硫酸钡等。

11. 二氧化硫有哪些性质？

二氧化硫（SO_2）又称亚硫酸酐、无水亚硫酸，是一种无色而有强烈刺激性气味的气体，相对密度 2.927。于常压、-10℃ 下或常温、0.405MPa 下，SO_2 即可液化成无色液体。SO_2 溶于水部分变为亚硫酸。也溶于乙醇、乙醚、氯仿及乙酸等。SO_2 既有还原性，又有氧化性，但以还原性为主，它能使高锰酸钾溶液褪色，在催化剂作用下，能被空气氧化为三氧化硫。遇到强还原剂时，本身被还原为硫单质。能漂白某些有色物质，但漂白原理与氯不同，它不能氧化和分解某些色素，而是在水存在下和色素结合成无色的不稳定化合物，这种化合物易分解，日久又会逐渐恢复原先的颜色。SO_2 不燃，加热至 2000℃ 不分解，也不与空气形成爆炸性混合物。

12. 大气中二氧化硫主要来源是哪里？

大气中的二氧化硫主要来源于自然界和人为活动。自然界中主要是含硫物质的燃烧过程，特别是火山爆发；人为活动包括化石燃料燃烧（发电厂、钢铁厂、炼油厂及化工厂的燃煤燃油炉产生的烟气）、有色金属冶炼过程（如铜、铅、锌、镁等有色金属的主要原料硫化精矿冶炼产生的烟气）、其他工业生产及化工原料的生产过程（如硫酸生产及烧结产生的烟气）、汽车排放的尾气及垃圾焚烧产生的烟气等。

应该讲，大气中 SO_2 的来源很广，几乎所有工业企业都可能在不同程度上产生 SO_2，但排放 SO_2 的各种过程中，约90%来自燃料燃烧，其中又以火力发电厂排放量最大。火力发电厂每燃烧煤 1t 煤，大约排放 10kg 烟尘。如燃烧 1t 含硫 0.5% 的煤，会产生接近 10kg 的 SO_2。

13. 二氧化硫对人体有哪些危害？

二氧化硫对人体呼吸器官有很强的刺激及毒害作用，也可通过皮肤毛孔侵入人体，还可通过饮水和食物经消化道进入人体而产生危害，人体主要经呼吸道吸收大气中的二氧化硫，而引起不同程度的呼吸道及眼黏膜刺激症状。当空气中的 SO_2 浓度为 $1×10^{-6}$ 时，人的胸部就会产生一种被压迫的不适感；当 SO_2 浓度达到 $8×10^{-6}$ 时，人体会感到呼吸困难；SO_2 浓度达到 $10×10^{-6}$ 时，人体咽喉纤毛就会排出黏液。二氧化硫的危害在于它常跟大气中的飘尘相结合而一起被人体吸入，飘尘气溶胶微粒可将 SO_2 带入肺部而使毒性增加 3~4 倍。

SO_2 的作用机制为在呼吸道及眼黏膜湿润表面生成亚硫酸、硫酸，从而刺激黏膜及分泌，增加炎症反应，且腐蚀组织引起坏死，SO_2 刺激呼吸道时，使支气管和肺血管痉挛，导致气道阻力增加，通气/血流比例失调，则会引起低氧血症。

14. 二氧化硫的职业性接触涉及哪些行业？

二氧化硫的职业性接触涉及多种行业。在烧制硫黄、制造硫酸及其无机盐、磺酸盐，硫化橡胶、熔炼硫化矿石、燃烧含硫燃料、石油精炼加工、熏蒸杀虫、漂白，生产化肥、涂料及化工原料，烧制陶瓷、金属冶炼、合成药置换、食品饮料生产以及化学助剂制造等行业都会不同程度接触到二氧化硫，也是常遇到的一种工业废气。

15. 二氧化硫中毒有哪些症状？

二氧化硫用于制造三氧化硫、硫酸、亚硫酸盐、保险粉、农药、染料等，也用作漂白剂、防腐剂、杀菌剂、抗氧化剂及溶剂等。属于中等毒类物质。职业长期接触低浓度 SO_2 可引起慢性损害，以慢性鼻炎、咽炎、气管炎、支气管炎、肺气肿、肺间质纤维化等病理改变为常见。少数工人有牙齿酸蚀症。轻度中毒者可有眼灼痛、流泪、畏光、咳嗽，常为阵发性干咳，鼻、咽、喉部有烧灼样痛，伴有声音嘶哑、呼吸短促、胸闷胸痛等症状，有时还会出现恶心、呕吐、上腹痛和消化不良等消化道症状，以及全身症状，如头痛、失眠、全身乏力等。急性中毒是 SO_2 吸入后很快出现眼和上呼吸道刺激症状，表现为流泪、畏光、视物模糊、咽喉灼痛、胸闷、心悸、气短、恶心、呕吐等。严重中毒者较少见，如发生严重中毒，则在数小时内发生肺水肿，出现呼吸困难和发绀，咳粉红色泡沫样痰。高浓度吸入 SO_2 可使肺泡上皮脱落、破裂，导致纵隔气肿，也可引起反射性声门痉挛而致窒息。

16. 发生二氧化硫严重泄漏时应怎样处理？

发生 SO_2 泄漏时应迅速撤离污染区人员至上风处，并立即进行隔离，小泄漏时隔离150m，大泄漏时隔离450m，严格限制人员出入。对已吸入 SO_2 的人员应迅速撤离现场至空气新鲜处，保持呼吸通畅，如呼吸困难，给输氧。对污染区进行应急处理的人员应戴自给正压式呼吸器，穿防毒服。从上风处进入现场，尽可能快速切断泄漏源。用工业覆盖层或吸附/吸收剂盖住泄漏点附近的下水道等场所，防止气体进入。同时还应进行合理通风，加速扩散，用喷雾状水稀释、溶解，并构筑围堤或挖坑收容所产生的大量废水，用石灰或苏打水中和。隔离泄漏区直至气体散尽。

17. 什么是硫氧化物？

硫氧化物的化学式为 SO_x，是硫的氧化物总称。通常硫有4种氧化物，即二氧化硫（SO_2）、三氧化硫（SO_3）、三氧化二硫（S_2O_3）及一氧化硫（SO）。此外，还有两种过氧化物：七氧化二硫（S_2O_7）和四氧化硫（SO_4）。二氧化硫主要形成于燃料的燃烧。当燃料中的硫在燃烧过程中与氧反应，主要产物是二氧化硫和三氧化硫，但三氧化硫的生成量较少。在富燃状态下，还会生成其他形式的硫氧化物，但由于这些硫氧化物的化学反应能力强，在各种氧化反应中仅以中间产物的形式出现。硫氧化物是全球硫循环中重要的化学物质，而二氧化硫是大气主要污染物。

18. 硫氧化物形成的机理是怎样的？

硫氧化物是燃料燃烧过程释放的一类污染物。燃料在燃烧时，以有机硫为主的低温硫在 750℃ 以下开始析出，单质硫和硫铁矿硫为主的高温硫在 800℃ 以上开始大量析出。当析出的可燃性硫参与燃烧时，就生成 SO_2，另有 1%~5% 的 SO_2 被进一步氧化成 SO_3。单质硫和硫化物硫在燃烧时直接生成 SO_2 及 SO_3，而有机硫则先生成 H_2S、CS_2 等含硫化合物，然后再进一步被氧化成 SO_2。主要化学反应如下：

单质硫燃烧反应： $\qquad S+O_2 \longrightarrow SO_2$

$$SO_2+\frac{1}{2}O_2 \longrightarrow SO_3$$

硫化物的燃烧反应： $\qquad 4FeS_2+11O_2 \longrightarrow 2Fe_2O_3+8SO_2$

$$SO_2+\frac{1}{2}O_2 \longrightarrow SO_3$$

有机硫的燃烧反应： $\qquad CH_2CH_3SCH_2CH_3 \longrightarrow H_2S+H_2+C+C_2H_4$

$$2H_2S+3O_2 \longrightarrow 2SO_2+2H_2O$$

$$SO_2+\frac{1}{2}O_2 \longrightarrow SO_3$$

应该指出，只有可燃性硫才参与燃烧，并在燃烧后生成 SO_2 及少量 SO_3。如含硫量为 0.5%~5% 的煤，1t 煤中含硫 5~50kg，包括可燃性硫和非可燃硫。可燃性硫只占 80%~90%，由于可燃性硫中有 1%~5% 转化为 SO_2，则燃煤中的硫转化为 SO_2 的转化率应为 80%~85%。

19. 二氧化硫污染控制区划分的基本条件是什么？

我国环境空气 SO_2 污染集中于城市，污染的主要原因是局地大量的燃煤设施排放 SO_2 所致，受外来源影响较小，控制 SO_2 污染主要是控制局地的 SO_2 排放源；SO_2 年平均浓度的二级标准是保护居民和生态环境不受危害的基本要求，而 SO_2 日平均浓度的三级标准是保护居民和生态环境不受急性危害的最低要求。因此，基于上述考虑，SO_2 污染控制区划分的基本条件为：

（1）近年来环境空气 SO_2 年平均浓度超过国家二级标准；

（2）SO_2 日平均浓度超过国家三级标准；

（3）SO_2 排放量较大；

（4）以城市为基本控制单元。

国家级贫困县暂不划入 SO_2 污染控制区。酸雨和 SO_2 污染都严重的南方城市，不划入 SO_2 控制区，划入酸雨控制区。

20. 我国二氧化硫排放现状如何？

我国是世界上最大的煤炭生产国和消费国，也是世界上几乎唯一以煤为初级能源的经济大国。我国排放的 SO_2 约有 90% 来自燃煤。1995 年，我国 SO_2 排放

量达到 $2370 \times 10^4 t$ ，已超过欧洲和美国，居世界第一位。随后由于国家对 SO_2 等主要污染物排放实施总量控制， SO_2 排放总量有所减少。而在 2002 年后，随着经济快速发展、煤炭消耗又持续增长， SO_2 排放量又呈增加趋势。2005 年达到 $2549 \times 10^4 t$ ，2006 年达到 $2588.8 \times 10^4 t$ ，随着国家"十一五"节能减排政策的实施， SO_2 排放量开始持续下降，到 2010 年降低到 $2185.1 \times 10^4 t$ 。由于我国以煤为主的能源结构还未根本改变，随着经济的发展， SO_2 的产生量还会持续增加，如不采取有效的削减措施和脱硫技术，未来我国 SO_2 排放量仍会达到很高水平。据估测，我国大气中 SO_2 浓度达到国家空气质量二级的环境容量约为 $1200 \times 10^4 t$ ，因此， SO_2 污染控制的形势是十分严峻的。

21. 怎样估算二氧化硫的排放量？

SO_2 排放量计算是进行大气污染控制的基础。产生量（或称产污量）和排放量（或称排污量）是指某一大气污染源在一定时间内，生产一定数量产品所产生的和向大气环境中所排污的 SO_2 量。由于大气污染源的生产工艺、生产规模、设备技术水平、运行排放特征等的多样性，使得精确计算某污染源污染物的产生量和排放量都极为困难。实际上， SO_2 的产生量和排放量也是由以上众多因子决定的。通常所称的产生量和排放量是指在某些特征条件下的平均估算值。其估算方法可分为以下两类。

（1）有组织排放的一般估算方法。它可分为现场实测法、物料衡算法、经验估算法及类比分析法等。

现场实测法是在废气排放的现场实施进行废气样品采集和废气流量测定的一种方法；物料衡算法是依据物料守恒定律，按照生产部门的原料、燃料、生产工艺、产品及副产品等方面硫元素的物料平衡关系来推算 SO_2 的产生量和排放量；经验估算法是根据生产单位产品（或单位产量）所产生或排放的 SO_2 量来估算污染物总的产生量和排放量；类比分析法是通过调查或寻找其类同的已建成运行的企业的 SO_2 产生量或排放量来间接估算出 SO_2 的产生量或排放量。

（2）无组织排放的估算方法。它也可分为物料衡算法、通量法及浓度反推法。

物料衡算法与上述相同。通量法是假设 SO_2 自污染源排入大气后，其质量是守恒的。因此通过下风向离源任意距离的垂直截面的污染物通量是常量，这时就可以在源的下风向近距离处通过实测资料求其无组织排放量。浓度反推法是利用污染物在大气中输送扩散模式，由野外实测的浓度值反推出 SO_2 的产生量或排放量。

上述各种方法中，现场实测法比较准确，估算的 SO_2 产生量或排放量能反映实际情况，但该法所需人力、物力较大，费用较高，而且只能用于已建成运行的污染源测定，不能用于未建成的污染源测定。

22. 怎样用现场实测法测定二氧化硫？

现场实测法是在废气排放现场进行废气中 SO_2 产生量和排放量测定的一种客观方法。废气样品的采集和废气流量的测定一般均在排气筒或烟道内进行。为保证测定数据准确，通常对废气多点采样和测量，以取得平均浓度和平均流量值。

测得的样品经分析测定即可得到每个采样点的浓度值，若干浓度值的平均值为 SO_2 的排放浓度。每个测量点均可测出废气的排放速度，若干个排放速度的平均值为废气的平均排放速度。平均排放速度与废气通道的截面积相乘，即为废气的流量。

SO_2 的产生量或排放量可由下式计算：

$$M = 10^{-6}CV$$

式中，M 为单位时间内 SO_2 的产生量（或排放量），kg/h；C 为 SO_2 的实测平均浓度，mg/m^3；V 为废气的实测平均流量，m^3/h。

23. 我国污染控制排放标准中对二氧化硫的排放有哪些要求？

根据 2012 年颁布的《环境空气质量标准》（GB 3095—2012），将环境空气质量功能区划分为两类：一类区为自然保护区、风景名胜区和其他需要特殊保护的区域；二类区为居住区、商业交通居民混合区、文化区、工业区和农村地区。该标准中二氧化硫的排放要求见表 1-2。

表 1-2　二氧化硫排放限值

污染物项目	平均时间	浓度限值，$\mu g/m^3$	
		一级	二级
二氧化硫（SO_2）	年平均	20	60
	24h 平均	50	150
	1h 平均	150	500

一类区适用一级浓度限值，二类区适用二级浓度限值。

以空气污染指数（API）为指标，我国城市空气质量日报分级标准中，二氧化硫的限值见表 1-3。

表 1-3　空气污染指数中的二氧化硫限值

空气污染指数	SO_2，mg/m^3	空气污染指数	SO_2，mg/m^3
50	0.050	300	1.600
100	0.150	400	2.100
200	0.800	500	2.620

24. 什么是酸雨？是怎样形成的？

酸雨又称酸性降水。正常情况下，大气中因含 CO_2 等酸性气体，降水呈微酸性，但如果还有其他酸性物质存在，就会使降水的 pH 值降低。通常所说的酸雨是指 pH 值小于 5.65 的大气降水。不同酸性物质对酸雨的贡献率为：硫酸 60%~70%、硝酸约 30%、盐酸约 5%、有机酸约 2%。其中，硫酸及硝酸是人为排放的 SO_2 及 NO_x 转化而成的，也即酸雨的主要成分是硫酸，其次是硝酸。

SO_2 的转化大致有两种途径：一是催化氧化作用，在 Fe、Mn 等催化剂存在下，SO_2 经催化氧化为 SO_3，然后与水结合成为硫酸气溶胶；二是光催化氧化，SO_2 经光量子催化形成 SO_3。此外，SO_2 和光合作用形成的自由基结合也会形成 SO_3，其反应为：

$$SO_2 + HO \cdot \longrightarrow HOSO_2$$
$$HOSO_2 + HO \cdot \longrightarrow H_2SO_4$$
$$HO_2 \cdot + SO_2 \longrightarrow HO \cdot + SO_3$$
$$SO_3 + H_2O \longrightarrow H_2SO_4$$

同样 NO_x 转化为硝酸的反应为：

$$HO \cdot + NO_2 \longrightarrow HNO_3$$
$$N_2O_5 + H_2O \longrightarrow 2HNO_3$$

在我国酸性降水中，主要属于硫酸型酸雨，降水呈酸性的主要原因之一是 SO_2 的大量排放，因此控制 SO_2 排放是防治酸雨污染的主要措施。

近年来，随着机动车保有量的增加，而氮氧化物主要来自机动车尾气，这也使得大气中氮氧化物的含量增多。与 SO_2 的形成机制类似，氮氧化物经过非均相氧化转变成硝酸进入降水中，从而影响降水的 pH 值。

25. 什么是酸雨率和酸雨区？

某地区一年之内可能降若干次雨，其中有的不是酸雨，有的是酸雨。因此，将该地区的酸雨次数除以降雨的总次数就称为酸雨率，其最小值为 0，最大值为 100%。如果有降雪，则以降雨视之。有时，一个降雨过程可能持续几天，所以酸雨率应以一个降水全过程为单位。也即酸雨率为一年出现酸雨的降水过程次数除以全年降水过程的总次数。酸雨率是判别某地区是否为酸雨区的重要指标。

目前，我国对定义酸雨区的科学标准尚在讨论之中，但一般可分为以下五级标准：(1) 非酸雨区，年均降水 pH 值大于 5.65，酸雨率为 0~20%；(2) 轻酸雨区，年均降水 pH 值为 5.30~5.65，酸雨率为 10%~40%；(3) 中度酸雨区，年均降水 pH 值为 5.00~5.30，酸雨率为 30%~60%；(4) 较重酸雨区，年均降水 pH 值为 4.70~5.00，酸雨率为 50%~80%；(5) 重酸雨区，年均降水 pH 值小于 4.70，酸雨率为 70%~100%。

26. 酸雨控制区划分的基本条件是什么？

一般将 pH≤5.65 的降水称为酸雨，而当 pH≤4.9 时将会对森林、农作物及材料产生损害。西方发达国家多将降水 pH≤4.6 作为确定受控对象的指标，不同地区的土壤和植被等生态系统对硫沉降的承受能力会有不同。硫沉降负荷反映了这种承受能力的大小；酸雨污染是发生在较大范围的区域性污染。酸雨控制区应包括酸雨污染最严重地区及周边 SO_2 排放量较大地区；我国酸雨污染严重区域也含有一些经济落后贫困地区，但这些地区目前还不具备严格控制 SO_2 排放的条件。

基于以上考虑，并考虑到我国社会发展水平和经济承受能力，确定酸雨控制区划分的基本条件为：

（1）现状监测降水 pH≤4.5；

（2）硫沉降超过临界负荷；

（3）SO_2 排放量较大的区域。

国家级贫困县暂不划入酸雨控制区。

27. 我国酸雨发生情况怎样？

我国从 20 世纪 80 年代就开始对酸雨污染进行观测和调研。在 80 年代，酸雨主要发生在以重庆、贵阳和柳州为代表的西南地区，酸雨区面积约为 $170×10^4km^2$。到 90 年代中期，酸雨发展到长江以南、青藏高原以东及四川盆地的广大地区，酸雨区面积扩大了 100 多万平方千米。以长沙、赣州、南昌、怀化为代表的华中酸雨区已成为全国酸雨污染严重的地区，其中心区平均降水 pH 值低于 4.0。以南京、上海、杭州、福建和厦门为代表的华东沿海地区也成为酸雨地区。华北的京津、东北的丹东、图们等地区也出现酸性降水。酸雨污染呈区域性特征，已占国土面积的 30% 以上。在 2010 年对 494 个市（县）监测中，出现酸雨的市（县）达 249 个，占 50.4%。发生严重酸雨（降水 pH 值年平均值小于 5.0）和重酸雨（降水 pH 值年平均值小于 4.5）的城市比例分别为 21.6% 和 8.5%。

酸雨是工业高度发展的副产物。我国的酸雨发生和发展与我国能源消费增长密切相关，随着能源消耗的持续增长，特别是能源煤的消耗居高不下，致使 SO_2 排放量相应增大。此外，机动车排放的尾气也是形成酸雨的重要原因。为了治理和控制酸雨污染，国家深入实施《大气污染防治行动计划》，推动能源结构化调整，实施以电代煤、以气代煤；加快淘汰每小时 10 蒸吨及以下的燃煤锅炉；分批淘汰黄标车和老旧车辆；加强重污染天气监测预报评估体系建设，实施重污染天气区域应急联动等措施，我国酸雨区及酸雨城市数趋于逐渐下降，根据 2016 年《中国环境状况公报》，我国酸雨区面积约为 $69×10^4km^2$，占国土面积的

7.2%，比 2015 年下降 0.4 个百分点。其中，较重酸雨区和重酸雨区面积占国土面积的比例分别为 1.0% 和 0.03%；对 474 个城市（区、县）开展了降水监测，酸雨城市比例为 19.8%，酸雨频率平均为 12.7%。酸雨类型总体为硫酸型。酸雨污染主要分布在长江以南—云贵高原以东地区，主要包括浙江、上海、江西、福建等大部分地区、湖南中东部、广东中部、重庆南部、江苏南部等地区。

28. 我国酸雨分布有哪些特点？

我国酸雨有着明显的地域分布特点。长江以北的降水呈现中性或者碱性居多，而长江以南的降水呈酸性的特点。这主要是由于长江以南的工业化程度较高。因此，由于城市功能区域的不同，工业密集地区较工业稀疏地区的降水 pH 值也相对较高，城市地区较农村地区的降水 pH 值偏高，呈现出以城市为中心的分布特点。

在季节上，我国的酸雨分布也呈现出一定规律性。总体而言是冬季及春季降水 pH 值偏小，夏季和秋季降水 pH 值偏大，这主要与气候相关，夏季气候湿润，光照时间较长，大气层中容易发生光化学反应，易产生形成酸雨所需的氧化剂，以此影响酸雨季节性分布，这个季节的分布特点在长江以南区域更为明显。

29. 酸雨对环境及人体有哪些危害？

酸雨的危害是多方面的，对生态环境、建筑设施、人体健康等都存在直接和潜在的危害，其表现在以下几个方面：

（1）酸雨对人体健康的危害是间接的和潜在的。人如长期生活在有酸雨的环境中，可以使慢性咽喉炎、支气管哮喘、呼吸道及心血管病的发病率增加，使儿童免疫功能下降；酸雨会造成地表水和地下水酸化，使土壤中的金属离子溶解，从而使水中的重金属含量增高；通过食物链可使汞、铅等重金属进入人体，诱发老年痴呆症和癌症。

（2）酸雨的腐蚀性很强，会使建筑结构、桥梁、供水管网、通信电缆等材料产生锈蚀，使历史文物遭受侵蚀，也会使许多材料被腐蚀得千疮百孔、污迹斑斑。

（3）酸雨能抑制土壤中有机物的分解和氮的固定，淋洗与土壤粒结合的钙、镁、钾等元素，使土壤贫瘠化，从而会伤害植物的芽和叶，影响农作物生长。易受酸雨危害的主要农作物有小麦、水稻、棉花、蔬菜、桑树及西瓜等。

酸雨可使树叶黄化、落叶，破坏森林，使森林生长缓慢，甚至大面积枯萎。

（4）酸雨降低水的 pH 值，使河流、湖泊水酸化，水质变坏。造成耐酸的藻类、真菌增多，而有根植物、细菌和无脊椎动物减少，有机物的分解率降低。当水的 pH 值小于 5 时，鱼类的繁殖和发育受到严重影响。因此，酸化的湖泊、河流中鱼类减少，严重时甚至变成了"死湖"。

30. 我国控制 SO_2 和酸雨的主要措施有哪些？

鉴于我国目前大气环境面临的严重态势，政府控制 SO_2 和酸雨的主要措施有：（1）把 SO_2 和酸雨污染防治工作纳入国民经济和社会发展计划，并要求各级地方政府和有关部门制定相应的 SO_2、NO_x 污染的防治规划以及分阶段的 SO_2、NO_x 总量减排控制计划。（2）从源头抓起，调整能源结构、优化能源质量，对煤炭中硫进行全面控制，减少燃煤 SO_2 排放。发展燃气、燃油、水电及太阳能、风能、生物质能等清洁能源。（3）重点治理燃煤及发电厂污染，削减 SO_2、NO_x 排放总量。电力行业全面推行低氮燃烧技术。新建机组安装高效烟气脱硫脱硝设施。（4）防治炼油、石化、冶金、化工、有色、建材等行业生产过程排放的 SO_2、NO_x 污染。对其他行业加快脱硫设施建设，燃煤锅炉进行升级改造，以集中供热和热电联产替代小型燃煤锅炉。（5）加强环境管理，强化环境执法，运用经济手段治理 SO_2、NO_x 污染排放。（6）大力开发 SO_2 污染防治技术及设备，引进国外先进治理技术及设备。

31. 什么是酸沉降？

酸沉降是指大气中酸性物质的消除及沉降到地表面的现象，它可分为湿沉降及干沉降两种情况。湿沉降是大气中的酸性气体（如 SO_2、NO_x）及酸性颗粒物（如酸性气溶胶）在降水过程中被冲刷消除的现象，被雨滴吸附、溶解、扩散而消除的过程对直径小于 $1\mu m$ 的气溶胶的效率较高，尤对吸湿性、可溶性的气溶胶（如硫酸盐、硝酸盐气溶胶）更为有效，对近地面大气中的 SO_2、NO_x 等气体污染物也有较高的洗脱作用。湿沉降可消除大气中 $80\%\sim90\%$ 的气溶胶。干沉降是酸性物质直接沉降至地表面的现象。干沉降中 SO_2、NO_x、HCl 等气态污染物能被地表物体吸附或吸收，而硫酸雾、含氮等颗粒状酸性物质，经扩散、惯性碰撞及受重力作用最后降落至地面。

酸沉降是一种复杂的大气污染物自净过程，它与沉降物的性质、气象条件及沉降表面等因素有关。

32. 什么是"两控区"？

酸雨、二氧化硫具有强烈的侵蚀破坏力，危害居民健康。其中，酸雨被人们称为"空中杀手"，为防止和减轻酸雨和二氧化硫对环境的破坏，我国《大气污染防治法》规定在全国划定酸雨控制区和二氧化硫污染控制区（简称"两控区"）。将这两类地区列为国家污染重点控制地区。"两控区"共涉及 27 个省、自治区、直辖市的 175 个地市，总面积约为 $109\times10^4km^2$，占国土面积 11.4%。其中酸雨区控制面积约为 $80\times10^4km^2$，占国土面积的 8.4%，二氧化硫污染控制区面积约为 $29\times10^4km^2$，占国土面积的 3%。

在这些地区，要限制高硫煤生产和使用，推广应用洁净煤技术；加强现今的选煤厂技术改造，提高脱硫、除灰能力；严格控制燃煤电厂的二氧化硫排放，采取提高二氧化硫排放收费标准及其他有利于电厂脱硫的经济政策，促进燃煤电厂建设脱硫脱硝设施。

二、煤燃烧前脱硫

1. 什么是煤燃烧前脱硫技术？

煤燃烧前脱硫技术又称燃烧前控制技术或称首端控制技术，是控制燃煤污染的先前一步。它包括物理的、化学的、生物的脱硫方法，煤炭转化脱硫技术及多种技术联合使用的方法等。

煤的物理脱硫法有跳汰、重介质、风选、溜槽和摇床等多种重选、浮选、电选、磁选、油团聚等分离方法。

煤的化学脱硫法有碱法脱硫、氧化脱硫、氢化脱硫及热解脱硫等方法。如热碱液浸出法、液相氧化法、硫酸铁溶液浸出法、熔碱法、氯解法、催化氧化法及溶剂抽提法等。

煤炭转化脱硫技术主要指煤的气化和液化技术，它可明显提高煤的资源利用价值和使用效率，大幅度减少煤炭后续利用过程硫及其他污染物的排放。目前，煤的气化方法已达数十种。煤的液化又可分为直接液化和间接液化两大类。

除了以上方法以外，煤的脱硫技术还有加氢裂解、电化学法、超声波法、微波法、超临界流体萃取等。

2. 什么是洁净燃烧技术及洁净煤技术？

大气中的主要污染物来源于燃料的燃烧，燃料的性质、燃烧技术、燃烧设备以及燃烧过程的科学管理都直接与污染物的生成和大气污染的程度密切相关。我国大气环境的首要污染物二氧化硫也主要是由煤炭燃烧造成的。

洁净燃烧技术主要是通过洁净煤技术减少二氧化硫的排放和通过低氮氧化物技术降低氮氧化物（NO_x）生成量。

洁净煤技术又称清洁煤技术，是指煤炭开发和加工利用过程中，为减少环境污染和提高煤炭利用率的各种技术，一般包括固体煤炭的处理技术和煤炭的转化技术。我国的洁净煤技术涉及以下四个领域，包含多种技术：（1）煤炭加工（包括煤炭洗选、发展型煤技术及水煤浆技术）；（2）煤炭高效洁净燃烧（如循环流化床发电技术、增压流化床发电技术、整体煤气化联合循环发电技术）；（3）煤炭转化（包括煤炭气化、煤炭液化、燃料电池等技术）；（4）污染排放控制与废弃物处理（包括烟气净化、电厂粉煤灰综合利用、煤层甲烷的开发利用、煤矸石和煤泥的综合利用等）。

低氮氧化物燃烧技术是一种改变燃烧条件抑制氮氧化物生成的燃烧技术。因为影响燃烧过程中 NO_x 生成的主要因素是燃烧温度、烟气在高温区的停留时间、烟气中各种组分的浓度以及混合程度。因此，只要改变空气—燃料比、燃烧温度、燃烧区冷却的程度和燃烧器的形状设计等，就可以减少燃烧过程中氮氧化物的生成。工业上大多采用减少过剩空气和采用分段燃烧、烟气循环、低温空气预热和采用低 NO_x 燃烧器等手段实现低氮氧化物生成和排放。

3. 什么是煤的脱硫可选性？

煤的脱硫可选性是指煤中有机质和煤中硫分可分离的难易程度。它主要反映了按要求的煤炭硫分质量指标从原煤中获得合格产品的难易程度。因此，它是煤炭脱硫方法选择和工艺设计的重要指标。

影响煤炭脱硫可选性的因素很多，如煤的破碎程度及煤中硫的赋存形态、脱硫方法等。选煤技术中，原煤的可破碎性及粒度组成与洗选前的筛分、破碎有关；煤的表面性质与所用药剂有关，从而影响到细粒煤的浮选。对选煤影响最大的是煤中矿物质与有机质的结合状态及其可解离性。

在煤的脱硫可选性分析中，重点是评价原煤通过洗选降低硫分的可能性和精煤硫分降低程度与收率之间的关系。由于物理选煤脱掉的硫是以煤中的硫铁矿硫为主的，所以煤中硫的可脱出性和硫铁矿硫占全硫的比例以及硫铁矿的赋存形态有关。

4. 煤的物理脱硫技术主要有哪些？

煤的物理脱硫技术主要指重力选煤，也即跳汰选煤、重介质选煤、空气重介质流化床干法选煤、风力选煤、斜槽和摇床选煤、浮选及电磁选煤等。

用物理方法能脱除的主要是硫铁矿硫。重力分选法可以经济地除去煤中大块黄铁矿，但不能脱除煤中有机硫。对硫铁矿硫的脱除率一般也只有 50% 左右。因此，为获得更洁净的燃料，还应进一步利用煤和黄铁矿性质差异，采用更有效的脱硫方法，降低煤中的全硫含量。

目前，物理选别仍是国内采用较多的煤炭脱硫方法，某些选别处理工艺所占比例依次为跳汰 59%、重介质 23%、浮选 14%、其他 4%。其中，跳汰分选主要是在不断变化的流体作用下不同密度、粒度和形状的物料的运动过程，物料依密度不同分层后，密度大的重颗粒群集于底层，小而重的颗粒会透筛成为筛下重产物，密度小的轻物料群进入上层，被水平水流带到机外成为轻产物，是应用最广泛的选煤技术。

5. 控制燃煤二氧化硫污染的技术可分为几类？

我国是一个贫油、少气和富煤的能源生产和消费大国。煤中硫是煤在加工利用中造成污染的主要物质。我国大气污染中的 SO_2 约 90% 来自煤炭。因此控制大气污染最紧迫的任务就是燃煤 SO_2 的控制。自 20 世纪 60 年代以来，世界各国开发的控制 SO_2 技术达 200 多种，但能工业应用的也只占 10%左右。总的说来，控制燃煤 SO_2 污染的技术可分为三大类，即燃烧前控制技术（或称煤燃烧前脱硫技术）、燃烧中控制技术（或称煤燃烧过程脱硫技术）和燃烧后控制技术（或称煤燃烧后烟气脱硫技术）。

6. 火电厂的二氧化碳怎样实现减排？

电是目前人类使用最广泛的二次能源，但发电消耗的一次能源仍然以矿物燃料（煤和石油）为主。电力生产所排放的二氧化碳约占人类总排放量的 30%。我国煤电约占 80%（世界平均煤电约为 40%），大型石化联合企业一般均有电厂，因此改进火电厂的生产技术，减少二氧化碳排放，对减缓全球气候变暖至关重要。

为了大规模减排二氧化碳，可采用燃煤预处理、增大机组容量、采用先进的燃烧循环，以液化天然气代煤发电、采用大型高参数汽轮机和燃气轮机、将热力学循环与电化学联合、采用多联产系统和回收二氧化碳新技术等措施以提高电厂效率，从而减少二氧化碳的排放。其中，提高火电厂运行效率（如发展超临界发电技术）、采用先进的发电技术（如采用增压流化床联合循环和整体煤气化蒸汽联合循环发电技术）及烟气净化（对火电厂二氧化碳进行回收及利用）是火电厂实现二氧化碳大量减排的有效措施。

7. 煤的典型组分有哪些？

煤是一种不均匀的有机燃料，是植物在较高温度下经部分分解相变质而形成的，不同种类的植物及其不同的作用程度，可形成不同成分的煤。因而煤的成分变化很大，几乎没有两种煤的成分是完全相同的，通常，煤由有机质和无机质两部分组成。其中的矿物质是除水分以外的所有无机质的总称，包含硅、铝、镁、铁、钙、钾、硫、钠、磷等 60 多种元素，它们常以硅酸盐、硫化物、碳酸盐、硫酸盐及氧化物等形式存在于煤中。煤中有机质的化学结构十分复杂，其中有机硫化物就有多种类型。

煤的种类很多且很杂。煤的典型组分为：碳 65%~95%、氢 2%~7%、氧 25%、硫 1%~10%、氮 1%~2%。水分一般在 2%~20%之间变化（包括游离水及化合水）。

煤的工业分析包括测定煤的水分、灰分、挥发分等，由此计算其固定碳含量。煤的元素分析主要测定碳、氢、氧、氮、硫等的含量。

8. 组成煤的元素有哪些？

至今为止，人类已从煤中发现 84 种元素，其中包括富集在有机质和矿物质中的多种微量元素，组成煤的元素按其含量多少可分为三类：

（1）煤中含量高于 $1000\mu g/g$ 的元素（含量大于 1%），有 C、H、O、N、S、Si、Al 等，通常称其为常量元素；

（2）煤中含量介于 $100\sim1000\mu g/g$ 的元素（含量为 0.5%~1.0%），有 Ca、Mg、K、Na、Fe、Mn、Ti、Hg 等金属元素及 Cl、P 等非金属元素，通常称它们为次要元素；

（3）煤中含量低于 $100\mu g/g$（含量小于 0.5%）的金属和非金属元素，如 As、F、Cd、Ga 等，由于其含量较低，称其为微量元素。

不同学者对煤中微量元素的界定含量有所不同，多数文献中，是指煤中除了 C、H、O、N、S、Si、Al、Fe、Ca 等常量元素外，含量小于 1% 的其他元素统称为微量元素。煤中有些微量元素在环境中累积到一定浓度时，会对环境和人体产生危害或潜在性危害。

9. 我国动力煤是怎样分类的？

煤的种类很多且很杂，我国的《中国煤炭分类标准》（GB 5751—2009）中，采用煤化程度及工艺性质进行分类，主要分类参数为干燥无灰基挥发分 V_{def}，将煤分为无烟煤、烟煤和褐煤 3 种。我国动力煤的分类方法见表 1-4。

表 1-4　我国动力煤的分类方法

煤种	干燥无灰基挥发分,%	低位发热量, MJ/kg	煤种	干燥无灰基挥发分,%	低位发热量, MJ/kg
无烟煤	≤9	>20.9	高挥发分烟煤	30~40	>15.5
贫煤	9~19	>28.4	褐煤	40~50	>11.7
低挥发分烟煤	19~30	>36.3			

无烟煤的特点是固定碳含量高，挥发分低，纯煤真密度高（$1.39\sim1.90g/cm^3$），无任何黏结性，燃点高（一般为 360~420℃），燃烧时无烟。无烟煤主要供民用和合成氨造气，也用于制取各种碳素材料（如电极、炭块、活性炭及滤料等）。

烟煤是煤化程度高于褐煤而低于无烟煤的各类煤的统称。如长焰煤、不黏煤、弱黏煤、气煤、气肥煤、肥煤、焦煤、瘦煤等都属于烟煤的范围。烟煤的特点是挥发分范围宽，从 10% 以上到 60% 以下，在炼焦时从不结焦到强结焦的均有，燃烧时常冒烟。

褐煤是煤化程度最低的煤，其特点是水分含量高，孔隙度大，挥发分高，不黏结，热值低，含有不同数量的腐殖酸，氧含量高达 15%~30%，化学反应性强，热稳定性差，易风化。主要用作发电燃料。

贫煤是烟煤中变质程度最高的煤，不黏结或呈微弱黏结，发热量比无烟煤高，燃烧时火焰短，耐烧。但燃点也较高，一般为350~380℃，仅次于无烟煤，主要作电厂燃料，也用作民用及工业锅炉的燃料。

10. 煤中的碳、氢、氧、氮、硫各具有什么作用？

煤的有机质主要由碳、氢、氧、氮、硫等组成。它们在燃烧过程中产生SO_2、NO_x、CO_2及挥发性有机化合物等污染物。其中，碳是煤中最重要的成分，它组成煤炭的大分子骨架，是燃烧过程中产生热量的主要元素；氢是煤中第二个重要组成元素，也是煤中可燃部分，燃烧时放出大量热量；氧是组成煤有机质的重要元素，它在煤的燃烧过程中不产生热量，但能与氢结合生成水。氧也是煤中反应能力最强的元素；氮在煤的有机质中含量较少，煤燃烧温度不高时，氮一般不氧化，而呈游离态N_2进入废气中，而煤作为高温热加工原料时，煤中的氮在燃烧热解中主要转化为NH_3、HCN和少量的HNCO等气态NO_x的前驱物、焦油氮、焦炭氮等，它们在后续的燃烧中转变为系列NO_x；硫是煤中最有害的杂质，无论是有机硫或无机硫，在煤的燃烧过程中都将发生转化生成SO_2，成为大气最重要的污染物。

11. 哪些是煤中具有环境意义的微量元素？

由于煤中某些微量元素在环境中累积到一定浓度时，将会对环境和人体产生危害或潜在性危害，故将这些元素称为具有环境意义的微量元素。将煤中对环境产生影响的26种微量元素，按其对环境关注的重要性可分为表1-5所示的三类。

表1-5　受环境关注的煤中微量元素

第一类	第二类	第三类
砷 As	硼 B	钡 Ba
镉 Cd	氯 Cl	钴 Co
铬 Cr	氟 F	碘 I
汞 Hg	锰 Mn	镭 Ra
铅 Pb	钼 Mo	锑 Sb
硒 Se	镍 Ni	锡 Sn
	铍 Be	铊 Tl
	铜 Cu	
	磷 P	
	钍 Th	
	铀 U	
	钒 V	
	锌 Zn	

煤中这些具有环境意义的微量元素的确定及分类主要是根据元素本身的毒性和已发生过污染事例所做出的总结，提示人们应加以重视。至于对人体或动植物而言，没用绝对有害的元素。煤中这些微量元素只有在特定条件下达到某一浓度时才会对环境产生负面效应。煤中微量元素对环境的危害程度取决于它在煤中的含量、赋存状态、煤的利用方式及环境条件等因素。

12. 煤中的硫是怎样分类的？

煤中硫的赋存形态可分为无机硫及有机硫两大类。煤中无机硫来自矿物质中各种含硫化合物，包括硫铁矿硫和硫酸盐硫，以黄铁矿硫为主，还有少量来自白铁矿、砷黄铁矿、黄铜矿、石膏、绿矾、方铅矿、闪锌矿等。高硫煤中普遍含有较多的黄铁矿。

煤中有机硫指所有与煤有机质化学结合的硫成分。煤中有机硫含量低至0.1%，高至10%。煤中有机硫的结构较为复杂。有机硫大致以以下几种化学形式结合在复杂的煤分子结构中，主要有：（1）硫醇和硫酚；（2）脂肪族硫醚、芳香族硫醚和两者混合型硫醚；（3）脂肪族二硫醚、芳香族二硫醚和两者混合型二硫醚；（4）噻吩类杂环化合物（如苯噻吩、二苯噻吩、菲并噻吩等）；（5）硫醚化合物等。图1-1示出了煤中硫的分类。

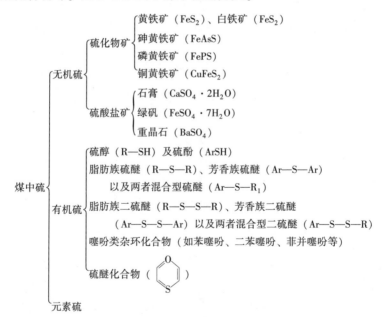

图1-1 煤中硫的分类

13. 什么是煤中全硫，煤的含硫等级是怎样划分的？

根据能否在空气中燃烧，煤中硫可分为可燃硫和不可燃硫。有机硫、硫铁矿和单质硫都能在空中燃烧，属可燃硫。硫酸盐硫在煤炭燃烧过程中不可燃而残留在煤灰中，属固定硫。煤中各种形态硫的总和称为全硫（S_t），即是单质硫（S_{el}）、硫酸盐硫（S_s）、硫铁矿硫（S_p）和有机硫（S_o）的总和。

$$S_t = S_{el} + S_s + S_p + S_o$$

各种形态的硫，在全硫中所占比例大致为：硫铁矿硫占60%以上，有机硫约占40%，硫酸盐硫为0.1%~0.35%，单质硫只在少数煤种中出现。

我国规定入选原煤含硫等级，按照全硫含量的多少，将煤划分为低硫煤（$S_t \leqslant 1.0\%$）、中硫煤（$1.0 < S_t < 3.0\%$）及高硫煤（$S_t \geqslant 3.0\%$）三档。

14. 我国不同煤种的含硫量是多少？

根据对全国2098个煤层煤样按不同煤炭类别硫分的统计结果表明，总的趋势是低煤化程度煤的硫分低，其中长焰煤平均含硫量为0.74%，是含硫量最低的；含硫量最高的是肥煤，为2.33%。除长焰煤、气煤、不黏煤外，我国多数煤种的含硫量均超过1%（表1-6）。

表1-6 我国不同煤种的平均含硫量

煤种	样品数	煤干燥基含硫量,%			煤种	样品数	煤干燥基含硫量,%		
		平均值	最低值	最高值			平均值	最低值	最高值
褐煤	91	1.11	0.15	5.20	焦煤	295	1.41	0.09	6.38
长焰煤	44	0.74	0.13	2.33	瘦煤	172	1.82	0.15	7.22
不黏煤	17	0.89	0.12	2.51	贫煤	120	1.94	0.12	9.58
气煤	559	0.78	0.10	10.24	无烟煤	412	1.58	0.04	8.54
肥煤	249	2.33	0.11	8.56	样品总数	2098	1.21	0.04	10.24
弱黏煤	139	1.20	0.08	5.81					

15. 怎样用重量法测定煤中全硫？

用重量法测定煤中全硫包括煤样的半熔、用水抽提、硫酸钡的沉淀、过滤、洗涤、干燥、灰化和灼烧等操作步骤。由于本法是用艾什卡试剂（Na_2CO_3 和 MgO 以1:2的质量比进行混合的混合物）作为熔剂，故又称艾什卡法。

操作时，将煤样和艾什卡试剂混匀后加热至半熔，以使各种形态硫都转化为可溶于水的硫酸盐。当煤样燃烧时，可燃硫则先转化为 SO_2，继续在空气存在下，就与艾什卡试剂反应生成硫酸盐：

$$SO_2 + \frac{1}{2}O_2 + Na_2CO_3 \longrightarrow Na_2SO_4 + CO_2$$

艾什卡试剂中的 MgO 主要起到疏松反应物，使空气进入煤样的作用。

不可燃且难溶于水的 $CaSO_4$ 和 $MgSO_4$ 等硫酸盐也能和艾什卡试剂反应，即

$$MgSO_4+Na_2CO_3 \longrightarrow Na_2SO_4+MgCO_3$$

$$CaSO_4+Na_2CO_3 \longrightarrow Na_2SO_4+CaCO_3$$

所生成的 $MgCO_3$ 及 $CaCO_3$ 都不溶于水，因此，无论是煤中的可燃硫或不可燃硫在半熔过程中都转化成 Na_2SO_4。

经半熔后的熔块用水抽提，Na_2SO_4 都会溶于水中，部分未反应的 Na_2CO_3 也一起进入水中，使溶液呈碱性，然后进行过滤，并将滤渣进行洗涤。将洗液和滤液合并后，调节溶液酸度，使其呈酸性（pH 值 1~2），以消除溶液中 CO_3^{2-}，避免碳酸根和 Ba^{2+} 反应形成 $BaCO_3$ 沉淀，影响 $BaSO_4$ 沉淀的测定。调节溶液 pH 值后加入 Ba^{2+} 溶液，则产生 $BaSO_4$ 沉淀：

$$Ba^{2+}+SO_4^{2-} \longrightarrow BaSO_4$$

将生成 $BaSO_4$ 沉淀滤出，经洗涤、烘干、灰化、燃烧后进行称量，即可测出含硫量。

重量法测定煤中全硫的优点是准确度高、重现性好，在国家标准中常将其作为仲裁分析的方法。其缺点是操作烦琐，用时较长。

16. 怎样用恒电流库仑法测定煤中全硫？

恒电流库仑法是用电化学方法测定煤中全硫的方法。主要通过定硫仪器对高温燃烧后生成的 SO_2 以电解碘化钾溶液所产生的碘和溴进行库仑滴定，再根据电生碘和电生溴所消耗的电量由库仑积分仪积分，得出煤中的含硫量。

操作时，将煤样在 1150℃ 高温和催化剂作用下于空气流中燃烧分解。煤中各种形态硫均被氧化或分解成 SO_2 和少量 SO_3。生成的 SO_2 及少量 SO_3 被空气流带到电解池内与水化合生成亚硫酸和少量硫酸。再以电解碘化钾—溴化钾溶液生成的碘和溴来氧化滴定亚硫酸，反应如下：

阳极 $\qquad\qquad 2I^--2e^- \longrightarrow I_2$

$\qquad\qquad\qquad 2Br^--2e^- \longrightarrow Br_2$

阴极 $\qquad\qquad 2H^++2e^- \longrightarrow H_2$

碘、溴氧化 SO_2（亚硫酸）的反应如下：

$$I_2+SO_2+2H_2O \longrightarrow 2I^-+H_2SO_4+2H^+$$

$$Br_2+SO_2+2H_2O \longrightarrow 2Br^-+H_2SO_4+2H^+$$

库仑积分仪能显示出电解碘化钾—溴化钾溶液所生成的碘和溴的毫库仑电量，按法拉第电解定律，即可计算出煤中全硫的含量。此法操作简便快捷，所得结果与重量法结果基本一致。

17. 怎样用高温燃烧中和法测定煤中全硫？

高温燃烧中和法是滴定法分析煤中全硫的方法之一。它包括煤的燃烧、SO_3

吸收、标准 NaOH 溶液中和等步骤。高温燃烧是使煤中各种形态的硫转化为 SO_3。在燃烧中使用氧气作为助燃剂（氧化剂），在高温下（1250℃）可燃硫和不可燃硫都被分解，如 $MgSO_4$ 的分解反应为：

$$MgSO_4 \xrightarrow{\triangle} MgO+SO_3$$

$$2MgSO_4 \xrightarrow{\triangle} Mg_2O_3+SO_2+SO_3$$

由此可见，不是所有的硫都转化为 SO_3，必然有部分 SO_2 生成，这部分 SO_2 就留待吸收过程中进一步氧化成 SO_3，将燃烧中生成的 SO_2 和 SO_3 都通入 H_2O_2 中，使 SO_2 在 H_2O_2 中氧化为 H_2SO_4，而 SO_3 则在溶液中与 H_2O 反应同样生成 H_2SO_4。

生成的 H_2SO_4 用标准 NaOH 溶液滴定，利用甲基红、亚甲基蓝混合指示剂指示终点，终点 pH 值为 5.4~5.6，误差小于 0.01%。

煤中的氯气在 H_2O_2 吸收过程中产生 HCl，故在用 NaOH 溶液中和时，必然会消耗一部分 NaOH。这部分 NaOH 应从滴定用 NaOH 中去除。这部分 NaOH 是通过下列过程得出的。用氧基氰化汞与生成的 NaCl 反应，氧基氰化汞在溶液中易水解生成羟基氰化汞：

$$Hg_2O(CN)_2+H_2O \longrightarrow 2Hg(OH)CN$$

羟基氰化汞再与 NaCl 反应，得到 NaOH，即

$$Hg(OH)CN+NaCl \longrightarrow HgClCN+NaOH$$

再用标准 H_2SO_4 滴定生成的 NaOH，所消耗的 H_2SO_4 量也就是中和 HCl 的 NaOH 量。扣除后，既对煤中的全硫量进行了校正，也测得了煤样中的氯含量。

高温燃烧中和法的特点是速度快，一次测定一般只需 20~25min，而且在测定全硫的同时，还可测定煤中的氯含量。

18. 什么是动力配煤？有什么优点？

所谓动力配煤是指用作发电、窑炉和工业锅炉用煤时不是采用单一煤种作为燃料，而是由几种品质不同的煤进行均匀配合后符合需要的混合煤。其基本原理是利用各种单煤在性质上的差异，相互取长补短，使配出的动力用煤在综合性能上优于任一单种煤的最优状态。动力配煤的技术基础是依据煤化学、热工学、统计学及计算技术等综合技术确定配煤优化设计方案，经试验实践后确定优化配方。

动力配煤的主要优点有：（1）提高锅炉热效率，节约煤炭；（2）可充分利用当地煤炭资源，节约运输费用，降低配煤成本；（3）可将低质煤部分替代作优质煤使用，使煤质适合不同炉类和炉型，最大限度地降低燃煤对大气和环境的污染；（4）可克服单种煤使用缺陷。通过合理配煤后，可克服单种煤的不足而使燃煤质量达到最佳状态，实现最佳节煤效果和降低燃煤污染。

19. 怎样判别煤炭重力分选法的适应性？

多年工业实践表明，利用煤中有机质和硫铁矿的密度差异而使它们分离的重力分选法是应用普遍而又经济有效的块状煤炭分选工艺。

重力分选是依据固体物料中不同物质颗粒间的密度差异，在运动介质中利用重力、介质动力和机械力的作用，使颗粒群产生松散分层和迁移分离，从而得到不同密度产品的分离过程，分选作用介质有空气、水、重液（密度大于水的液体）等。影响重力分选的因素主要是物料颗粒的大小、颗粒与介质的密度差以及介质的黏度等；而煤中硫铁矿的可选性主要取决于硫铁矿的密度及硫铁矿的粒度结构。硫铁矿（其密度一般大于 $3.5g/cm^3$）与煤（其密度一般小于 $2.2g/cm^3$）的密度相差较大，因而决定硫铁矿可选性的主要因素是煤中硫铁矿粒度及其粒度分布。这时，可通过显微镜查清煤炭中矿物的种类、含量、硫铁矿嵌布粒度特性和嵌镶关系等因素，大致判别煤中硫铁矿的可选性。

20. 煤的重力分选法主要有哪些技术？

煤的重力分选过程所具有的共同工艺条件是：（1）物料颗粒间必须存在密度的差异；（2）重力分选过程是在运动介质（空气、水、重液等）中进行的；（3）在重力、介质动力及机械力的综合作用下，使物料颗粒群在松散状态下按密度差异进行分层；（4）不同密度的物料层在运动介质流的推动作用下互相迁移、彼此分离，最终获得不同密度的产品。无机硫中的硫铁矿由于其密度大而沉积在矸石中，在分选过程中得以分离。

煤的重力分选方法很多，根据所采用的设备及介质不同可分为跳汰分选、重介质分选、摇床分选、螺旋选矿及风力分选等，这些物理选煤脱硫技术都有各自的特点。

21. 什么是煤的浮选脱硫？

煤的浮选脱硫是依据硫铁矿与煤的表面润湿性的差异，发生在气—固—液界面的分选过程，是一种物理化学选煤脱硫工艺。由于煤本身是一种天然疏水性的可浮性物质，而矿物质的表面多呈亲水性，因而疏水的煤微粒容易和分散在水中的微小油珠及气泡发生附着作用而形成矿化气泡，其浮升到水面积聚成矿化泡沫层，经刮出脱水后即为浮选精煤，亲水的矿物微粒下沉，遗留水中作为尾矿排出。

浮选的方法较多，包括有泡沫浮选、浮选柱浮选、油团浮选及选择性浮选等。通常所说的浮选主要指泡沫浮选，它只能脱除煤中部分硫铁矿硫，对有机硫则无能为力。

影响煤浮选效果的影响因素有煤的浮选粒度、煤浆浓度、浮选剂、pH 值及浮选机类型等。其中浮选剂（促进浮选过程所用的药剂）具有十分重要的作用，它能扩大煤与矿物杂质表面性质的差异，实现有效分离。按浮选剂的基本作用不同，它又可分为捕收剂、起泡剂、促进剂、抑制剂及 pH 值调节剂等。

捕收剂是改变矿物表面性质、提高煤粒表面疏水性、促使其易于向气泡黏着的浮选剂，常用的捕收剂有煤油、轻柴油、天然气冷凝油、烷基黄原酸钠盐或钾盐等。

起泡剂是促进产生气泡、维护泡沫稳定性的药剂，常用的有仲辛醇、杂醇油、混合醇、甲基戊醇等。

促进剂又称活化剂，其作用是促进捕收剂与矿物表面作用，促进矿粒的可选性，常用的促进剂有硫酸、盐酸及五水硫酸铜等。

pH 值调节剂能改变煤粒和矿物的表面电性，起改善浮选过程的作用，常用的 pH 值调节剂有酸、碱、碳酸钠等。

22. 什么是热碱液浸出法脱硫？

热碱液浸出法又称 Battelle 热碱液法、水热法，是以含 4%～10%NaOH 和约 2%Ca(OH)₂ 的混合水溶液作为化学浸出剂，在高温高压下浸出煤中的黄铁矿硫和有机硫化合物的一种技术。此法不仅可以转化无机硫和有机硫，总硫脱除率可达 50%～84%，而且还能使部分矿物质溶解。整个过程包括煤制备、热液处理、固液分离、燃料干燥和浸出剂再生五个主要阶段。操作条件为：反应温度 225～273℃，反应压力 2.41～17.2MPa。

操作时先将粒度为 0.074mm 以下占 70% 的原煤送入煤浆槽与浸出液混合，制成浓度为 30% 的煤浆，然后用泵将其送入反应器中，在无氧条件下加热至 273℃，并升压至 5.85MPa。经反应 10min 可使全部黄铁矿和 70% 的有机硫转化为 Na₂S。经分离、干燥，可得到含水约 2% 的产品精煤。浸出液可送入再生塔经再生循环使用。

本法可脱除 24%～70% 的有机硫，还可去除有毒有害的非金属，如 As、Ba、Pb、Fe、Si、Al 等，产品精煤质量高，特别适用于锅炉燃煤和气化炉用煤的脱硫。

23. 什么是硫酸铁溶液浸出法脱硫？

硫酸铁溶液浸出法又称 Meyers 法，是采用硫酸铁溶液（Fe³⁺浓度为 0.5mol/L）从粉煤中浸出黄铁矿硫的一种技术。反应条件为：温度 90～130℃，压力 9.8～18kPa，浸出时间 4～6h。硫酸铁浸出剂在相同温度下用空气或氧气再生。反应主要分为以下四步：首先以硫酸铁溶液作浸出剂在一定温度下处理粉煤（粒度约为 14 目）；然后用溶剂萃取或蒸发的方法除去浸出过程中生成的硫，一般采用丙酮萃取法回收单质硫或用过热蒸气去除单质硫；第三步是通入空气对生成的硫酸亚铁溶液进行氧化再生，又以硫酸铁溶液循环使用；最后从煤浆中脱除浸出剂，经过滤、水洗、干燥获得洁净的干煤。

此法可以除去 83%～98% 的黄铁矿硫，煤的损失较少，浸出时煤的有机质（包括其中的硫）基本上不起反应，适合处理含硫高而有机硫含量较低的煤。

24. 什么是煤的化学脱硫技术？有哪些方法？

煤的化学脱硫是利用煤与黄铁矿的化学性质不同，用特定的方法或加入一定的药剂，使之发生化学反应而脱除煤中硫的方法。主要技术有热碱液浸出法、硫酸铁溶液浸出法、煤加氢热解脱硫法、催化氧化法、氯解法、熔碱法、溶剂抽提法等。

化学脱硫法的特点是几乎可以脱除全部硫铁矿硫和 25%～70% 的有机硫，同时煤的结构和热值不发生显著变化，煤的回收率可在 85% 以上。此法脱硫效果较好，可获得较低灰硫分煤。但由于其工艺条件要求苛刻、流程复杂、投资和操作费较高，限制了推广和应用。

25. 什么是煤加氢热解脱硫法？

煤加氢热解脱硫法是在一定温度及氢气压力下对煤进行热分解的工艺过程。根据操作条件及煤加氢热解反应的产物种类不同，该方法又可分为几种类型：（1）目的产品为甲烷的加氢气化；（2）目的产物为焦油和固体半焦的加氢热解；（3）目的产物为苯、甲苯和二甲苯的快速加氢气化等。

煤加氢热解的氢压一般低于 10MPa，温度低于 800℃，反应条件比煤的加压液化（20～30MPa）和加压气化（900℃）的条件要缓和，因此也将煤加氢热解作为介于煤气化和煤液化之间的第三种煤转化技术，而煤加氢热解的另一种重要作用是脱硫，故又将这种技术作为脱硫方法的一种。但因煤加氢热解脱硫法需要建造制氢及气体循环装置，投资及运转费用较高，其推广应用受到限制。

26. 煤的生物脱硫原理是什么？

煤的生物脱硫是在温和条件下（常压、温度低于 100℃），利用生物氧化—还原反应将煤中硫脱除的技术。由于微生物对煤中无机硫和有机硫的脱除方式不同，脱除煤中无机硫和有机硫的机理也有所不同。

（1）煤中无机硫脱除机理。煤中无机硫主要以黄铁矿硫的形态存在。在有水和氧存在时，黄铁矿能氧化为 SO_4^{2-} 和 Fe^{3+}，但氧化反应很慢。而当有脱硫嗜酸菌微生物存在时，能通过生物氧化—还原作用，加速黄铁矿氧化成可溶性的硫酸和硫酸亚铁，从而去除黄铁矿，其反应式为：

$$4FeS_2 + 15O_2 + 2H_2O \xrightarrow{\text{微生物}} 2H_2SO_4 + 2Fe_2(SO_4)_3$$

（2）煤中有机硫脱除机理。

煤中的有机硫主要以噻吩基、巯基、硫醚及多硫链的形式存在，二苯并噻吩是煤中含量较高的一类有机硫。微生物降解煤中有机硫主要有两种途径：一种是以碳代谢为目的的作用将 C—S 键切断，使碳环开环，结构降解，使不溶于水的二苯并噻吩降解成可溶于水的噻吩衍生物；另一种是微生物直接作用于噻吩核上的硫原子，最终生成硫酸。

27. 可用于煤脱硫的微生物有哪些类型？

用于煤脱硫的微生物主要有以下三种基本类型。

（1）喜温微生物。它属于环境温度或稍高于环境温度下生长的嗜酸微生物。生存温度 18~40℃，生长 pH 值范围 1.0~5.0。主要是某些硫杆菌类，常见的是氧化亚铁杆菌。这种细菌可以使黄铁矿氧化成可溶性的硫酸盐，但不能除去有机硫。另一种常见的喜温微生物是氧化硫硫杆菌，它也可以使黄铁矿溶解。然而，这两种细菌的混合培养对黄铁矿氧化溶解的速度比单独一种要快得多。

（2）喜热微生物。是在高于环境温度下生长的嗜酸微生物。生存温度 45~80℃，生长 pH 值范围 1.5~4.0。这类微生物多为硫化叶菌属中的菌种，在各地含硫矿泉中均有生长。其特点是能在较高的温度条件下催化黄铁矿氧化，缩短氧化时间。与硫杆菌类不同的是，这类微生物不是从无机物氧化中提取新陈代谢能量，而是能从其他源泉中吸取新陈代谢的能量。

（3）变异土壤菌。这是在环境温度和大约中性条件下生长的土壤细菌。生存温度 25~40℃，生长 pH 值约 7.0。如从某些土壤细菌中培养出一种突变体细菌 CB_1，能从一些煤中除去高达 47% 的有机硫，但它对黄铁矿硫无脱除效果。

实际上，单独使用一种微生物无法同时脱除煤中的无机硫和有机硫，常需不同种类的微生物结合使用。通常用于脱除黄铁矿硫的微生物有硫杆菌类和古细菌，属自养型细菌；用于脱除有机硫的细菌绝大多数是依靠从外部吸取有机物而生存的异养型细菌。

28. 煤的生物脱硫技术应用前景如何？

煤生物脱硫的影响因素有煤的粒度和黄铁矿颗粒的分布状态、微生物生长温度和 pH 值、生物氧化反应需要的氧气及二氧化碳浓度、微生物繁殖所需的营养素（如氮、钾、钙、磷）等。这些影响因素一般在实验室范围开展。与煤的物理及化学脱硫方法相比，煤的生物脱硫法不需考虑高温、高压或腐蚀等条件，也不会过多地降低煤的使用性能，对降低脱硫成本及安全生产都十分有利。目前，生物脱硫的主要难点如下：

（1）能脱除无机硫的微生物主要是一类以铁和硫为能源的自养菌，它们对温度敏感，生化过程反应缓慢、时间长。因此，微生物的供给能力成为连续生产的制约因素，必须培养出性能优良、能快速繁殖的菌种，确保微生物供给。最好培养出能脱除煤中无机硫和有机硫的菌种。

（2）由于微生物脱硫一般在水溶液中进行，这就要求煤的粒度很细，否则界面反应困难，脱除无机硫的周期较长，需数周时间，难以应用连续处理系统。今后随着水煤浆等煤的流体化技术的发展，生物脱硫技术的应用也可能进一步扩大。

29. 什么是煤的超临界流体萃取脱硫技术？

所谓超临界萃取是用高温（一般高于临界温度）、高压（至少几个兆帕）的某种物质作溶剂，从液体或固体中提取某种组分的技术。煤的超临界萃取脱硫的溶剂一般为甲醇、乙醇或甲醇—水。在超临界萃取脱硫过程中的主要反应为：

$$黄铁矿（FeS_2）\longrightarrow 陨硫铁矿（FeS）+磁黄铁矿（Fe_{1-x}S）$$

转化深度主要取决于反应温度，在275℃时只有少量的 FeS_2 发生转变，在450℃时 FeS_2 基本消失，转化为陨硫铁矿和磁黄铁矿。

虽然超临界萃取不能完全脱除煤中的硫，但陨黄铁矿和磁黄铁矿的生成可成为煤中有机硫脱除的良好催化剂，能将煤中部分有机硫转变为液体或气体化合物。作为近期发展起来的一种新技术，煤的超临界醇萃取脱硫方法，能同时脱去煤中无机硫和有机硫，而且在不破坏煤燃烧品质的条件下，获得洁净固体燃料，并副产高热值气体及液体产品，是一种颇具竞争力的煤脱硫净化方法。但高压、能耗大是实现工业化技术的主要难点。

30. 煤的温和净化脱硫技术有哪些类型？

煤的温和化学净化技术是近期发展起来的煤净化新技术。它的操作条件比较温和，一般在常温常压下进行脱硫反应，而且净化处理后煤质几乎不变，常见的类型如下：

（1）辐射法。它又分为微波化学法和超声波法。微波化学脱硫是基于煤有机质与黄铁矿、水和 NaOH 介电性不同，对微波吸收能力的不同，利用微波能量对它们进行快速和选择性加热。在有 NaOH 存在时，经微波照射，黄铁矿转化为氧化铁和水溶性硫化钠及硫酸钠，并析出 H_2。而且操作简单，可在室温下进行。超声波法脱硫主要是通过超声波作用改变煤聚合体的结构，这样可以使煤中的硫暴露在 NaOH 中，从而提高碱液中氧化作用脱硫率。

（2）电化学法。它是借助煤在电解槽内发生电化学氧化反应或还原反应，将煤中的黄铁矿和有机硫氧化或者将煤还原加氢，达到脱硫目的。能在较温和条件下实现煤的脱硫脱灰，同时联产氢气。常温常压下操作，工艺简单。其缺点是脱硫率只有40%左右，而且电解时间较长。

（3）温和化学净化法。是近期发展起来的一种煤净化高新技术，较有代表性的是溶剂温和抽提、有机金属化合物脱有机硫、单电子转移反应脱有机硫等。这些方法都是利用有机溶剂抽提煤，能够重点脱除物理法难以脱除的有机硫，有机硫脱除率可达59%以上。具有工艺简单、经济的特点，但大多处于实验室开发阶段。

31. 煤炭转化对煤的脱硫有什么好处?

煤炭转化是指用化学方法将煤炭转化为气体或液体燃料、化工原料或产品。主要包括煤炭气化或煤炭液化两种方式。煤炭气化是在一定温度和压力下，将经过处理后的煤送入反应器，通过气化剂使煤在反应器内转化成气体；煤炭液化是把固态煤通过化学加工使其转化为液体产品。在煤炭转化过程中，煤中大部分硫以 H_2S、CS_2 及 COS 等形式进入煤气中。为了适应日趋严格的环境保护标准，需要对煤气进行脱硫，与烟气脱硫相比，煤气脱硫不仅气量小，而且含硫化合物浓度高。煤气脱硫不仅更加经济，而且易于回收有价值的硫分。

此外，煤炭转化除能获取工业和民用燃料、化工原料外，也是实现煤气化联合循环发电、第二代增压流化床联合循环发电，以及燃料电池与磁流体发电等先进电力生产系统的基础。

32. 什么是煤的气化，其基本原理是什么?

煤的气化是在一定温度和压力下，通过加入气化剂（空气/氧气和蒸汽或 CO_2、H_2）使煤转化为煤气的过程。它包括煤的热解、气化和燃烧三类过程。煤的热解是从固相变为气、液、固三相产物的过程；煤的气化和燃烧包括两种类型的反应。一类是非均相气固反应，气相是气化剂或煤气化和燃烧的产物，固相主要是煤中的碳；另一类是均相气相反应，反应物包括气化剂和反应产物。煤的气化过程所产生的基本化学反应有以下几种：

热解反应：$CH_xO_y \longrightarrow (1-y)C + yCO + \dfrac{x}{2}H_2$

热解反应：$CH_xO_y \longrightarrow (1-y-\dfrac{x}{8})C + yCO + \dfrac{x}{4}H_2 + \dfrac{x}{8}CH_4$

完全燃烧：$C + O_2 \longrightarrow CO_2$

部分燃烧：$2C + O_2 \longrightarrow 2CO$

Boudouard 反应：$C + CO_2 \longrightarrow 2CO$

水蒸气气化：$C + H_2O \longrightarrow CO + H_2$

加氢气化：$C + 2H_2 \longrightarrow CH_4$

气相燃烧：$2H_2 + O_2 \longrightarrow 2H_2O$

气相燃烧：$2CO + O_2 \longrightarrow 2CO_2$

水煤气变换：$CO + H_2O \longrightarrow CO_2 + H_2$

甲烷化反应：$CO + 3H_2 \longrightarrow CH_4 + H_2O$

煤的气化所用原料可以是褐煤、烟煤、无烟煤等，转化后生成 CO、CO_2、H_2、

CH_4 等有效气体，即煤气再用作燃料、化工合成和发电等。在气化反应产生煤气的同时，还产生含硫及含氮化合物，如 H_2S、COS、CS_2、NH_3、NO_x 及 HCN 等，这些化合物是煤气中的有害物质，需在煤气净化时加以脱除。煤气化过程中产生的灰分则以固态或液态形式排出。

33. 煤的气化可分为哪些工艺？

目前，煤的气化工艺已有上百种，其分类方法也多种多样，常用的分类方法有：

（1）按入炉煤粒度，可分为粉煤（100～200目）气化、小粒度煤（小于10mm）气化、块煤（6～10mm）气化；

（2）按操作压力高低，可分为常压气化、中压气化（3.0MPa以下）和高压气化（7.0～10MPa）；

（3）按煤料在炉内状态，可分为固定床气化（或称移动床气化）、流化床气化、气流床气化及熔融床气化等；

（4）按所用气化剂的不同，可分为空气、空气—蒸汽、富氧空气—蒸汽、氧气及高浓度氢气法等；

（5）按所产煤气用途，可分为燃料煤气、城市煤气、高热值煤气、还原气等；

（6）按煤气热值不同，可分为低热值煤气、中热值煤气及高热值煤气等；

（7）按气化炉排灰方式不同，可分为液态排渣、固态排渣、灰团聚排渣气化等；

（8）按气化操作方法不同，可分为连续式、间歇式及循环式气化等；

（9）按气化是否添加催化剂，可分为催化气化法和非催化气化法。

34. 什么是煤的固定床气化？有什么优缺点？

煤的固定床气化又称移动床气化，是指在水煤气炉、发生炉煤气炉、两段气化炉和加压气化炉中对煤进行气化的方法。在这些炉内煤料由上而下运动，而气化剂则由下而上运动。煤气和灰渣则分别从气化炉的顶部和底部排出。煤料与气化剂在炉内呈逆流接触，煤在炉内停留约1h左右，煤气中的大部分显热用于煤料的干燥与干馏，而灰渣的大部分显热用于气化剂的预热。

煤的固定床气化主要优点是：工艺简单、操作方便、碳转化率及热效率高、耗氧量低，而且投资较少、建设快。

固定床气化的主要缺点是：对煤料有一定要求，要求使用块煤，煤的黏结性不能太强。工艺副产的焦油、酚水处理麻烦。

35. 什么是煤的流化床气化？有什么优缺点？

煤的流化床气化又称沸腾床气化。是以不大于8mm的细颗粒煤为原料，由向上移动的气流使煤料在空间呈沸腾状态的气化过程。操作时，气化剂以一定速度由下而上通过煤粒床层，使煤料浮动并相互分离，当气流速度增大到一定程度时，煤粒会悬浮在向上流动的氧流中做相对运动，犹如沸腾的水泡那样。当气化剂以氧气—蒸汽为介质时可生产供化工合成的原料气；如以空气—蒸汽为气化介质时则可生产低热值的燃料气。产生的煤气夹带着大量固体细颗粒（包括70%的灰和部分未气化完全的炭粒）经炉顶排出，部分密度较大的渣粒由炉底排灰机排出气化炉。典型的流化床气化炉是温克勒（Winkler）气化炉，又分为常压和加压两类。

流化床气化技术的优点是：气化强度远高于固定床气化工艺；气化温度低于固定床气化工艺，一般为800~1000℃；床层内温度均匀，便于调控；加料除灰方便等。流化床气化的缺点是：出炉煤气温度较高，热效率低于固定床气化；碳转化率较低，碳的损失较多，灰渣含碳量较高；带出物多，对环境污染较大。

36. 什么是煤的气流床气化？有什么优缺点？

气流床气化又称粉尘法气化，是指将粒度为0.1mm左右的煤粉和气化剂通过特殊喷嘴喷入气化炉后，瞬间着火发生燃烧反应，炉温高达1500~2000℃。在气流夹带着煤粉上升的过程中，煤粉在几秒钟内即被气化。气流床气化实际上也是一种类似流态化气化，但它是在克服流态化气化缺点的基础上发展起来的新型气化工艺。但因它是液态排渣，应尽量采用氧气和蒸汽作气化剂，避免大量氮气入炉使炉温降低，提高气化强度和煤气质量。

气流床气化工艺的优点是：对煤种的适应性广，可以气化任何种类的煤料，尤其适用于反应性好、灰熔点低的褐煤；单位炉容积产气量大，煤气中的有效成分含量高，CO和H_2的总含量高达90%，而且不含焦油和酚，也不产生含酸废水；灰渣含碳量低。

气流床气化工艺的缺点是：煤料需干燥、粉碎，动力消耗大；煤气温度高、带出热量大、除尘净化和余热回收难度较大；需要先进的控制技术和设备，对炉衬材料要求较高；煤气中CO含量高，不经甲烷化不能用作城市煤气。

37. 什么是多元料浆气化技术？

多元料浆气化技术是气流床气化技术的一种，是在水煤浆中加入一定量的油或石油焦，代替水煤浆中的一部分水，使气化过程所需要的水分更接近于气化反应工艺条件所需要的水蒸气量，并提高入炉料浆中的含碳反应物的浓度，使生成煤气中的CO、H_2含量增多，减少有效气（$CO+H_2$）单位产量的氧气和原料煤消耗，从而降低生产成本和能耗。例如，将一定比例配制的石油焦、沥青或重油等原料，经破碎、筛分，加入一定量的添加剂和清水，磨成浓度为60%左右的料浆，再与原料煤在磨机中共磨制成含煤、油、水一定比例的多元料浆，再与高压氧化在喷嘴处混合后进入高温、高压的气化炉内进行部分氧化气应，即可生成主要含CO、H_2的水煤气。

38. 什么是煤的地下气化？有什么特点？

烟的地下气化是指通过特定的钻孔直接向矿井下面的煤层中注入气化剂（空气或富氧空气等），使煤在地下转化成煤气后再从另一个特定的钻孔排放到地面后，再加以利用的煤气化过程。地下气化一般分为有井式和无井式两类，有井式目前基本上已不再采用。无井式地下作业工程量小，只需通过钻孔和贯通两个主要环节便可完成地下气化的准备工程。

煤的地下气化既与煤种和煤质有关，也受煤层状态和地质条件影响。无烟煤一般不适于地下气化，年轻的褐煤、长焰煤和气烟等适于地下气化。煤层中存在适量的地下水有利于气化过程中发生水煤气反应，从而提高煤气的热值。煤层顶板与底板岩石的性质和结构对气化有重要影响，要求周围岩石能完全覆盖气化煤层。经济合理的地下煤层厚度为 1.5~3.5mm，煤层倾角约为 35°时，最有利于地下气化。

煤的地下气化能将煤的井下开采与煤的气化结合起来，将地下煤层中的有效能量以洁净方式输出地面，气化后的残渣等废物则留在地下，从而可大大减轻煤的开采及气化所造成的环境污染。

39. 煤炭气化所获得的煤气有哪些类型？基主要用途有哪些？

煤炭气化工艺很多，按气化剂种类不同也可分为多种方法，图 1-2 是空气—水蒸气气化法及纯氧—水蒸气气化法所产生的煤气类型及其主要用途。

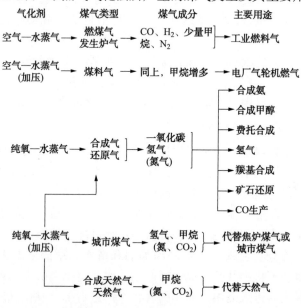

图 1-2　煤炭气化所获得煤气类型及其主要应用

40. 什么是整体煤气化联合循环发电技术？有哪些特点？

整体煤气化联合循环发电技术简称 IGCC，是 20 世纪 90 年代初发展起来的一种高效、洁净的煤发电技术，集煤炭气化、燃气循环与蒸汽循环于一体，使煤在加压气化后，经过除尘、脱硫和脱除碱金属物质成为清洁煤气，燃烧后先驱动燃气轮机发电，再利用高温烟气余热在废热锅炉内产生高压过热蒸汽驱动蒸汽轮机发电。装置由煤气发生及净化系统、燃气轮机、蒸汽轮机及其附属设备等组成。

与常规燃煤发电技术相比，IGCC 具有以下优点：系统效率高，目前 IGCC 电厂的供电效率可达 42%～45%；环保性能好，脱硫效率可达 99%，NO_x 排放只有常规电站的 15%～30%，耗水只有常规电站的 1/3～1/2，CO_2 排放量减少 35%以上，系统的废弃物处理量小，灰渣可用于建筑业和水泥业；燃料适应性好，装置可适应不同的煤种，还可用天然气、油作燃料，便于在不同燃料供应状态和价格下，切换使用不同的燃料。IGCC 的主要缺点是建设费用高，影响其推广应用。

41. 什么是煤基多联产？有什么特点？

多联产早期的意义主要指生产多种产品，如合成氨联产甲醇（简称联醇工艺）。煤基多联产是指以煤为基础的多联产系统，其中多以煤气化技术为核心，集成多种煤炭转化技术为一体，以同时获取多种高附加值的化工产品和其他二次能源（燃料、电能、热能等）的煤高效转化系统。实际上，除煤的气化技术外，也包括以煤炭液化、煤炭焦化及煤炭坑口转化等为核心的多联产系统。采用不同的工艺技术和联产模式可获取不同的产品组合。

煤基多联产不同于一般的煤化工、电力工艺的组合，也不是多种煤炭转化技术的简单组合，而是以煤炭资源合理利用为基础，为实现煤炭的高效、洁净转化而将多个单元集成、耦合，以达到最佳经济效益和环境友好的目标。除具有高效、洁净、经济的特点外，多联产系统还可以实现产品的灵活调整，如煤基合成液体燃料、化工产品、化肥等，同时还可将其他工业系统的废气纳入多联产系统的原料气制备系统，实现综合利用。

42. 煤的气化过程会产生哪些"三废"？

煤的气化过程产生的大气污染物主要有：烟尘、粉尘、硫化物（SO_2、H_2S）、氮化物（NH_3、NCN）、CO 及某些有机化合物（如酚等）。对产生的大气污染物一般采用除尘法、吸附法及燃烧法等进行净化处理。

煤的气化及煤气净化过程需使用大量工业用水，为节约水资源，需对水进行处理并循环使用。产生的废水需进行除油、脱氨、脱酚及脱除其他有机及无机污染物等处理后才能排放。

煤的气化过程产生的固体废物包括飞灰和底灰两种。其中，液体排渣时排出的熔融冷淬后的无机盐类玻璃体，基本不溶于水，对环境无污染，可作为生产建材或水泥的配料，也可填埋处理。

43. 煤气为什么要进行脱硫处理？

在煤炭气化过程中，原料煤中所含的大部分硫会进入粗煤气中或转变为气相产物，小部分残存于灰渣中。煤气中含硫组分包括硫化氢（H_2S）、羰基硫（COS）、二硫化碳（CS_2）、硫醇（CH_3SH）、噻吩（C_2H_4S）、硫醚（$CH_3—S—CH_3$）等，以 H_2S、COS、CS_2 含量较多，其他组分一般是微量存在。其中，H_2S 占煤气中总硫量的90%左右，一般粗煤气中，H_2S 的含量为 0.7% ~ 1.0%。

硫化氢是无色、有腐臭气味的气体，而硫化物的存在不仅会腐蚀设备、管线，使产品质量下降，还会使下游生产过程中的催化剂中毒。此外，硫化物燃烧时产生的 SO_2 不但有害人体健康，还会因其会形成酸雨而严重污染环境。由于煤气中的硫化物以 H_2S 为主，故煤气脱硫一般是以 H_2S 脱除为主，但多数脱硫技术对煤气中的其他含硫组分也有一定程度的脱除作用。

44. 工业上煤气脱硫有哪些主要方法？

工业煤气脱硫方法很多，从工艺上可分为常温煤气脱硫及热煤气脱硫两大类。其中，常温煤气脱硫已广泛应用于冶金、燃气生产及化工等行业，具有成熟、可靠的运行经验，而热煤气脱硫还处于商业示范阶段。

常温煤气脱硫又可分为干法脱硫和湿法脱硫两类，针对干法和湿法又可细分出多种煤气脱硫方法。干法脱硫是利用脱硫剂对某些有机硫转化吸收或利用物理、化学吸收脱除煤气中 H_2S 的过程，常用的脱硫剂有活性炭脱硫剂、氧化铁脱硫剂、氧化锌脱硫剂、氧化锰脱硫剂及分子筛脱硫剂等；湿法脱硫按溶液的吸收和再生性质、又可分为物理吸收法、化学吸收法、物理—化学吸收法等。

干法脱硫具有工艺简单、成熟可靠的特点，既能脱除煤气中的硫化氢，也能脱除煤气中的其他污染物。当要求煤气的脱硫程度较高或煤气处理量较少时常采用此法。但干法脱硫劳动强度大、废脱硫剂的处置会影响环境，因此更多采用的是湿法脱硫。

45. 气化煤气为什么需进行净化处理？

煤炭气化所得的可燃气体称为气化煤气。由气化炉出来的煤气称为粗煤气，其中除了常规气体组成（如 CO、H_2、CO_2、CH_4、N_2）外，常含有其他多种杂质及污染物组分，如粉尘、焦油和酚类、硫化物（H_2S 及 COS）、卤化物（HCl、HF）氨（NH_3）及氰化物（HCN）、碱金属和微量汞等。这些杂质及污染物不仅会腐蚀设备和管道，直接燃烧排放还会造成大气污染，焦油和酚类等处理不当会导致水污染。而当煤炭气化用于发电、化工合成及作燃料使用时，各应用领域都对煤气净化有不同要求。如加压煤气化技术生产的合成气可用于合成氨生产，合成氨催化剂对原料气纯度要求较高，含 H_2S、SO_2、H_2、H_2O 等气体毒物或杂质会使催化剂暂时性中毒或永久性中毒，又如以煤为原料合成甲醇时，原料气中的硫化物会使催化剂中毒。因些，对粗煤气必须进行净化处理后方能用于各个领域。净化包括除尘、脱硫、脱碳、CO 变换等方法。

46. 煤气活性炭脱硫的基本原理是什么？

活性炭是一种具有丰富孔隙结构和巨大比表面积的碳质吸附材料，它具有吸附能力强、化学稳定性好且可方便再生等特点。其孔结构与生产用原料及所用工艺有关，一般活性炭的孔由大孔、中孔和微孔组成，大孔孔径 $50 \sim 2000nm$，中孔孔径 $2 \sim 50nm$，微孔孔径小于 $2nm$。活性炭的比表面积可高达 $500 \sim 1500m^2/g$。活性炭用于煤气常温干法脱硫时，在脱除 H_2S 及有机硫时，可能存在吸附、氧化、催化转化三种方式。

活性炭中的大孔作为被吸附物质分子进入吸附部位的通道，是决定吸附速率的关键因素，中孔的作用与大孔大致相同，在特殊情况下也起吸附作用。吸附作用大部分是在微孔中进行。但因活性炭对硫化物的吸附量不大，吸附并不是活性炭脱硫的主要方式。

当原料气体中氧及水汽同时存在下，活性炭可作为氧载体而将表面吸附的硫化物氧化为单体硫，随着硫被活性炭吸附，其反应式为：

$$O_2+2H_2S \longrightarrow 2H_2O+2S$$

水蒸气在活性炭中，除存在多分子层吸附外，还存在毛细凝结作用，这时 H_2S 的氧化作用会在液相膜中进行。气体中存在少量 NH_3 时，会使孔隙表面的水膜呈碱性，从而更有利于吸附酸性的 H_2S 分子，显著提高活性炭吸附和氧化 H_2S 的速度。

活性炭脱除有机硫的机理十分复杂，除了上述吸附作用外，还存在下述催化氧化和催化转化两种脱硫方式：

$$COS+\frac{1}{2}O_2 \longrightarrow CO_2+S$$

$$CS_2+2H_3 \longrightarrow NH_4CNS+H_2S$$

所产生的生成物则沉积于活性炭微孔上。

利用活性炭作吸附剂可以脱除大量 H_2S，用于粗脱硫，如将活性炭经浸渍活性金属改性后，则可显著提高脱硫精度。

活性炭在使用后期，会在孔隙中集聚大量的硫及硫的含氧酸盐而失去活性，可以用热的惰性气体、过热蒸汽等再生而重复使用。此外，还可用 $12\% \sim 14\%$ 硫化铵溶液、H_2O_2 溶液等浸泡活性炭进行再生。

47. 氧化铁脱硫剂的脱硫机理是怎样的？

氧化铁脱硫是一种古老的干式脱硫法，很早就用于煤气净化。用作氧化铁脱硫剂的原料有天然沼铁矿、由铸铁屑与木屑按一定比例混合后经人工氧化制得的人工氧化铁、炼铁转炉赤泥以及硫酸厂、颜料厂、铝厂的下脚料等。但这些原料中并非所有氧化铁都具有脱硫活性，一般含活性组分 50% 左右。

根据操作温度不同，氧化铁脱硫可分为：（1）常温脱硫，操作温度 $25 \sim 35℃$，主要脱除 H_2S，生成物是 Fe_2S_2 和 H_2O。（2）中温脱硫，操作温度 $350 \sim 450℃$，主要脱除 H_2S 和 R—SH，生成物是 Fe_2S_3 和 FeS_2（再生）。而在 $150 \sim 280℃$ 阶段，主要脱除 COS 和 CS_2，生成物是 $FeSO_4$。（3）高温脱硫，操作温度大于 $500℃$，主要脱除 H_2S，生成物是 FeS 和 FeS_2。

氧化铁脱硫分为脱硫和再生两个过程。在脱硫时，当煤气通过氧化铁脱硫剂时，H_2S 与氧化铁作用，生成硫化铁和硫化亚铁。由于氧化铁脱硫剂要求有一定含水量，在有水存在下，氧化铁变成氢氧化铁。因此，煤气中的 H_2S 是与脱硫剂中的活性氢氧化铁反应，其反应式为：

$$H_2S+Fe（OH）_2 \longrightarrow FeS+2H_2O$$
$$2Fe（OH）_3+FeS \longrightarrow 3Fe（OH）_2+S$$

吸收 H_2S 的反应速率与脱硫剂的比表面积、粒度大小，以及煤气与氧化铁的接触状态等因素有关。

脱硫剂吸收 H_2S 后，在有水存在时，可以用空气中的氧进行再生，将铁的硫化物又转化为氢氧化铁，并析出单质硫，单质硫则逐渐沉积在脱硫剂中，其再生反应为：

$$4FeS+3O_2+6H_2O \longrightarrow 4Fe（OH）_3+4S$$
$$2Fe_2S_3+3O_2+6H_2O \longrightarrow 4Fe（OH）_3+6S$$

实际上，当煤气中含有一定量的氧时，脱硫的同时也进行着再生反应，为此，在工艺设计时，将煤气以串联或并联的形式通过脱硫器，使脱硫器中脱硫剂在脱硫过程中，被煤气中的氧均匀地氧化再生，从而延长脱硫剂使用周期，但也应定期适当更换失效的脱硫剂。

48. 煤气湿法脱硫主要有哪些方法？

煤气湿法脱硫方法很多，可分为物理吸收法、化学吸收法和氧化法（直接转化法）三类。物理吸收法是采用有机溶剂（如甲醇）为吸收剂，在加压下吸收，吸收 H_2S 后的吸收剂（富液）经减压释放出 H_2S，H_2S 等送至克劳斯装置回收单质硫，溶剂可循环使用。所选用的吸收剂应对 H_2S 等含硫组分有选择吸收能力，但不会同时溶解烃类，黏度适当，具有化学惰性和稳定性，来源方便，价格适当。

化学吸收法选用弱碱性溶液作吸收剂，吸收过程中吸收剂与 H_2S 进行化学反应形成有机化合物，当吸收富液经提高温度、降低压力后该化合物即分解放出 H_2S，而吸收剂得到再生。

氧化法采用碱性溶液作吸收剂，并加入载氧体起催化作用，使吸收的 H_2S 氧化成单质硫，并回收硫，吸收剂获得再生。

湿法脱硫基本上都包含吸收与再生两部分。吸收过程通过吸收剂脱除气体中的硫化氢，使脱硫后的煤气符合工艺要求；再生过程则是恢复吸收剂的吸收能力，并回收其中的硫。目前，煤气湿法脱硫常用的方法有低温甲醇法、蒽醌二磺酸钠法和改良蒽醌二磺酸钠法、塔—希法、环丁砜法、氨—硫化氢循环洗涤法等。

49. 低温甲醇法脱硫有什么优缺点？

低温甲醇法是以甲醇为吸收剂对煤气中的硫化物进行物理吸收。在低温下，粗煤气中的轻质油蒸气和一部分水蒸气先溶解于甲醇中，其次是 H_2S、有机硫化物和部分 CO_2，再次是 CO_2 的最终脱除。低温甲醇法的最大优点在于将粗煤气净化的几个工序都集中在一起，从而可简化工艺流程。

例如，对于两段低温甲醇法流程，第一段在煤气 CO 变换工序之前，第二段则在 CO 变换工序之后。该流程中第一吸收塔用于吸收 H_2S 和 COS，第一再生塔汽提出 H_2S 和 COS 进行再生；第二吸收塔则用于脱除煤气中的 CO_2，第二再生塔汽提出 CO_2 进行再生。通过低温甲醇法可以脱除煤气中的轻质油、H_2S、COS、CO_2 及 HCN 等。

低温甲醇法的净化度高，用它处理含 $1\% H_2S$ 和 COS、$35\% CO_2$ 的气化煤气时，可以制得（H_2S+COS）$< 0.1 \times 10^{-6}$，$CO_2 < 0.1 \times 10^{-6}$ 的净化气。此法的缺点是：甲醇有毒且极易挥发，对系统密闭性要求较高；由于在 $-60 \sim -30$℃下操作，需使用耐低温钢材；脱硫过程解吸出的 H_2S 需用专门装置回收以生产硫黄。

50. 什么是蒽醌二磺酸钠法及改良蒽醌二磺酸钠法？

蒽醌二磺酸钠（$C_{14}H_8O_8S_2Na$）简称 ADA。蒽醌二磺酸钠法简称 ADA 法，又称斯特雷特福法，是以碳酸钠的水溶液为吸收剂，以蒽醌二磺酸钠为催化剂进行煤气脱硫的方法。整个过程包含煤气吸收、ADA 还原、氧化析硫、ADA 再生及溶液再生等步骤。在这些步骤中以 ADA 还原速度缓慢，需要时间很长。为了提高脱硫收率，加快吸收 H_2S 的速度和氧化速度。在 ADA 溶液中添加适量的偏钒酸钠（$NaVO_3$）和酒石酸钾钠（$NaKC_4H_4O_6$）进行改进，改进后的脱硫方法称为改良 ADA 法。此法改变了化学吸收液中硫氧根离子氧化析硫的机理，整个过程变为煤气吸收、氧化析硫、焦钒酸钠被氧化、碱液再生、ADA 再生等步骤。

改良 ADA 法有两种工艺流程：一种是塔式再生带机械分离的改良 ADA 法脱硫工艺流程；另一种是喷射再生不带机械分离（直接熔硫）的改良 ADA 脱硫流程。

51. 什么是环丁砜法脱硫?

环丁砜（$C_4H_8SO_2$）又称四亚甲基砜，无色固体，熔点 27.4～28.4℃，在约 27℃时熔化成无色透明液体。沸点 287.3℃。与水及绝大部分有机溶剂混溶，是一种溶解力强的非质子型极性溶剂。环丁砜法又称砜—胺法，是采用环丁砜和烷基醇胺（一乙醇胺或二异丙醇胺）的混合液作吸收剂，H_2S 或 CO_2 等酸性气体通过物理作用溶解于环丁砜中。在一定温度下，溶解度随着气体分压的升高而增加。在相同条件下，H_2S 在环丁砜中的溶解度比在水中的溶解度高 7 倍。但由于环丁砜溶液中含有 20%～30%的乙醇胺，乙醇胺与硫化氢反应可生成不稳定的络合物，因此环丁砜吸收酸性气体的物理作用与化学作用的结合，当酸性气体的分压较高时，物理吸收起主要作用，而在酸性气体分压较低时，溶液的平衡吸收量随分压变化不明显，这时化学吸收起主要作用。因此，在砜—胺法中，环丁砜是物理吸收剂，醇胺化合物是化学吸收剂。此法的优点是净化度高，可用于脱除煤气中 H_2S、CO、COS 和有机硫化合物（如硫醇），但醇胺溶液价高，而且溶液变质后产物复活困难。

52. 什么是热煤气脱硫技术? 有什么特点?

常温常压煤气脱硫技术存在设备复杂、煤气中的显热得不到利用的缺点。煤气在高温下脱硫由于反应速率大大加快，脱硫效率显著提高，因而有利于缩小设备规模、降低运行成本。因此，热煤气脱硫作为煤洁净利用技术受到广泛关注。热煤气脱硫技术不仅可以脱除煤中的硫化物以满足工艺及环境的要求，而且不因脱硫而损耗煤气的显热，提高了整个系统的热效率。对提高整体资源利用率、延长设备使用寿命、减少环境污染起着重要作用。如对于煤气化联合循环发电，煤气在高温下脱硫能使电厂的整体发电效率提高 2%左右。

热煤气脱硫技术包括炉外热煤气脱硫、炉内热煤气脱硫、膜分离技术脱硫和电化学脱硫等多种。其中，又以金属氧化物作脱硫剂的炉外及炉内热煤气脱硫技术的效果最好。

目前，热煤气脱硫工艺主要针对整体煤气联合循环发电（IGCC）进行，主要的热煤气脱硫和再生反应器包括固定床、移动床、流化床和气流床等多种，它们的特性各不相同。

53. 什么是炉外热煤气脱硫技术? 使用哪些脱硫剂?

炉外热煤气脱硫是指煤炭全部气化后，在中、高温下通过金属氧化物脱硫剂与煤气中的 H_2S 作用，使 H_2S 从反应床中分离出来:

$$MeO（脱硫剂）+H_2S \longrightarrow MeS+H_2O$$

吸收硫的脱硫剂可经氧化再生:

$$MeS+\frac{3}{2}O_2 \longrightarrow MeO+SO_2$$

再生时得到的 SO_2 可进一步转化，用于生产单质硫、液态 SO_2 或硫酸等产品。

考虑到碱土金属和过渡金属的氧化物容易和 H_2S 反应，而且它们都容易被氧气、空气和水蒸气进行再生。因此，热煤气脱硫所用脱硫剂主要从上述金属氧化物中筛选，并可分为以下三类：

（1）单金属氧化物。包括钙基化合物（碳酸钙、氧化钙）、氧化铁、氧化锌、氧化铜、氧化锰及其他金属氧化物。其中，又以石灰石（$CaCO_3$）使用最多。

（2）负载型金属氧化物。是由金属氧化物负载在硅质飞灰、沸石及氧化铝等载体上制成。

（3）金属氧化物混合物。是以几种金属氧化物以一定比例调制而得，可弥补单金属氧化物脱硫性能的不足，改善脱硫剂的性能。

54. 炉外热煤气脱硫用负载型金属氧化物脱硫剂有哪些特性?

目前，研究开发较多的炉外热煤气脱硫用负载型金属氧化物和金属氧化物混合物脱硫剂的脱硫特性见表1-7。

表1-7　负载型金属氧化物和金属氧化物混合物脱硫剂及其特性

脱硫剂	脱硫特性	再生特性
Fe_2O_3 和硅质飞灰的混合物	$400\sim750℃$ 时，可将 H_2S 浓度降至 200×10^{-6}	$950℃$，可用空气或蒸汽进行再生
FeO 或 ZnO 负载在沸石上	$450\sim650℃$，入口 H_2S 浓度为 8000×10^{-6}，穿透浓度（$10\sim200$）$\times10^{-6}$	在沸石中加入稀有金属可以提高脱硫剂的热稳定性。$450\sim650℃$，用低氧空气再生以减少硫酸盐生成
CuO 分散负载于氧化铝上	在 $800℃$，30min 内所有 Cu 都转化为 Cu_2S	$900℃$ 下，用空气或 8.5%O_2+91.5%N_2 混合气再生
MnO 或 FeO 负载在 γ-Al_2O_3 上	$400\sim800℃$，H_2S 穿透浓度与 H_2O、CO 浓度和变换反应平衡有关	$400\sim800℃$，只用蒸汽再生，无氧化物，尾气中 H_2S 浓度大于 15%（干）
CuO 和 MnO 负载在沸石上	$538\sim810℃$，0.14MPa，入口 H_2S 浓度（$7000\sim8000$）$\times10^{-6}$，因沸石催化，出口有 COS 生成	$538\sim810℃$，用 50%蒸汽、空气混合物再生，以避免硫酸盐生成

脱硫剂	脱硫特性	再生特性
Ni 基脱硫剂（Ni-Al$_2$O$_3$、Ni-Cu-Al$_2$O$_3$）	固定床，70℃，0.2MPa，入口 H$_2$S 浓度 3000×10^{-6}，穿透浓度 200×10^{-6}	871℃、0.2MPa 再生
Fe、Zn、V、Cu、Ni、Mo 等氧化物负载在载体上	固定床 300~500℃，入口 H$_2$S 浓度（3000~5000）×10^{-6}，穿透浓度（40~80）×10^{-6}	400~600℃，含氧 2%~5%气氛中再生
Cu-Fe-Al 氧化物和 Cu-Al 氧化物	650~750℃，入口 H$_2$S 浓度 10000×10^{-6}，出口 H$_2$S 浓度小于 120×10^{-6}	650~750℃。用蒸汽、空气混合物再生；高于 750℃时，用含 O$_2$10%的水蒸气再生，无硫酸盐生成
Fe-Zn 和 Zn-Ti	500~600℃流化床脱硫	750~900℃空气和蒸汽再生
2T-4（Zn-Ti）	流化床台架 500~750℃，1.5MPa，100 个循环。50 个循环后硫容下降，入口 H$_2$S 浓度 1100×10^{-6}	720~760℃，在含 O$_2$2%~2.5%的气氛中再生
CMP-5（Zn-Ti）	600℃，1.5MPa 下进行 20 个循环硫化试验，前 10 个循环脱硫剂的活性几乎全部利用，反应中损失掉的脱硫剂的量仅为 0.2%；后 10 个循环模拟商业化的热煤气脱硫过程，即硫容升到 7.5%时停止硫化	600~650℃，在 3%~4%O$_2$ 及 N$_2$ 气中再生

55. 什么是炉内热煤气脱硫技术？

炉内热煤气脱硫技术是指将脱硫剂直接送至气化炉中，在煤炭气化的同时将煤气中大部分硫转化成固体化合物并随炉渣排出，从而减少出炉煤气的硫化物含量的一种操作方法。考虑到脱硫剂来源及价格、操作费用及脱硫效果等因素，常用脱硫剂主要为石灰石（CaCO$_3$）和白云石（MgCO$_3$·CaCO$_3$）。这两种脱硫剂都能和 H$_2$S 作用转化成 CaS。

炉内热煤气脱硫一般在增压流化床内进行。操作时，白云石中的 MgCO$_3$ 在高温下能完全煅烧成 MgO，而石灰石或白云石中的 CaCO$_3$ 则根据操作条件控制是否煅烧成 CaO。气化产物中的 H$_2$S 与 CaO 或 CaCO$_3$ 的反应为：

$$CaO+H_2S \longrightarrow CaS+H_2O$$
$$CaCO_3+H_2S \longrightarrow CaS+CO_2+H_2O$$

在流化床气化的床内脱硫过程中，脱硫剂粒度大小、气速、钙硫比、操作温度和压力，以及煤中全硫量等因素都会影响脱硫效果。

56. 煤炭直接液化的基本原理是什么？

煤炭直接液化是指煤在较高温度和压力（400℃及10MPa以上）下，在催化剂和溶剂作用下转化为液体产品的过程。煤在加热到300℃以上时，煤的结构单元之间的桥键中某些弱键开始断裂，随着温度升高，键能较高的桥键也会断裂，断裂产生了以结构单元为基础的自由基，自由基十分不稳定，在高压氢气环境和溶剂分子分隔的状态下，自由基被加氢而生成稳定的低分子产物（液体的油和水及少量气体）。

已开发成功的煤炭直接液化工艺有多种，如德国煤直接液化工艺、溶剂精炼煤法、供氢溶剂法、氢煤法及两段催化液化法等。这些液化工艺都是利用煤浆进行加氢液化。所用催化剂有 $Co-Mo/Al_2O_3$、$Ni-Mo/Al_2O_3$ 及 $(NH_4)_2MoO_4$ 等，也可采用 Fe_2O_3、Fe_3O_4、FeS_2、$FeSO_4$ 等廉价铁系催化剂。所用溶剂可以是高温煤焦油中的（脱晶）蒽油馏分，也可采用石油减压蒸馏所得渣油作煤液化的起始溶剂。在液化过程中，溶剂起着溶解煤、溶解气相氢，以使其向煤和催化剂表面扩散、供氢或传递氢、防止煤热解的自由基碎片缩聚等作用。在煤液化过程中，实际起作用的溶剂是煤直接液化所得的中质和重质混合油，俗称循环溶剂，其主要组成是2~4环的芳烃和氢化芳烃。

实际煤炭直接液化是在450℃左右高温、17~30MPa高压氢气环境下的反应器内实现的。直接液化后剩余的无机矿物质和未反应的煤还是固体状态，也需采用固液分离方法将固体从液化油中分离出去。所得到的液化油含有较多的芳烃，并含有较多的O、N、S等杂原子，还必须再经提质加工脱除杂原子，进一步提高 H/C 原子比，将芳烃转化成环烷烃乃至烷烃。

57. 哪些煤种适宜直接液化？ 直接液化包括哪些步骤？

煤炭直接液化工艺对煤种有一定要求，选用原则为：以原料煤有机质为基准的转化率及油产率要高，H/C 原子比越高越好；煤转化为低分子产物的速度要快，可用达到一定转化率所需反应时间来确定；由于煤加氢液化消耗的氢气成本占煤加氢液化产物总成本的30%左右，因此氢耗量少。年轻烟煤和年老褐煤一般都可用于直接液化。褐煤比烟煤活性高，但其氧含量较高，液化过程中氢耗量大。

煤炭直接加氢液化工艺主要分为油煤浆制备、加氢液化反应、（不包括氢气制备）分离单元及油品提质加工四个步骤。操作时，将煤、循环溶剂、催化剂制成煤浆，与工艺氢气混合送入液化反应器。在高温高压下反应后，出反应器的产物有气、液、固三相，先进行分离。气相主要成分是氢气；液相为包含轻油、中油及重油的液化粗油，需再进一步提质加工得到各种产品；固相为未反应的煤、矿物质及催化剂，需进一步处理。

58. 煤炭直接液化所得粗油怎样进行提质加工？

煤炭直接液化的液化油收率可高达 63%~68%，但其产物组成复杂。直接液化工艺产生的液化粗油，具有液化原料煤的一些性质特点。它与石油开采所得原油相比，其芳烃含量及 O、N、S 等杂原子含量高，而 H 含量低，高沸点物、残炭及灰分含量也低。对煤直接液化所得粗油一般按以下馏分切割：

（1）轻油。它又可分为初馏点为 82℃ 左右的轻石脑油和 82~180℃ 的重石脑油。石脑油占煤液化油的 15%~30%，芳烃类含量较高，烷烃只占 20% 左右，还含有较多的杂原子。酚类含量约占煤液化石脑油的 10%。因此，可先提取芳烃类化合物（苯—甲苯—二甲苯类混合物）及酚类化合物后，再进行加氢精制和催化重整制造汽油产品。

（2）中油（180~315℃ 馏分）。煤直接液化所得中油占全部液化油的 50%~60%，其芳烃含量高达 70% 以上。需使用 $Ni-Mo/Al_2O_3$、$Ni-W/Al_2O_3$、$Ni-Mo-P/Al_2O_3$ 等催化剂，在苛刻条件下进行加氢精制或加氢（开环）裂化制取柴油，氢气消耗较高。从中油中制得的柴油是低凝点柴油。

（3）重油（315~500℃ 或 540℃ 馏分）。煤液化产生的重油通过加氢后主要用作配制煤液化油煤浆的循环溶剂。

59. 什么是煤的间接液化？有什么特点？

所谓煤的间接液化是将煤先经高温下气化制得合成气（$CO+H_2$），再以合成气为原料，在一定温度和压力下，定向地催化合成液态烃类燃料或化工产品的过程。煤间接液化的煤种适应性广，凡能用于气化制备合成气的煤都可用作原料煤，但煤价要低，并根据不同的煤种选择合适的气化工艺，煤气化技术包括固定床气化、流化床气化和气流床气化，它又分为常压和加压两种工艺。固定床气化原料必须使用块煤，流化床气化使用细粒煤，而气流床气化使用粉煤。

间接液化的优点是合成条件温和（反应压力 2.0~3.0MPa，温度低于 350℃）、转化率高。其缺点是因反应物为气相，设备体积庞大，而且目标产品的选择性相对较低，煤消耗量大。因此，不能简单地从技术上区分煤的间接液化与直接液化哪种技术更好，而是在于两种技术各有其适用范围及目标定位。从应用面考虑，煤的间接液化比直接液化要广，但间接液化的产油率比直接液化要低。典型的煤炭间接液化工艺包括费托合成法和甲醇转化制汽油两种，它们均已实现工业化生产。

60. 什么是煤—油共炼技术？

在煤的直接液化过程中要使用循环溶剂与煤粉混合配制成油煤浆，而在液化装置开车时因没有循环溶剂，故需采用外来的其他油品作起始溶剂，起始溶剂既可采用高温煤焦油中的脱晶蒽油，也可使用重油催化裂化装置产生的澄清油或原油常减压蒸馏装置的渣油。如果使用石油渣油（或稠油等）代替煤直接液化过程中的循环溶剂，这一工艺就称为"煤—油共炼"。通常是指煤和石油渣油同时加氢制成轻油、中油，并产生少量 C_1—C_4 气体的过程。它是渣油深加工和煤炭两段液化先进工艺技术的延伸和发展。煤与渣油的协同效应可使油收率显著提高，扩大设备生产能力。煤—油共炼工艺是三种煤炭液化工艺中投资最少的一种工艺。操作时，先将原料煤和渣油与循环溶剂混合制成煤油浆，然后通过两个加氢裂化反应器，经深度加氢和脱除杂原子反应后，生成轻、中馏分油。煤、油的协同作用促进煤、渣油转化成更多的优质馏分油。煤—油共炼工艺的氢利用率高达 16%~18%，煤和渣油转化率都大于 90%，硫脱除率达 85%~95%，金属脱除率在 95%以上。油品中氢含量高、质量好，更易加工成汽、柴油。

61. 煤和石油的主要区别有哪些？为什么要进行煤炭液化？

煤和石油都是有机矿物资源，两者都以 C 和 H 为主要组成元素，在化学特性、作为能源消费后的产物等方面有许多相近之处。不同之处是，煤是固体，石油是液体，煤中氢元素含量只有石油的一半左右，煤的分子量大约是石油的 10 倍或更高。如褐煤含氢量为 5%~6%，而石油的氢含量高达 10%~14%。此外，煤中含有较多的无机矿物，石油含有较多的烷烃类化合物。煤炭液化是将煤转化以制取液态烃类的过程。

理论上讲，要将煤转化为人造石油只需改变煤中氢元素的含量，即往煤中加氢使煤中的碳氢原子比（11~15）降低到接近石油的碳氢原子比（6~8），使原来煤中含氢少的高分子固体物转化为含氢多的液态化合物。实际上，煤的化学结构是具有不规则构造的空间聚合体，其基本结构单元是以缩合芳环为主体的带有侧链和多种官能团的大分子，结构单元之间通过桥键相连。芳环有多有少，有的芳环上有 O、N、S 等杂原子；桥键也有 C—C、C—O、C—S、O—O 等形态。因此，由于煤炭结构的复杂性，进行加氢转化并不容易，它需要先将煤的大分子分解成小分子，然后再进行加氢。

目前，由于采用提高煤中含氢量的技术及过程不同，产生了不同的煤炭液化工艺，大致可分为直接液化、间接液化和由直接液化派生出的煤—油共炼三种工艺。根据所采用的工艺和催化剂不同，可以生产汽油、柴油、液化石油气、喷气燃料，提取苯、甲苯、二甲苯等化工原料，还可生产乙烯、丙烯、α-烯烃和石蜡等产品。

三、煤燃烧中脱硫

（一）型煤固硫技术

1. 什么是煤燃烧过程脱硫技术？

煤燃烧过程脱硫技术又称燃烧中控制技术，或称清洁燃烧脱硫技术。主要是指燃烧中的固硫技术和减少污染物排放的燃烧技术，提高燃料利用效率的加工、燃烧、转化和排放污染控制的众多技术的总称。在我国，采用煤燃烧过程脱硫的技术主要为型煤固硫技术、循环流化床燃烧脱硫技术及水煤浆燃烧技术等类型。除此以外，配煤技术也是燃中控制技术的一种。它将不同品种的煤经过筛选、破碎、按比例调配，再添加一定的添加剂以适应用户对煤质的要求。通过配煤不但可以节煤，而且利用煤中本身所含各种脱硫成分，再辅以脱硫剂可以实现燃烧中脱硫。

2. 什么是型煤？有哪些特点？

型煤是以粉煤为主要原料，采用适当的工艺和设备加工成具有一定几何形状（如椭圆形、圆柱形等）、尺寸和一定理化性能指标的块状煤制品。与天然块煤及散煤相比较，型煤具有以下特点：

（1）粒度均匀。型煤的形状规整、粒度均匀，性质均化，这是任何天然煤块都无法比拟的。

（2）孔隙率大。型煤是由粉煤粒子挤压制得，因此型煤的孔隙率远比同一煤种的天然块煤的孔隙率要大。如无烟煤的天然煤块孔隙率为3%，而由无烟煤粉制得的型煤的孔隙率可达12.5%。

（3）反应活性高。与同一煤种的天然块煤相比，型煤反应活性明显提高，燃烧性能、燃烧效率或气化效率也都提高。

（4）节能减排。型煤也是一种洁净燃料，能提高能源利用率和减少环境污染。据测算，燃用型煤的工业锅炉可平均节煤25%，民用炉灶节煤20%，同时减排 CO 70%~80%、烟尘60%和总悬浮微粒50%。添加固硫剂的高硫型煤可减排SO_2 50%以上。此外，型煤燃烧烟气黑度较低，烟尘量较少，氮氧化物排放量也减少。因此，发展型煤燃烧技术既能减少能源浪费，又能减少煤烟型大气污染，是国家积极推广的节能产品。

3. 型煤分为哪些类型？

型煤按用途可分为工业型煤及民用型煤两大类。两大类中按特定使用范围和形状特征又可细分为多种类别，见表1-8。

表1-8　型煤分类

类别	用　途		类别	用　途	
工业型煤	工业锅炉； 蒸汽机车； 煤气发生炉（包括化肥造气）； 工业窑炉：铸造炉、锻造炉、轧钢加热炉等		民用型煤	蜂窝煤	常规蜂窝煤； 上点火型； 航空型煤； 烧烤方形炭
	型焦	冷压	供冶炼、铸造用	煤球	炊事采暖煤球； 烧烤煤球； 火锅煤球； 手炉取暖煤球
		热压			
	炼焦配用				

工业型煤还可按主要煤种分为无烟煤、烟煤和褐煤三种工业型煤。按成型工艺特征分为胶黏剂型煤和非胶黏剂型煤。如果煤中含有一定量的秸秆类或是植物碎屑或工业废渣，这样的型煤也称作生物质型煤。

工业型煤的形状有椭圆形、圆柱形、中凹形、枕形、笼形、砖形及马赛克形等。按成型方式分为辊压、挤压、冲压、圆盘造粒型煤。按生产工艺分为冷压、热压成型，高压和低压成型等。

蜂窝煤是民用型煤的主要品种。常规蜂窝煤是以无烟煤为原料。上点火型蜂窝煤是以烟煤、褐煤、劣质煤及煤泥等为主要原料添加易燃物质加工制成。蜂窝煤也是民用型煤中用得较多，且节能效果又相对较好的煤制品。

煤球的火力比蜂窝煤猛，但燃烧时间相对较短，向四周散失的热量比蜂窝煤多，因此节能效果比蜂窝煤差。

4. 工业型煤固硫的基本原理是什么？

最初开发型煤技术的目的是提高原煤的利用率。其中，代表性的技术有褐煤压制成型技术、无烟煤粉煤制型煤造气技术、非黏性煤成型炼焦等。型煤技术主要也是为了满足不同工业需要而发展起来的。随着公众环保意识的加强，人们希望型煤技术在能满足工业应用要求的同时，又能具有脱硫效果以满足环境友好的要求。因此，工业型煤燃烧技术就在原有工业型煤技术的基础上逐步发展起来，并成为国家积极推广应用的节能项目。

型煤固硫的基本原理就是在型煤的生产工艺过程中，将固硫成分（或称固硫剂）混入成型煤料中，这样型煤燃烧时煤中的硫就会固定在灰渣中，减少对大气的污染。

生产时，将不同的原料筛分后按一定比例配煤，粉碎后同经过预处理的黏结剂和固硫剂混合，经机械设备挤压成型及干燥，即可制得具有一定强度和形状的工业固硫型煤成品。

5. 工业固硫型煤的固硫剂有哪些？选择固硫剂的基本原则是什么？

工业型煤用固硫剂按化学形态可分为钙系固硫剂、钠系固硫剂及其他固硫剂三类（表1-9）。

表1-9　工业型煤固硫常用固硫剂

钙系固硫剂		钠系固硫剂		其他固硫剂	
名称	分子式	名称	分子式	名称	分子式
金属氧化物	CaO，MgO	氢氧化物	$NaOH$，KOH	金属氧化物	MnO_2，Fe_2O_3，Al_2O_3，SiO_2
氢氧化物	$Ca(OH)_2$，$Mg(OH)_2$	盐类	Na_2CO_3，K_2CO_3		
盐类	$CaCO_3$，$MgCO_3$				

选用固硫剂的基本原则是：（1）来源广、价格低；（2）碱性较强，对 SO_2 有较强吸收能力；（3）热化学稳定性好；（4）固硫剂与 SO_2 反应生成硫酸盐的热稳定性好，在炉膛温度下不会发生热分解反应；（5）不产生臭味和刺激性的有毒二次污染物；（6）固硫剂的加入量一般不影响工业炉窑对型煤发热量的要求。

由于型煤的固硫反应是煤燃烧释放出 SO_2 时，固硫剂与 SO_2 的反应。如果固硫反应和 SO_2 的释放反应相比明显滞后，或是固硫反应的反应速率比 SO_2 的释放速度要低得多时，固硫率就比较低，固硫效果也就比较差。因此，选择固硫剂时还要适应燃煤过程中 SO_2 的释放规律。

我国产煤中主要含硫的形式是黄铁矿和有机硫，硫酸钙和硫酸镁的含量较低，燃煤过程中，在温度达到800℃以前时，SO_2 大都已从燃煤中释放出来，其释放峰值一般在600℃以下，SO_2 的释出温度不是太高；另外，当煤中加入固硫剂后，在低温阶段被固硫剂固定的硫分，在温度达到1000℃的高温时又会重新开始释放。因此，选用的固硫剂必须具备两个条件，即低温下具有良好的反应活性，而在高温时的分解率又较低。

6. 钙系固硫剂的固硫原理是什么？

钙系固硫剂是指主要成分为含钙化合物的固硫剂。常用的有石灰、消石灰、石灰石粉、大理石粉、白云石粉及电石渣等。具有来源广、价格低的特点，是目前使用范围最广的固硫剂，它们均含有大量的 $CaCO_3$、$Ca(OH)_2$ 等。

由于煤的组分极为复杂，生产型煤时又加入固硫剂及胶黏剂等组分。因此，固硫型煤在燃烧过程中，不同温度阶段各种组分间发生的化学反应及生成物都十分复杂。就钙基固硫剂而言，在燃煤过程中主要存在以下反应。

（1）热解反应：
$$CaCO_3 \longrightarrow CaO + CO_2$$
$$Ca(OH)_2 \longrightarrow CaO + H_2O$$

（2）合成反应：
$$Ca(OH)_2 + SO_2 \longrightarrow CaSO_3 + H_2O$$
$$CaO + SO_2 \longrightarrow CaSO_3$$

（3）中间产物的氧化和歧化反应：
$$2CaSO_3 + O_2 \longrightarrow 2CaSO_4$$
$$4CaSO_3 \longrightarrow CaS + 3CaSO_4$$

（4）固硫产物在高温下分解：
$$CaSO_3 \longrightarrow CaO + SO_2$$
$$CaSO_4 \longrightarrow CaO + SO_2 + O$$

反应中的 O 又同 CO 和 H_2 反应，生成 CO_2 和水蒸气。

如固硫剂中含有 $MgCO_3$ 或 $Mg(OH)_2$ 时，热解反应中生成 MgO。MgO 和烟气中 SO_2 反应生成 $MgSO_3$，$MgSO_3$ 又进一步氧化生成 $MgSO_4$。因此，在锅炉炉膛温度下，烟气脱硫主要生成 $CaSO_4$ 及 $MgSO_4$。实际发生的反应可能比上述反应要多。

7. 钙系固硫剂存在哪些缺陷？怎样进行改进？

钙系固硫剂因原料易得、价格低，固硫产物在1100℃以下有较好的抗高温分解性能，成为国内外最常用的型煤固硫剂。其存在的主要问题是固硫剂的低温反应活性较低，固硫反应速率还跟不上低温段 SO_2 的释放速率，而到高温段时会分解产生 SO_2，也严重影响固硫率。脱硫试验表明，钙系固硫剂在850℃左右固硫效果最好。在850℃之前，以固硫合成反应为主，固硫反应速率随着温度的升高而升高。在680℃之前固硫反应速率低于 SO_2 释放速率，在680℃之后才能跟上 SO_2 的释放速率，而在850℃之后，因 CaO 晶粒结构变化和高温下固硫产物的分解，固硫剂的固硫率不可避免地会下降。

为了改善钙系固硫剂的缺陷，可在型煤加工时适当加入添加剂，以提高钙基固硫剂的低温反应活性，特别是提高抗高温分解能力，最大限度地保留较低燃烧温度下的固硫效果。如 Fe、Mg、Mn、Zn 等金属氧化物添加剂能提高钙系固硫剂的低温反应活性；Cr、Sr、Ba 等氧化物添加剂能提高高温段的燃烧固硫率。但在选择添加剂时应考虑经济性，如所用添加剂的费用超过了钙系固硫剂的节约费用和高灰分条件下的能量损失，就失去了实用意义。

此外，提高钙硫比、改变煤种和燃烧温度以及改进型煤成型工艺等方法也可提高固硫效果。

8. 怎样计算型煤固硫率?

型煤固硫率是指型煤燃烧生成的硫酸盐中，硫的质量与煤中全硫质量之比（%）。但对固硫率的计算方法还没有统一的认识，一般有以下几种测定计算固硫率的方法：

（1）固定在灰渣中的硫量占型煤含硫量的百分比就是固硫率。

（2）以进入炉内的型煤中的硫量和烟气排出的硫量的差值占入炉硫量的百分数来表示固硫率。

（3）用型煤燃烧对原煤散烧在相同锅炉出力下 SO_2 排放量的百分数来表示固硫率。

前两种测定计算方法的本质是一样的，除测定方法不同带来的误差外，实测的结果应是相同的。但这两种方法将原煤散烧灰渣的固有残硫率也包含在计算结果中，所以所得结果会偏高。第三种方法比较直接，而且相对大气环境影响而言比较合理，只是其实际扣除量包括原煤散烧灰渣中的残硫量和两种不同机械漏煤含硫量的差额。实际上，以上 3 种方法都可使用。

9. 钙硫比对型煤固硫率有哪些影响?

钙硫比是指固硫剂中所用的钙的物质的量与原煤中所含硫的物质的量之比，记为 Ca/S。

工业层燃锅炉的燃烧温度一般高于1200℃，所以固硫剂的重点开发对象是高温固硫添加剂。但这类添加剂只能起到延缓固硫产物的高温分解作用，而对固硫影响最大的还是固硫产物的生成率，因此型煤中的钙硫比就成为影响固硫率的主要因素。

从固硫反应 $CaO+SO_2 \longrightarrow CaSO_4$ 看出，1mol CaO 完全反应，能固定 1mol SO_2，但实际工业反应无法实现 CaO 完全反应，要保证 SO_2 能全部参与反应，就必须使 Ca 过量。如 Ca/S 越大，则 Ca 也就越多，Ca 和 SO_2 的接触机会也就越多，固硫效果也就越好，但消耗的费用也越大。因此，Ca/S 的选择应在满足 SO_2 排放要求的条件下取最低值，以减少固硫费用。试验表明，Ca/S 增加虽然可使固硫率上升，但当 Ca/S>2.5 后，固硫率随 Ca/S 增加的趋势显著变缓，不仅经济上不可取，而且对提高固硫率的作用也不大。综合考虑，将 Ca/S 定为 2 比较适宜。

为了综合反映 Ca/S 对型煤燃烧固硫率和固硫经济性的不同影响，还可引入钙利用率作为型煤固硫的技术经济指标。钙利用率是指与固硫所减少的 SO_2 排放量等摩尔数的钙量占总钙投加量的百分率。Ca/S 过大，固硫率有所提高，但钙利用率明显下降。在同等 Ca/S 的情况下，如钙利用率较高，则固硫率也比较高。

10. 影响型煤的钙硫比选择有哪些因素？

为满足 SO_2 排放要求和降低型煤固硫费用，Ca/S 的最终选择是在综合考虑多种影响因素的试验结果基础上决定的。这些影响因素主要有：

（1）固硫剂粒径。一般来说，固硫剂的粒径越小，反应表面积就越大，钙利用率也就越高。而且在一定料径范围内混合均匀性较好，有利于提高固硫率，但固硫剂的粒径也不能过小，这是因为型煤的固硫反应不同于反应气流通过颗粒层固定床的反应，反应物 SO_2 是由型煤本身燃烧产生的；煤中的无机硫主要是黄铁矿硫，其分布也不会均匀。过小的固硫剂粒径反而会对孔结构和反应表面积产生不利影响。综合考虑这些因素，一般将固硫剂粒径控制在 0.10~0.15mm 范围内。

（2）原煤含硫量。原煤的含硫量越高，固硫剂用量就越大，固硫剂在型煤中的分布也就越密集，固硫剂与 SO_2 发生反应的概率越大，固硫率就越高。因此，在一定 Ca/S 下，固硫剂的用量和原煤中含硫量成正比。一般情况下，SO_2 排放浓度有一定要求，因此，原煤的含硫量对 Ca/S 的选择有较大影响。

（3）添加剂的影响。加入添加剂的目的是克服钙基固硫剂存在的某些缺陷，如铁、镁、锰、锌、铜等多种金属氧化物都能提高钙基固硫的低温反应活性。但出于经济上考虑，有的还会产生新的环境影响，所以除有天然廉价矿源（如白云石含 MgO）和工业废渣（如 Fe_2O_3）可资利用者外，一般难以采用。从原理上讲，凡具有能对固硫反应起强化作用或能使固硫产物形成更耐高温分解的晶体结构物质都可用作提高固硫能力的添加剂，而出于经济上考虑，实用添加剂多以廉价的矿源和工业废渣作资源，配比一般为 1%左右。

（4）其他因素。除上述因素外，煤种、燃烧温度及采用的成型工艺等对型煤的固硫效果都会有一定影响。在工艺允许调整的范围内，这些因素也可作为辅助措施加以考虑。

11. 生产型煤的黏结剂有哪些？

型煤生产时加入黏结剂可以提高型煤强度和防潮耐水性能。可使用的黏结剂种类很多，大致可分为以下几类：

（1）有机类黏结剂。主要有焦油、沥青、聚乙烯醇、聚乙酸乙烯酯、淀粉、糖蜜、糖渣、腐殖酸、木质素磺酸盐、葵花籽油及棉籽油等植物油渣、动物皮革废料等熬制的动物胶等。

（2）无机类黏结剂。主要有黏土、膨润土、高岭土、石灰、水泥、河泥、水玻璃、电石泥、磷酸盐、硫酸盐、石膏、氯化钠等。

（3）工业废弃物。如纸浆废液、废轮胎、含油污水、糠醛渣、制糖废液、生化污泥等。

（4）复合类黏结剂。主要有有机物与有机物复合，如煤焦油与纸浆废液复合；有机物与无机物复合，如淀粉与膨润土复合；无机物与无机物复合，如水泥与碳酸钾复合等。

黏结剂的黏结能力决定了型煤的抗碎强度，而黏结剂的热性能对型煤的发热量、热态强度、灰熔融性和灰渣强度有较大影响。有机黏结剂的黏结力强，而且本身又有一定的发热量，可提高型煤的冷态机械强度，基本不增加型煤的灰分；无机黏结剂的黏结力不如有机黏结剂，本身没有发热量，制成的型煤热态强度高；复合黏结剂的复合组分具有互补作用，能发挥综合效果，具有提高黏结剂的多效性，是开发新型黏结剂的主要方向。

12. 型煤黏结剂的选择应考虑哪些因素？

型煤黏结剂的选用是一个两难问题，不用不行，用又用不起。无机类黏结剂来源广、价格低，但其防水和黏结性能较差，添加过多会影响煤的发热量和挥发分，不易着火；有机类黏结剂具有良好的黏结性能与防水性能，但价格较高，生产成本会大幅度提高。因此，选择型煤黏结剂要综合考虑多种因素。

（1）对黏结剂的基本要求：

①来源广泛，资源充足；

②对黏结剂的原料质量要相对稳定；

③黏结剂的制备工艺要简单；

④价格低廉，而且价格要相对稳定。

（2）对黏结剂的质量要求：

①黏结能力强，流动性好，在煤粒表面易扩散，分布均匀；

②能很好地润湿煤表面，增加粒子间的作用力，使制成的型煤有一定的机械强度，包括初始强度和最终强度；

③黏结剂有一定的防潮、防水性能，其性能不影响型煤使用效果及燃烧性能；

④黏结剂的成灰物不宜过多，固硫效果好；

⑤应低污染或无污染，不产生二次污染。

（3）对黏结剂的其他要求：

①价格合理，能因地制宜，就地取材；

②应根据型煤的不同品种、煤种及煤质选择适用的黏结剂；

③在成本核算时还应结合型煤烘干固结所需要的成本，烘干费用不应超过黏结剂的费用；

④在成本允许的条件下，尽量选用不需烘干的黏结剂。

13. 工业燃料型煤的性能指标有哪些？

工业燃料型煤的性能指标主要分为机械特性、贮存特性和燃烧特性三类。

（1）机械特性。一般采用抗压强度、落下强度和转鼓强度三个指标来衡量。

①抗压强度。是指型煤在存放和使用中对压力承受能力的定量表示，单位为N/个。一般以0.2mm/s加压速度下试样被压溃时对应压力的统计值来表示。以历次测试结果的重复性［一般取±（10%～15%）］来选择和规范取样方法和样品数量。其他性能指标测试的取样也做相同处理。

②落下强度。是衡量型煤在运输、中转和使用过程中抗冲击能力的一种性能指标。以试样群体从一定高度上整体跌落指定次数后某种粒度的保持率来表示，单位为%。对原煤，跌落的下垫面为Q235钢板平台，跌落高度一般取2m，跌落次数不超过3次，取13mm以上颗粒的质量百分比作为落下强度。

③转鼓强度。是一种反映型煤耐磨性，同时也表示型煤抗冲击能力的一项性能指标。是以型煤群体在试验鼓内以25r/min转过50转后的粒度保持率来表示，单位为%。

（2）贮存特性。是反映型煤的防潮和耐水性能。一般用型煤吸潮和浸水后的抗压强度或下降率来表示。防潮耐水性的测定和抗压强度测定相同，只是试样取样环境条件不同而已。

（3）燃烧特性。一般用燃烧反应活性来表示。对固硫型煤还应增加一个类似的固硫反应活性或固硫率指标。这些指标都是随着燃烧温度变化而变化的，可以分别用各自不同的某一特征温度下的指标来反映。燃烧特性主要和型煤的化学组成有关。

14. 固硫型煤集中成型工艺主要包括哪些过程？

燃烧型煤能显著提高末煤的燃烧效率和减少烟尘排放。固硫型煤集中成型工艺所采用的工艺路线随原煤煤质、粒径分布、固硫剂种类及性质等不同而有所不同。一般包括以下几个主要过程：

（1）料煤制备。

工业固硫型煤的煤质，包括可燃基挥发分、应用基低位发热量、水分、灰分及焦渣特性和灰熔点，都有相应要求。当一种煤的煤层指标不能全部满足层燃炉燃烧要求时，或因需求量短缺，就需做煤质调整，使用两种或多种原煤作料煤。制备时先将原煤进行筛分，筛分粒径根据煤的粒径分布和型煤产量而定。筛上块煤经动力配煤供用户使用，筛下煤经粉煤机粉碎至小于3mm的粒度，经混合均匀后待用。

（2）固硫剂配制。

型煤固硫剂的制备可以在线进行，也可单独配制。多数成型工艺是将选用的固硫剂按配比要求配入料煤中经混匀即可。对非水型黏结剂、石灰或电石渣可与添加剂一起配制成悬浊液再与料煤混合。无论采用哪种黏合剂或固硫剂，配制工艺应使总水分满足成型要求。

（3）混合成型。这是型煤加工的主干工艺，它分别通过混合、捏合及成型三种专用设备来完成。先将料煤和固硫成分混合制成的成型粉料与黏合剂一起加入混合机中混匀后，再加入捏合机进行捏合。捏合的目的是提高黏合剂的分散度以提高型煤机械强度。如果生产非黏合剂型煤则无须进行捏合，经与水混合均匀后即可直接上机成型。捏合后的物料即可送至所选定的成型机上成型。

（4）烘干固结。型煤刚成型时的湿强度很低，仅 30~40N/个，自然风干时间又长，通常需要烘干固结。型煤的强度一般随固结温度提高而下降，100℃ 以下时，抗压强度基本稳定；大于或等于 100℃ 时则下降趋势明显。其内部水分蒸发不能过快，以免造成汽化作用而降低内部结合力。常采用 180℃ 以下的烟气，与型煤走向呈逆向流动，使型煤固结温度控制在 120℃ 左右，最高不超过 140℃。

15. 影响型煤质量的因素有哪些？

型煤是以煤粉为主要原料，再加入黏结剂、助剂等辅料后采用一定成型工艺下制得，因此，原料煤性质、辅料添加量及性质、成型方法及工艺条件等因素都会影响型煤的质量指标，图 1-3 大致列出了这些影响因素。

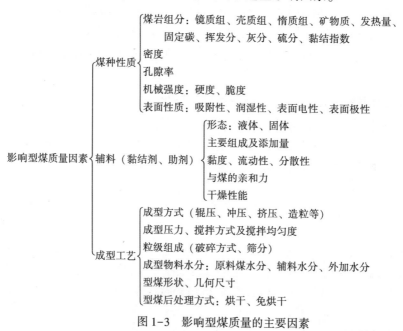

图 1-3　影响型煤质量的主要因素

16. 怎样提高型煤的反应活性？

型煤的反应活性是指在一定温度下型煤和氧气、二氧化碳和水蒸气等气相介质进行反应的能力。反应活性对燃烧率的影响很大，反应活性高，表示反应能力强，型煤的燃烧性能和燃烧效率也就越高。

按气—固相反应机理考察，型煤在实际工况下的反应活性应与颗粒大小、固相组分、颗粒的孔结构、孔表面性质及孔隙率等因素有关，因此，在生产型煤时，通过改变以下工艺条件可以提高型煤的反应活性：

（1）将压制型煤的料煤细粒化。型煤是由料煤压制而成，料煤的粒度越细，制成型煤的内表面积也就越大，内表面上分子的晶格缺陷和不饱和键数量也相应增大，因而反应活性也会增大。但粒度也不是越小越好，因为煤粒粒度过小，煤粒间的孔隙也变小，反而会导致型煤内表面积变小，影响反应活性。因此，煤粒粒径应选用适中的范围。此外，料煤粒径大小对型煤的强度及固硫率也会产生影响。综合考虑这些因素，将料煤粒径分布控制在 3mm 以内可以显著提高煤的反应活性。

（2）采用低压成型并选择合适的黏结剂。型煤成型压力过大，会使孔隙变小，减少有效反应面积，影响反应活性，但成型压力过低会影响型煤强度。选用合适的黏结剂可以满足型煤的强度要求。低压成型一般都选用有机类黏结剂。这样可以利用有机组分的热解气化改善孔结构，从而提高型煤的反应活性。

（3）成型时加入活性剂。添加少量活性剂（0.1%左右）可以提高型煤的燃烧性能。木屑、稻壳等生物质活性剂可以改善型煤着火性能和燃烧造孔，从而提高反应活性，但在低温燃烧下作用较为明显，在高温下的活化作用不太明显。

除了上述因素外，配煤方式也会影响型煤的反应活性。两种或多种煤的混合可以改变固相反应物的组成，调变固定炭与气相介质的反应面积，从而提高反应活性。

17. 什么是固硫型煤的炉前成型工艺？有哪些特点？

炉前成型是指型煤成型后直接入炉燃烧的型煤生产和使用方法，是针对集中成型固有的问题而发展起来的。集中成型的型煤应满足运输装卸要求，也需防水防潮，其加工工艺和管理措施相对复杂，型煤成本较高。而煤炭燃烧不但允许，还宜有一定量的水分（控制在 10%左右），与型煤成型所适合的水分相差不大。新成型的型煤适合直接入炉燃烧，从而避免集中成型所需解决的上述问题。

炉前成型方式是将炉前成型机安装在给煤斗的部位，型煤成型后直接落在炉排上，通过成型转速调节控制型煤层厚度。但从燃烧固硫考虑，成型料煤应为末煤，还需加入固硫剂和添加剂，如在现场操作，所需设备和技术费用及占地面积都是用户所不能接受的，因此，炉前成型必须按地区统一配煤，用户从配煤厂拉来料煤直接上机成型，即可进行使用。采用这种成型方式，成型压力不必很高，因而易着火、燃尽率高。统配洁净煤不仅能保证粒径范围等质量要求，既省去了用户对煤进行处理的各种麻烦，又具有良好的着火和燃烧性能，保证污染物达到环境保护的排放标准，有效地降低飞灰及灰渣的含碳量，提高了锅炉效率。

炉前成型技术克服了集中成型强度过高的缺点，强度要求低，不需用黏结剂，型煤也不需干燥，成型压力小，有用功耗低，在技术性能和经济性能方面都具有一定的优势。但在推广和应用这种技术时，统一配煤十分重要，既要保证配煤质量，又要方便用户，还需注意防止运输途中的末煤飞扬。

18. 什么是生物质型煤？其成型工艺是怎样的？

固硫生物质型煤是在粉煤中添加有机物质（如秸秆、稻草等）、脱硫剂（氧化钙）后，经充分混合后，再经高压成型制成的具有易燃、脱硫效果显著、未燃损失小等特点的型煤。

高压成型是指在 100~200MPa 压力下的成型操作，可利用料煤中的沥青质、腐殖酸和煤焦油的黏结作用，实现煤的成型。常需借助于一定的成型温度使黏结物析出。因此，对富含黏结物的煤种有特定的优势。但如加入含有纤维状形态的生物质，借助生物纤维的网络作用，采用冷态即可成型。对一些本不适合高压成型的煤种也可通过加入生物质而实现成型。图 1-4 示出了生物质型煤高压成型的基本工艺流程图。

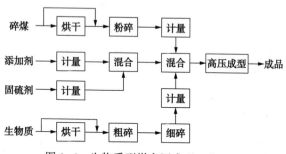

图 1-4　生物质型煤高压成型工艺过程

不添加生物质的一般型煤的固硫率为 40% 左右。生物质型煤的固硫率可以达到 70% 左右。一般型煤在燃烧过程中，当温度升高到一定程度时，固硫剂 CaO 颗粒内部会发生烧结，从而使孔隙率大大下降，增大了 SO_2 和 O_2 向颗粒内部的扩散阻力，致使钙的利用率降低；生物质型煤不仅加入了氧化钙固硫剂，而且还加入了秸秆等有机活性物，在型煤燃烧过程中，随着温度的升高，生物质比煤先燃烧、炭化而留下的空隙起到膨化疏松的作用，因而使固硫剂颗粒内部不易发生烧结，甚至使孔隙率大大增大，提高了 SO_2 和 O_2 向 CaO 颗粒内的扩散作用，钙的利用率也随之增大。因此，生物质型煤比一般型煤的固硫率高。

19. 推广和开发生物质型煤技术有什么意义？

生物质是指通过光合作用而形成的各种有机体，其种类繁多，可利用的大致有农业废物、水生植物、油料作物、木质素、加工废物及粪便等。生物质能则是生物质通过生物转化法、热分解法及气化法转化而成的气态、液态和固态所具的能量。生物质能是世界第四大能源，仅次于煤炭、石油和天然气，生物质作为燃料时，由于它在生长时需要的 CO_2 相当于排放的 CO_2 的量，因而对大气的 CO_2 净排放量近似于零。而且生物质的硫含量、氮含量低，燃烧过程中生成的 SO_2、NO_x 较少。因此，生物质能的开发利用受到许多国家的重视。许多生物质，如农作物的秸秆类，受本身物性的限制不宜直接用作工业燃料，与煤一起制成生物质型煤，则可相互取长补短，提高各自的燃烧性能和热利用率；并通过节煤和生物质代煤的双重作用，减少温室气体 CO_2 的排放量，还能在型煤燃烧固硫的基础上进一步提高 SO_2 的削减率。此外，生物质型煤还具有易着火、燃烧速度快、不冒烟、燃烧充分、灰渣含硫量低且不结渣等优点。

我国是一个农业大国，又是工业层燃炉拥有量十分可观的燃煤大国，生物质资源和煤炭资源都十分丰富，因此推广和开发生物质型煤技术具有十分重要的意义。

（二）循环流化床燃烧脱硫技术

1. 煤的燃烧有哪几种方式？

煤的燃烧一般在锅炉或窑炉中进行。燃烧锅炉主要分为工业锅炉和发电煤粉锅炉两大类。按煤在锅炉中的燃烧方式不同，又可分为层燃锅炉、流化床锅炉和气流床锅炉（又称煤粉炉）。

煤的层燃是最常见的一种煤燃烧方式。其特点是燃料放置在炉排上，形成一定厚度的燃烧层，燃料在燃烧过程中不离开燃料层，故称作层燃。在我国，层燃锅炉一般用于蒸发量为 35t/h 以下的工业锅炉。

层燃锅炉按操作条件和煤层相对于炉排的不同运行方式可分为手烧炉、链条炉、振动炉排炉、倾斜往复炉排锅炉、抛煤机固定炉锅炉及下卸料等 6 种燃烧炉。采暖锅炉和小型工业锅炉大多采用层燃锅炉燃烧。

流化床锅炉又称沸腾燃烧锅炉，简称沸腾炉。它能强化燃烧和传热，体积小，是能燃用包括石煤和煤矸石在内的各种低质煤的主要炉型。

煤粉炉燃烧设备包括制粉系统、煤粉燃烧器和燃烧室，燃烧器将粉煤和空气送入燃烧室混合、着火和燃烧。由于燃料与空气的接触表面大大增加。燃烧十分猛烈，炉内温度也更高。因此，无烟煤、烟煤都能在煤粉炉中有效燃烧，不完全燃烧损失量很少。但这类锅炉的制粉系统和设备复杂，能耗也大。

2. 什么是流化床锅炉？分为哪些形式？

流化床锅炉是把破碎到一定大小粒度（一般小于10mm）的煤用给料机送入炉内，燃烧所需空气通过布风板把厚度约为500mm的料层吹起，在炉膛一定的高度内上下翻腾，煤粒在高温沸腾层中燃烧。床层温度一般为850~1050℃。新送入的煤粒进入数量比本身大几十倍的沸腾层中，很快被加热到着火温度而开始燃烧。必要时还可往炉膛内送入二次风，使煤粒在燃烧室内强烈扰动形成流化床。燃尽的灰渣由溢流口或冷渣口排出炉外。由于流化床锅炉热容量较大，高温粒子在沸腾层内激烈运动，强化了燃烧与传热过程。

流化床燃烧又分为鼓泡流化床和循环流化床两种方式。当流化床的流化速度小于3.5m/s时，就形成鼓泡床，床层内存在稀相和浓相，床上界面不稳定，压力波动大；当流化速度达到4~10m/s时，即形成循环流化床，床内气体为连续相，床料呈现强烈混合聚团，聚团不断破裂、分散和重组，气固充分接触。

根据运行压力不同，流化床锅炉又可分为常压流化床锅炉和增压流化床锅炉。常压流化床锅炉一般由流化燃烧室、床内受热管束、水冷壁、过热器管束、对流受热管束、省煤器、给料、排渣和布风装置等组成，在常压下燃烧；增压流化床锅炉是在压力为6~16MPa的密封容器中燃烧，能进一步强化燃烧与传热，使燃烧室体积大大缩小，还可进一步改善脱硫和降低NO_x排放的效果。

3. 流化床锅炉有什么特点？

煤的流化床燃烧是继层煤燃烧和悬浮燃烧之后，发展起来的第三代煤燃烧技术，由于煤粒处于流态化状态下具有气—固、固—固充分混合等一系列特殊气固流动、热量、质量传递和化学反应特性，使得流化床锅炉较层燃炉和煤粉炉具有以下特性：

（1）燃料适应性强。可燃用不同的燃料，甚至高灰煤、高硫煤、石煤、油页岩、高水合煤等劣质燃料也可使用。

（2）容易实现炉内高效脱硫。流化床燃烧温度处于$CaCO_3$与SO_2反应的最佳温度，在燃烧中加入廉价的石灰石或白云石，就可实现炉内脱硫。

（3）氮氧化物排放量低。由于是一种低温强化燃烧方式，炉内温度分布均匀，NO_x生成量很少。

（4）燃烧效率高。特别是循环流化床锅炉，未燃尽的炭粒被旋风分离器捕集后，再送回炉膛，从而获得更长的燃尽时间，燃烧效率很高。

（5）灰渣便于综合利用。灰渣可用于生产水泥、灰渣砖等。由于灰渣中K、

P 含量较高，还可用作土壤改良剂和肥料添加剂。

4. 循环流化床锅炉脱硫的原理是怎样的?

循环流化床锅炉脱硫是一种炉内燃烧脱硫工艺，具有高效少污染的特点。是以石灰石为脱硫剂，小颗粒的燃煤和石灰石自锅炉燃烧室下部送入。燃烧一次风经过布风装置从下部送入炉膛，二次风则在炉膛的一定高度喷入使燃料完全燃烧。由于沿炉膛高度床料混合良好，使床温基本上均匀保持在 $800 \sim 900℃$ 高温内。石灰石因受热分解为 CaO 和 CO_2。燃煤烟气中的 SO_2 与 CaO 接触发生化学反应生成 $CaSO_4$ 而脱除。粒度相对较大的脱硫剂和未燃尽的焦炭被气固分离器捕集并在靠近炉膛底部处再循环返回，其典型物料循环比（返回到床层的固体物料质量流率与新鲜燃料供给流率）为 20：1，甚至更高一些。燃烧和脱硫产生的细颗粒（飞灰和反应过的脱硫剂）离开炉膛并从旋风分离器飞出后，被尾部的除渣器收集。当钙硫比为 $2 \sim 2.5$ 时，脱硫率可达 90% 以上。

5. 影响循环流化床脱硫率的因素有哪些?

影响循环流化床脱硫率的因素很多，如床层温度、钙硫比、石灰石的性能和粒度大小、石灰石的含水量及机械强度、煤的种类、烟气含氧量、床层高度、流化速度、脱硫剂种类及操作压力等，这些因素综合作用决定了脱硫效果的大小。也正由于影响脱硫效果的因素很多和脱硫反应的复杂性，使得目前对流化床脱硫机理的认识还未达成共识。大量试验事实也表明，脱硫过程中的许多反应不是简单的一步就能完成的，往往需要分步进行。

6. 床层温度对脱硫率有什么影响?

循环流化床的床层温度低时，脱硫剂中的 $CaCO_3$ 分解生成的 CaO 少，因而没有足够的 CaO 与 SO_2 反应，同时还由于 CO_2 少，脱硫剂的孔隙数量少、孔径小，脱硫反应几乎被限制在颗粒外表面上，因而脱硫率不高；随着床层温度升高，煅烧反应速率增大，孔隙扩展速率也增大，与 SO_2 反应的脱硫剂表面也增大，脱硫率也随之增加。但是，当床温超过 $CaCO_3$ 煅烧平衡温度约 50℃ 以上时，也即床层温度超过 900℃ 后，由于 CaO 表面发生烧结，反应的有效表面减少，脱硫率反而下降。如果仅从脱硫考虑，循环流化床的燃烧温度应控制在 $825 \sim 850℃$。

但是，床层温度的选择还需综合考虑其他因素。除脱硫率外，还应从燃烧效率、NO_x 和 CO 排放等因素上考虑，最好选择较高的床层温度。因此，综合考虑各种因素，燃用高挥发分煤时，床层温度宜选定在 850℃ 左右；燃用低挥发分煤时，可选择 900℃ 左右的床层温度。

7. 钙硫比对脱硫率有什么影响？

钙硫比（Ca/S）是脱硫剂所含钙与煤中硫的物质的量比，是表示脱硫剂用量的一个指标，也反映单位时间内脱硫剂的供给量与脱掉的 SO_2 间的关系。从脱除 SO_2 的角度考虑，钙硫比是影响脱硫效率和 SO_2 排放的首要因素，不加脱硫剂石灰石时，燃料硫约有 28.5% 的硫分残留于灰渣中，71.5% 的硫分则以气体形式排放出来，添加石灰石脱硫，脱硫率甚至可达 90% 以上。

理论上，脱硫所需钙硫比为 1.0，即从烟气中脱除 1kg 的 SO_2，理论上需要 1.56kg $CaCO_3$。但是实际上加入流化床中的石灰石不会全部与 SO_2 发生反应，所以必须添加比理论量过量的石灰石。

在一定条件下，改变钙硫比可以调节 SO_2 的排放量，对任何类型的流化床锅炉，钙硫比与脱硫率的影响关系可用下述经验式加以表示：

$$R = 1 - \exp\ (-mc)$$

式中，R 为脱硫率；c 为钙硫比；m 是其他性能参数，如床深、流化速度、床层温度、操作压力、脱硫剂种类、脱硫剂颗粒尺寸等的函数。

不同类型的流化床锅炉有不同的 m 值，这使得达到相同脱硫率所需的钙硫比会有所不同。如要达到 90% 的脱硫率，常压鼓泡床锅炉的钙硫比为 3.0~3.5，常压循环流化床锅炉的钙硫比为 1.8~2.5，增压流化床锅炉的钙硫比为 1.5~2.0。

一般情况下，在流化床床层温度和工艺条件不变的条件下，随着钙硫比的增大，脱硫率会明显提高。当钙硫比从 2 增大到 4 时，脱硫率提高幅度较大，而当钙硫比超过 4 时，脱硫率增加并不多。因此，从提高脱硫效果和减少灰渣处理量考虑，钙硫比不宜太大。对循环流化床锅炉来说，较为经济的钙硫比为 1.5~2.5。

8. 脱硫剂的种类和性质对脱硫率有什么影响？

炉内脱硫作为减少 SO_2 排放的有效途径，特别适用于流化床燃烧。因为这种燃烧方式提供了较好的脱硫环境，如脱硫剂和 SO_2 能充分混合、脱硫剂和 SO_2 在炉内停留时间长、燃烧温度适宜等。脱硫剂对脱硫率的影响主要有以下几个方面：

（1）脱硫剂种类。目前普遍使用的脱硫剂是天然石灰石和白云石。两者的含钙量、孔隙尺寸分布、爆裂和互磨特性均不相同。白云石的平衡孔径分布和低温燃烧性能好，但操作压力低时，容易爆裂成细粉末。同时，相同的钙硫比时，白云石的用量比石灰石多近两倍。为此，脱硫剂处理量和废脱硫剂用量也多。因此，常压运行时，常采用石灰石作脱硫剂。一般来说，增压鼓泡流化床锅炉采用白云石较好。此外，不同品质的石灰石反应活性也不同，应选用反应活性高、脱硫性好的石灰石品种。

（2）脱硫剂颗粒尺寸。由于脱硫剂在床内颗粒互磨、爆裂和扬析等，因此颗粒尺寸与脱硫率的关系颇为复杂。一般来说，脱硫剂颗粒小，脱硫效果好，而且颗粒越小，对 NO_x 的刺激作用也越小。对于较小的脱硫剂颗粒，脱硫温度也可以较高。循环流化床锅炉的分离和返料系统保证了细颗粒的循环，故一般采用 $0\sim2mm$，平均为 $100\sim500\mu m$ 粒度的石灰石。颗粒太小或太易磨损的石灰石会增大飞灰的逃逸量，增加静电除尘器负荷，并使脱硫效率下降。当然，太大的煤粒度也不利于燃烧，也不利于脱硫。

（3）脱硫剂的孔径分布。孔径分布对脱硫剂硫酸盐化速率会产生重要影响。小孔能在单位脱硫剂质量下提供更大的孔表面积，但其入口易发生堵塞；大孔可提供通向脱硫剂内部的便利通道，却又不能提供大的反应表面。因此，好的脱硫剂往往是在大、小孔之间找到适当的平衡，以提供较大的孔容积。

9. 改进流化床燃烧脱硫性能可采取哪些措施？

流化床燃烧过程脱硫相对常规燃烧系统中应用的其他脱硫方法而言，具有技术先进、热效率高、经济效益和环境效益好等特点。但采用流化床燃烧脱硫所需的钙硫比大，因此，所产生的固体废料也会成比例增多。同时，将脱硫剂加热到煅烧温度，以及煅烧吸热和脱硫产物带走系统的显热，均要消耗一定热量，引起热效率损失。为此，可通过下述措施改进流化床燃烧脱硫性能：

（1）改进燃烧系统设计及运行条件。如采用低气流速度、深床和使用较细颗粒尺寸可降低脱硫剂消耗。但这种措施只能用于增压流化床锅炉，难以用于常压流化床锅炉。

（2）脱硫剂预煅烧。这对高压和低温状态运行的锅炉特别有利。这是因为增压和低温会延缓或阻止 $CaCO_3$ 在炉内直接煅烧。脱硫剂预煅烧可以提高脱硫性能。

（3）加入添加剂。脱硫剂中加入适量 Na_2CO_3、K_2CO_3、$NaCl$、Fe_2O_3 等添加剂可以强化脱硫效果。加入碱金属盐能强化脱硫效果的原因是它们具有较低的熔点，如 $NaCl$ 为 $801℃$，Na_2CO_3 为 $850℃$，K_2CO_3 为 $901℃$。在 $CaCO_3$ 煅烧分解和脱硫过程中，存在于钙基表面的碱金属盐不仅自身会熔融成液相，还会与一些 CaO、$CaSO_4$ 形成低熔点共熔物，从而提高了碱金属离子迁移和扩散能力。最终，导致 CaO 晶格结构改变，使 CaO 的孔隙增多、孔径变大，部分不连通孔变为连通孔，从而有利于 SO_2 的扩散，提高脱硫效果。添加 Fe_2O_3 是由于它对硫酸盐化反应有催化作用，故能强化脱硫效果。

（4）开发新型脱硫剂。针对天然石灰石和白云石的钙利用率低的缺点，市场上也出现了一些新型脱硫剂，如高铝水泥熟料脱硫剂、生物石灰脱硫剂（由固体生物质废料制成）的脱硫率和钙利用率都高于天然石灰石。

（三）水煤浆技术

1. 什么是水煤浆？它有什么特点？

水煤浆是 20 世纪 70 年代发展起来的一种新型煤基流体洁净燃料。它是将洗选后的精煤进一步加工研磨成微细煤粉，按煤与水的质量比约 7∶3 的比例和适量化学添加剂（约 1.0%）配制而成的一种煤水混合物。这种煤水混合物又称煤水浆、煤水燃料。

水煤浆外观像油，流动性好，贮存稳定，运输方便（可用罐车、管道、船舶运输），可像重油一样用压缩空气或压力蒸汽进行雾化后燃烧，喷入锅炉燃烧时雾化性能好、易着火，燃烧稳定，负荷变动适应性强。它既保留了煤的燃烧特性，又具备了类似重油的液态燃料应用特点。因而它可在工业锅炉、电站锅炉和工业窑炉上代油及代气燃烧。

水煤浆的燃烧效率可达98%以上，锅炉热效率达到90%，烟尘排放可达到环保标准，SO_2 的排放量相当于燃用低硫油，其 NO_x 的排放量更只有烧油的50%，2.1~2.2t 水煤浆可替代 1t 燃油。与燃油相比，改烧水煤浆后其锅炉出力有所下降，但不会像煤粉那样引起火灾或爆炸。

水煤浆是中国洁净技术的一部分，从节能率、技术成熟度、经济性和环保特性这四个指标进行综合评价，水煤浆技术在我国优选出的洁净煤技术中位于发展前列，也是我国以煤代油的经济有效途径。

2. 什么是水煤浆技术？其应用前景如何？

水煤浆技术包括水煤浆制备、贮运、燃烧等多种关键技术，是一项涉及多门学科的系统技术。发展水煤浆技术，旨在利用水煤浆代替油，可用于工业锅炉、电站锅炉和工业窑炉代油、代气燃烧，亦可作为气化原料，用于生产合成氨、合成甲醇等。

目前，水煤浆技术已广泛应用于电力、冶金、化工、陶瓷等行业，拥有多种炉型的锅炉改造和水煤浆专用炉技术，工业窑炉（轧钢加工炉、煅烧炉、隧道式高温窑、喷雾干燥塔热风炉等）应用水煤浆技术等。水煤浆气化作为生产合成氨、甲醇等原料气已在多个企业应用；水煤浆代油在工业锅炉上的应用，涉及的炉型很多，容量从 1t/h、2t/h、230t/h、410t/h 不等。

经过多年应用及发展，我国水煤浆生产正向大型化、规模化方向发展。水煤浆的应用也向多元化发展，应用前景广阔。但其适用领域主要是在环境容量允许燃煤地区且由于场地和运输等条件的限制而无法选择其他煤炭替油技术的燃油用户，这也限制了水煤浆的推广利用。

目前，我国电力、冶金、炼油、石化、建材、轻工等行业的锅炉为解决燃料和环保问题都在寻找出路，如果水煤浆技术成本和使用成本进一步降低，把水煤浆作为一种低污染的代油燃料推广，加上管道输送的优势，水煤浆技术将会有广阔的市场。

3. 水煤浆有哪些品种？

工业应用代油燃烧的水煤浆主要有两大类，即作为燃料用的高浓度水煤浆和供德士古造气用的水煤浆原料。按制备水煤浆的原料性质，则可将水煤浆分为表1-10所示几种类型。

表1-10 不同水煤浆的性质和用途

种类	原料煤性质	水煤浆性质	用途
精煤水煤浆	洗精煤，灰分<10%	浓度>65%；稳定性>3个月；黏度1000mPa·s；发热量：18.8~21.0MJ/kg	用作锅炉代油燃料
精细水煤浆	超低灰精煤，灰分1%~2%	浓度50%~55%；细度<10μm；黏度<300mPa·s	用作内燃机、燃气轮机燃料
经济型水煤浆	原生煤泥，灰分15%~25%	浓度65%~68%；稳定性>15天	用作链条锅炉燃料
	浮选尾煤，灰分>25%	浓度50%~65%；稳定性3~5天	用作流化床锅炉或链条炉燃料
原煤水煤浆	原煤；灰分>20%；炉前制浆	浓度60%左右；稳定性1天	用作工业窑炉燃料
脱硫型水煤浆	制浆过程中加入脱硫剂	浓度>65%；黏度1000mPa·s±200mPa·s	燃烧脱硫，可提高脱硫率10%~20%
	加入碱性有机废液	浓度50%~55%；稳定性30天；黏度<1200mPa·s	适合高硫煤地区锅炉燃用，脱硫性好
气化水煤浆	普通原煤；灰分<25%	浓度58%~65%；稳定性1~2天；黏度1000mPa·s；粒度<200目占60%左右	用作德士古气化造气用原料

4. 水煤浆的主要成分有哪些？它们各起什么作用？

水煤浆一般由65%~70%的煤粉、30%~35%的水及1%~2%的添加剂组成。
（1）煤粉。水煤浆是一种非均质流体，具有煤的特性。煤粉是水煤浆中的主要燃烧成分。一般选用经过洗选的低硫、低灰分、高热值的优质精煤，这是因为水煤浆中的水含量很高，如果不去除煤中的灰分，水煤浆的热值就会变得很低，在送入锅炉时会产生着火困难、燃烧不稳定等不良现象。因此，灰分大致控制在5%~8%之间。另外，原料煤的挥发分高低也直接影响水煤浆的燃烧效果，一般采用高挥发分的烟煤。使用挥发分大于30%的煤制浆对燃烧有利。硫分一般对制浆没有明显影响。

为了使水煤浆形成稳定的胶体状态，必须将煤变成颗粒状（即煤粉），但水煤浆中煤的颗粒并非一样大，而是有两种不同大小的颗粒，大的承受整体负荷，小的分散在大颗粒的缝隙中，以形成较稳定的体系。

此外，对制浆煤种的选择一般还要通过对煤种进行成浆性难易程度评价，制成水煤浆后的燃烧性能和环保问题等进行综合评价后才能做出科学的选择。我国有丰富的制浆原料煤，但适宜制水煤浆的煤种也有一定范围，主要为中等变质程度煤，年轻的褐煤成浆性较差。

（2）水。水煤浆中水占1/3左右，它不能提供热量，在燃烧过程中还会因蒸发造成热损失。但这种热损失只占燃料热值的4%左右。水的重要作用是提高煤的燃烧活性，使煤从传统的固体燃料转化为一种具有流动性的液体燃料，实现泵送、雾化。

（3）添加剂。添加剂是制备水煤浆的重要原料，也是直接关系到制浆产品质量好坏的关键物质。煤种不同，适用的添加剂也不同，好的水煤浆不仅与所用的添加剂类型、数量有关，还与添加剂的添加方式及投加部位有关。

5. 水煤浆有哪些洁净煤特性？

水煤浆是将具有一定粒度级配的固态煤粒经一定的物理加工工艺制成的具有一定流动性和稳定性的流体燃料，是一种煤基流体洁净燃料。水煤浆的洁净煤特性主要表现在以下几个方面：

（1）水煤浆的制备加工、贮运为全封闭，因而避免了煤炭在装、贮、运中的损失和给环境带来的污染。

（2）燃用水煤浆热效率高。如中小水煤浆锅炉的热效率可超过81%，而燃煤锅炉不到60%，因而，水煤浆用于中心锅炉可节煤1/3左右，从而减少了燃煤产生的环境污染。

（3）水煤浆燃烧比直接燃煤可显著减少 SO_2 的排放。如中小燃煤锅炉脱硫率为6.5%左右，电站煤粉锅炉脱硫率为23%左右，而水煤浆锅炉脱硫率可达40%~50%。水烟浆烟气中因富含水蒸气，煤质中的含硫物质可与水蒸气反应，从而提高了脱硫效果。此外，煤炭因自身所含脱硫矿物质不足，制约了其脱硫效果，而在水煤浆制备过程中可方便地补加脱硫剂，制成脱硫型水煤浆，脱硫效果明显提高。

（4）燃用水煤浆可明显地减少燃煤 NO_x 的排放，这是因为水煤浆的燃烧温度比煤粉低 $100 \sim 200℃$，因而可减少 NO_x 生成量。

6. 制备水煤浆的添加剂有哪些类型？

添加剂是实现煤与水保持浆状的介质，是水煤浆组成的重要成分，水煤浆的贮存时效与添加剂有很大关系。

用于水煤浆的添加剂种类很多，按其作用不同，可分为分散剂、稳定剂、消泡剂等。

（1）分散剂。指能降低分散体系中固体或液体粒子聚集的一类物质。分散剂可附于液—固或液—液界面，能显著降低界面自由能和微滴黏合力，致使固体颗粒能均匀分散于液体中，使之不能再聚集，形成相对稳定的分散或悬浮状态。分散剂属表面活性剂，大致分为阳离子型、阴离子型、非离子型和两性表面活性剂。用于水煤浆的分散剂主要是阴离子型和非离子型。常用的阴离子型分散剂有萘磺酸盐、磺化腐殖酸盐、木质素硝酸盐、烯烃磺酸盐，以及羟酸盐、磷酸盐等。这类分散剂的亲水基多为具有碱性的阴离子，分散性能不如非离子型，但来源广泛、价格低廉。非离子型分散剂的特点是分子量大，亲水性好，但价格较高，一般用量在 0.5% 以上。

（2）稳定剂。稳定剂是用于提高水煤浆稳定性的一类物质。其作用是使煤颗粒长期地悬浮在水中而不发生不可恢复的硬沉淀或聚沉，即当水煤浆静置存放时有较高的黏度，而在开始流动后黏度又可迅速降下来。可用作水煤浆稳定剂的物质主要有无机电解质和高分子有机化合物两类，如各种可溶性盐类、纤维素、高分子表面活性剂、聚丙烯酸盐等。稳定剂的用量根据煤种、煤浆要求的稳定时间及所用稳定剂种类而定，其添加量一般为 0.006% ~ 0.10%。

（3）消泡剂。是防止泡沫生成或使已有泡沫减少或消失的物质，可提高水煤浆的泵送性和防沉性。可用的消泡剂种类很多，有油型、乳液型、粉末型等，可根据水煤浆种类而选用。

添加剂在水煤浆中所占比例虽然不大，但在制浆成本中占有重要比例。因此在使用添加剂时，不能单纯追求性能好，而应遵循性价比最优的原则，既要考虑来源丰富、价格低廉、适应煤种多，又要考虑性能稳定、效果好。

7. 水煤浆制浆工艺有哪些？

水煤浆制备技术包括煤种选择、级配技术、制浆工艺、制浆设备及添加剂技术等。而水煤浆制浆工艺通常包括破碎、磨矿、搅拌与剪切，以及为剔除最终产品中的杂物和超大颗粒的滤浆操作等。其中，磨矿是水煤浆制备中的关键环节，它不但要求产品达到一定的细度，更重要的是产品应有较好的粒度分布。磨矿可用干法及湿法，目前主要采用湿法磨矿制浆工艺，它又有高浓度磨矿与中浓度磨矿两种方式。磨矿产品的细度和粒度分布与给料的粒度分布、煤种、磨机类型与结构等因素密切相关。

我国采用的制浆工艺种类较多，如洗精煤（或低灰原煤）高浓度磨矿工艺、洗精煤中浓度磨矿工艺、浮选精煤高浓度磨矿工艺、浮选精煤和水洗精煤高浓度联合制浆工艺等。

制浆设备主要包括球磨机、输浆泵、搅拌器等，国内已有生产水煤浆主要设备的专业生产厂，可提供多种类型的水煤浆专用磨机。

8. 水煤浆的管道输送有什么优缺点？

水煤浆输送，除用罐车和船舶外，管道输送是最理想的运输方式。水煤浆可以像石油一样贮存和管道输送，但流动性能不如石油。水煤浆管道输送的优点主要表现在管道可适应地形变化，坡度要求比铁路要低，敷设里程一般比铁路要短，因此投资较铁路省；管道运输途中不损失煤料，环境无污染，运输成本较低。管道输送不利的因素有：投资大，单向运输；一旦水煤浆停产，管道就闲置，管道堵塞时清洗较难（要用大量水清洗管道）；在输送过程中易造成设备磨损，特别是阀门和泵体定子、转子。此外，管道运输还涉及跨省区建设等问题。

目前，水煤浆管道运输主要采用两种工艺：一种是高浓度煤浆管道输送。它是将水煤浆厂生产的煤水比例约为 7∶3 的水煤浆产品，直接通过管道输送至终端，供工业锅炉和窑炉燃用；另一种是普通浓度煤浆管道输送。它是在矿区把煤粉碎与水混合，制成煤水比为 1∶1 的煤浆，再通过管道送至终端，经脱水或干燥，使含水率降至约15%后，供锅炉和电厂燃用。表 1-11 列出了这两种水煤浆输送工艺的性能比较。

表 1-11　两种水煤浆管输工艺的性能比较

项目	高浓度水煤浆	普通煤浆
粒度级配	为密集充填，煤颗粒分布有严格的粒度级配要求，其粒径一般小于 300μm	为稀疏充填，粒级分布较窄，其平均粒径为 0.3~0.35mm，上限可达 1.2~2.0mm
浆体黏度	较高，一般为 0.5~1Pa·s	较低，一般为 0.03~0.06Pa·s
流动方式	水煤浆在管输中呈层流状态流动	煤浆在管输中呈紊流状态流动
流速	为使煤粒不分选沉降，输送流速一般为 0.5~1.0m/s	为保证煤粒悬浮输送，输送流速一般为 1.5~1.8m/s

项目	高浓度水煤浆	普通煤浆
适用用户	直接供工业锅炉、电站锅炉及工业窑炉燃用	供煤粉炉或型煤加工后用于链条炉及冶金、化工、建材、民用等
优缺点	水煤浆制备复杂，需加入添加剂，物料黏度高、流速慢、输送耗能高；终端不需要脱水，环保影响小	煤浆制备简单，黏度低，流速较高，输送量大；终端要进行脱水处理，工艺复杂，脱水设备投资大

9. 影响水煤浆高效燃烧的关键技术是什么？

水煤浆技术旨在利用水煤浆代油，可以与油切换使用，可助油燃烧，用于电站锅炉、工业锅炉和窑炉，还可用作煤粉锅炉的点火燃料。超细粒和超低灰的水煤浆还可直接用于内燃机和燃气轮机联合循环。水煤浆的燃烧温度一般比煤粉燃烧温度低 $100\sim200℃$，有利于降低 NO_x 的生成量，有明显的环保效益。喷嘴的雾化技术和燃烧器的配风技术是保证水煤浆顺利着火和高效稳定燃烧的两种关键技术。

（1）喷嘴雾化技术。水煤浆通过雾化后燃烧，良好的喷嘴雾化可以减少水煤浆液滴的细度，从而缩短水煤浆的着火距离，为水煤浆着火、燃烧提供基础。因此，水煤浆喷嘴应具有较好的雾化特性，能稳定着火；有合适的雾化角和射程，负荷调节性能好；有良好的防堵性能，能长期连续运行；有较低的气耗率及较高的燃烧效率。

水煤浆雾化喷嘴按结构形式分为 Y 形、旋流形、转杯式、对冲式、撞击型等；按混合方式分为内混型和外混型。由于 Y 形喷嘴具有结构简单、雾化气耗少、耐磨性能强、喷嘴易大型化等优点，故应用较广。

（2）水煤浆燃烧器。又称配风器，是水煤浆燃烧的又一个关键设备。因为水煤浆的着火热主要依赖于高温烟气的回流，这就需要对燃烧配风进行合适的调节，以使煤浆雾炬得到有效的加热并及时着火。此外，合理的配风可以加强燃烧室内湍动，提高水煤浆燃烧速度和燃尽度。分段送风还可控制 NO_x 的生成和排放。严格地说，炉膛内的燃烧工况主要取决于燃烧器的结构及其布置方式。

水煤浆燃烧器主要有旋流式和角置式两种。旋流式燃烧器是利用旋转气流产生合适的回流区，用回流的高温烟气来加热燃料，保证其稳定地着火燃烧。这类燃烧器广泛用于工业锅炉及窑炉上；角置式燃烧器有多种布置方式和结构形式，一次风和二次风可以分级送入。这种燃烧器主要用于电站锅炉。

10. 影响水煤浆燃烧固硫效果的因素有哪些？

水煤浆制浆过程中加入固硫剂可制备脱硫型水煤浆。影响水煤浆燃烧固硫作用的主要因素有：

（1）钙硫比。钙硫比是影响水煤浆燃烧固硫率的重要因素。钙硫比越高，固硫效果越好，但钙硫比太高时会严重影响水煤浆的雾化燃烧，经济上不合适。因此，不同煤制取的脱硫型水煤浆，应有较佳的钙硫比。

（2）固硫剂。不同固硫剂的固硫率会有所不同。例如，使用普通的氢氧化钙和活性较高的乙酸钙作固硫剂时，后者的固硫率会比前者高出许多。有时，使用钙基复合固硫剂可大幅度提高水煤浆燃烧固硫率。由造纸厂排放的黑液制成的黑液煤浆，固硫效果也十分明显，这是因为造纸黑液中所含的碱金属与碱土金属化合物是良好的脱硫剂。

（3）煤含硫量。煤的含硫量高，制得的脱硫型水煤浆燃烧固硫效果好。这是因为硫分高时，燃烧时产生的 SO_2 浓度也高，使反应向着有利于固硫反应方向进行。

（4）燃烧温度。水煤浆燃烧温度对脱硫型水煤浆固硫效率有一定影响。因此，对于不同的煤种和水煤浆燃烧器应经过燃烧试验来确定最佳的燃烧温度。

（5）固硫助剂。制备脱硫型水煤浆时，加入适量固硫助剂有利于提高固硫效果。如添加少量硅系或铝系固硫助剂，可以提高水煤浆的燃烧固硫率。

11. 精细水煤浆有什么特性？

精细水煤浆是由经过超细粉碎并经过深度分选的超纯煤制成的，其特性是具有普通水煤浆一样的流动性、稳定性和可雾化性，而且其粒度细（小于 $10\mu m$）、灰分极低（1%~2%），因而燃烧速度快、效率高，从而可提高燃烧强度。有望将精细水煤浆作为柴油的替代燃料应用于中小型燃油锅炉、中央空调、柴油机和燃气轮机等，代油范围远大于普通水煤浆。

四、烟气脱硫技术基础

1. 什么是烟气？主要含哪些成分？

燃料燃烧生成的高温气体或工业排放的含烟废气，如燃煤烟气、烧结烟气、催化裂化烟气等都称为烟气。它们主要是燃料燃烧后的产物。烟气的主要成分有气体（CO、CO_2、SO_2、NO_x、O_2、N_2 等）、炭黑粒子、焦炭粒子及灰粒等。热烟气经传热降温后再经烟道及烟囱排向大气，排出的烟气简称排烟。通常在排烟中含有不饱和状态的水蒸气，它由燃料中的自由水、空气带入的水蒸气及燃烧所生成的水蒸气组成。这种含有水蒸气的烟气称为湿烟气。根据温度不同，一般可将烟气分为高温烟气（大于650℃）、中温烟气（230~650℃）和低温烟气（小于230℃）三类。

2. 什么是烟气黑度？怎样进行测定？

烟气黑度是一种用视觉方法监测烟气中排放有害物质情况的指标。虽然这一指标难以确定与烟气中有害物含量之间的精确定量关系，也不能取代污染物排放量和排放浓度的实际监测，但其测定方法简单易行，能适当反映燃煤类烟气中有害物质的排放情况。

测定烟气黑度的主要方法如下：

（1）林格曼黑度图法。该法是把林格曼烟气黑度图（由6个不同黑度的小块组成）放在适当的位置上，将图上的黑度与烟气的黑度相比较，凭人的视觉对烟气的黑度进行评价。

（2）测烟望远镜法。它是在望远镜筒内安装一个圆形光屏板。光屏板的一半是透明玻璃，另一半是格林曼黑度标准图，通过透明部分观看烟气的黑度，并与林格曼黑度图比较，进而确定烟气黑度。

（3）光电测烟仪法。该法是利用测烟仪内的光学系统搜集烟气图像，并与标准黑度板比较，经处理后，自动显示和打印出烟气的林格曼黑度级数。

3. 什么是烟气抬升现象？

所谓烟气抬升现象是指从烟囱排放的烟气从烟囱口冒出后的抬升状态。烟气抬升大体分为以下4个阶段：

（1）喷出阶段。烟气自烟囱口垂直向上喷出，因自身的初始动量继续上升。此阶段也称为动力抬升阶段。而烟流的初始动量决定于烟流出口处的流速和烟囱口内径。动力抬升一般作用较小，只在烟流喷出阶段起作用。

（2）浮升阶段。烟气离开烟囱后，由于烟气温度高于周围大气温度，烟气密度比周围空气密度小，从而产生浮力。温差越大，浮力上升越高。初始动量的主导作用逐渐消失，随后主要是烟气本身的热量在环境中造成的浮力抬升。这一阶段也称为热力抬升阶段，对于热烟气而言，这是烟气抬升的主要阶段。

（3）瓦解阶段。在浮升阶段后期，由于烟气中卷夹进周围空气而使烟体膨大，内外温差和上升速度都显著降低，加上环境湍流使烟气体积进一步扩展，烟流自身结构也在短时间内瓦解，上述动力及热力抬升作用丧失殆尽，烟气抬升也即结束。

（4）变平阶段。在有水平风速存在时，空气会给烟气水平动量，随着烟气垂直速度快速下降，烟气很快倾斜弯曲，而环境湍流又使烟气继续扩散膨胀，烟流逐渐变平。

因此，对于温度较低的烟气，烟气的抬升主要是由烟气的初始动量所决定，而对于锅炉等燃烧后的高温烟气而言，浮力对烟气抬升的贡献远大于动量对烟气抬升的贡献。此外，烟气抬升高度还与风速成反比。

4. 怎样进行烟道（气）采样？

工业企业尾气排放的烟道是典型的固定污染源，为采集烟道中有代表性的气体样品，首先应把采样点设置在烟道气流的平稳管段中，如距弯头、阀门和其他变径管道的下游方向大于 6 倍直径处。或在该处的上游方向大于 3 倍直径处，最小距离不应小于烟道直径的 1.5 倍。其次，应将采样断面选定在气流速度 5m/s 以上，而且采样断面处的采样点应该方便操作。如果断面尺寸较大，气体流速和污染物浓度分布不均，则应多点采样，并将烟道断面按等面积分成若干环或块，在每一环或块确定采样点。当断面尺寸较小或污染物浓度分布均匀时，则可单点采样，并将采样点设置在断面的几何中心处。

5. 什么是烟气分析，主要分析什么？

烟气分析是对燃料燃烧生成的烟气中各种气体组分及含量所进行的测定操作，利用烟气分析仪进行测定。其分析结果可作为判断燃料燃烧的完善程度、控制燃料燃烧过程和考察燃料燃烧过程以作为降低燃料消耗量的依据。常用烟气分析仪有化学式、电导式及色层分析等多种类型。

例如，奥式烟气分析仪是用于测定烟气中 CO_2、SO_2、CO 及 O_2 含量的一种仪器。它由烟气过滤器、3 个吸收器及量筒等部件组成。其工作原理是利用化学吸收法测出吸收前后的容积改变，由此计算出烟气成分的容积百分比。在第一个吸收器内装有氢氧化钾溶液，可以同时吸收 CO_2 及 SO_2；第二个吸收器中是焦性没食子酸溶液，可以吸收 O_2；第三个吸收器内盛有氧化亚铜氨溶液，主要用于吸收 CO。这种烟气分析仪结构简单、安装方便，但分析时间较长，需人工操作，灵敏度较低。

6. 什么是烟尘？

烟尘是指在燃料燃烧、高温熔融和化学反应等过程中形成的、漂浮于大气中的细颗粒物，是大气污染物的一种。烟尘粒子的粒径很小，一般为 1μm 左右。它包括升华、焙烧、氧化等过程所形成的烟气。其组成和粒度随燃料种类及化学反应过程而异，变化范围较宽。以氧化物形式产生的烟尘，其主要成分为 SiO_2、Al_2O_3、Fe_2O_3、CaO、MgO 等，不同种类燃料，同一种燃料在不同燃烧设备和燃烧工况下排放的污染物及烟尘数量不尽相同，如火力发电厂每燃烧 1t 煤，大约排放出 10kg 的烟尘。

工业烟尘种类很多，按其生产过程可分为电力工业烟尘、钢铁工业烟尘、炼焦工业烟尘、化学工业烟尘、建材工业烟尘、有色金属工业烟尘、工业锅炉烟尘、耐火材料工业烟尘等。不同来源的烟尘，其颗粒物大小及组成都会有所不同。

7. 什么是烟雾？

原指空气中的烟与自然雾相结合的混合体。现泛指工业排放的烟尘为凝结核所产生的雾状物。如世界八大公害之一的伦敦烟雾事件发生于 1952 年 12 月 5—8 日，伦敦居民因生活及工厂燃煤排出大量的 SO_2 及烟尘，在当时的逆温气象条件下，导致伦敦上空烟尘蓄积，经久不散，致使大气中烟尘浓度达到 4.46mg/m^3，SO_2 达到 3.8mg/m^3。居民出现喉痛、咳嗽、胸闷、眼睛刺激及呼吸困难等症状。4 天内，死亡人数比往年同期增加 4000 人。又如，马斯河谷烟雾事件、多诺拉烟雾事件、洛杉矶光化学烟雾事件等都是烟雾造成的严重大气污染事件。

8. 什么是煤燃烧后烟气脱硫技术？

煤燃烧后控制技术主要指烟气脱硫技术，也是 SO_2 减排技术中研究较多、进展较快的技术，是世界上大规模工业化应用的脱硫技术。脱硫工艺及方法很多，按操作特点分为干法、湿法和介于两者间的半干法；按照生成物的处置方式分为回收法和抛弃法；按照脱硫剂是否循环使用分为再生法和非再生法；依据净化原理可分为吸收吸附法和氧化还原法。

烟气脱硫技术本身并不复杂，但因其烟气量大，浓度较低，净化处理的经济性较差，设备投资和运行费用较高，构成了脱硫技术发展的主要障碍。而从实际处理状况来看，烟气脱硫作为控制 SO_2 的末端技术，在今后相当长时期内，仍然是烟气脱硫最有效的方法。

9. 烟气脱硫分为哪些技术？

为了控制排入大气中的二氧化硫，早在 19 世纪人们就开始进行有关烟气脱硫的研究，直到 20 世纪 60 年代才开始大规模开展这项技术的应用。目前，烟气脱硫仍是世界上唯一大规模商业化应用的脱硫方法，是控制二氧化硫排放和酸雨污染的最为有效的技术手段。

目前，行之有效的脱硫技术有数十种。烟气脱硫技术按脱硫剂的形态分为湿法、半干法和干法 3 类；按照烟气脱硫后的生成物是否回收，将脱硫技术分为抛弃法和回收法；按烟气净化的原理，可将烟气脱硫分为吸收法、吸附法和催化转化法等。而实际运用中应用最广、工艺应用最多的脱硫方法是湿法烟气脱硫。

企业在选用烟气脱硫技术时，应综合考虑所选技术的使用寿命、运行可靠性、有无二次污染、自动化控制程度、副产品的安全处置、经济投入和运行管理等多方面的因素。

10. 根据操作特点煤燃烧后烟气脱硫包括哪些方法?

根据操作特点及脱硫产物的干湿形态,煤燃烧后烟气脱硫技术可分为湿法脱硫、半干法脱硫和干法脱硫 3 类,如图 1-5 所示。

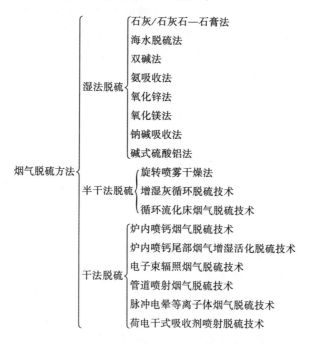

图 1-5　烟气脱硫技术的一般分类方法

在上述各类方法中,湿法烟气脱硫技术是目前烟气脱硫的主要技术,石灰/石灰石—石膏法运行可靠,脱硫产物石膏可直接抛弃,也可综合利用,烟气的脱硫率可达 90% 以上;炉内喷钙和管道喷射法等干法工艺,脱硫效率一般为 50%～70%,适用于老电厂的改造;属半干法工艺的喷雾干燥法脱硫效率一般为 70%～95%;海水脱硫工艺利用天然海水为吸收剂,投资和运行费用较低,适用于沿海地区。

一般来讲,湿法脱硫技术成熟、效率高、操作简单,但脱硫产物的处理比较复杂,烟温降低不利于扩散;干法、半干法的脱硫产物为干粉状,处理方便,工艺也较简单,投资一般低于传统湿法,但脱硫率和脱硫剂利用率较低。

11. 根据所用脱硫剂煤燃烧后烟气脱硫有哪些方法?

根据烟气脱硫技术中所使用的脱硫剂不同,可分为钙法、氨法、镁法、钠法、水法及其他方法等。表 1-12 列出了以脱硫剂命名的脱硫工艺。

表1-12　以脱硫剂命名的烟气脱硫工艺

工艺名称	脱硫剂		操作方式
钙法	石灰/石灰石	湿式	制成浆液，洗涤烟气
	石灰石	干式	炉内直喷或增加烟气活化
	石灰	半干式	制浆喷雾干燥或增加灰渣循环
氨法	氨水	湿式	洗涤烟气
	液氨	干式	烟气被辐射后与氨作用
镁法	氧化镁		制成乳液，洗涤烟气
钠法	氢氧化钠/碳酸钠		制成溶液，洗涤烟气
水法	海水		直接淋洗烟气
双碱法	钠碱		碱溶液洗涤吸收、中和再生
氧化锌（铜）法	氧化锌/氧化铜		吸附、解吸
碱铝法	$Al_2(SO_4)_3 \cdot Al_2O_3$		吸收、中和再生
活性炭法	活性炭		吸附、氧化、冲洗、再生
磷铵法	活性炭、磷矿石、氨		吸附、氧化制酸、分解、与氨反应

12. 湿法烟气脱硫主要有哪些方法及特点？

湿法烟气脱硫是采用液体吸收剂，如水或碱性溶液等洗涤烟气以除去二氧化硫的方法，是目前应用最广的脱硫方法。目前已商业化应用的湿法脱硫工艺主要有以下一些技术：

（1）石灰/石灰石—石膏法。

此法的脱硫原理是用石灰或石灰石浆液吸收烟气中的 SO_2，先生成亚硫酸钙，然后将亚硫酸钙氧化为硫酸钙；副产品石膏可抛弃，也可以回收利用。由于石灰石来源广泛、成本低，成为世界上技术最成熟、运行最稳定的脱硫工艺，脱硫率可达90%以上。特别适用于电站锅炉的脱硫装置。此法的主要缺点是投资大、占地面积大、运行费用高、设备易发生堵塞等。

（2）钠碱吸收法。

此法是用氢氧化钠或碳酸钠水溶液吸收废气中的二氧化硫后，不再进行石灰（或石灰石）再生，而直接将吸收液处理成副产品，与石灰/石灰石—石膏法相比较，该法具有吸收速度快、不易堵塞设备等优点。而且脱硫效率大于90%，工艺简单。主要缺点是碱消耗量大，适用于中小型企业处理烟气中的 SO_2。

（3）双碱法——碱性硫酸铝—石膏法。

该法是用碱性溶液作吸收剂，将吸收 SO_2 后的吸收液用石灰石或石灰进行再生，再生后的吸收液循环使用，副产物为石膏。由于在吸收和吸收液的再生处理时使用不同的碱，故称双碱法。有钠碱双碱法、碱性硫酸铝—石膏法等。这类方法所得副产物石膏的纯度较高，也不存在设备堵塞问题，应用较广。

（4）氨吸收法。

该法是以氨为 SO_2 吸收剂的方法，与其他碱类相比，脱硫费用较低，氨可以留在成品内，以氮肥形式提供使用。但氨易挥发，因此吸收剂耗量较大。

（5）氧化镁法。

这是将金属氧化物 MgO（也可用 ZnO、MnO_2 等）制成浆液后洗涤废气以吸收 SO_2 的方法，此法脱硫效率高（可达90%以上），无结垢问题，并可回收硫。在有镁矿资源的地区，是一种有竞争性的脱硫技术。

（6）海水脱硫法。

这是利用海水的天然碱度来脱除烟气中 SO_2 的方法。它又可分为只用纯海水作吸收剂的工艺，以及在海水中添加一定量石灰以调节吸收液碱度的工艺。

天然海水含有大量可溶性盐，其中主要成分是氯化钠、硫酸盐及一定量的可溶性碳酸盐。海水通常呈碱性，pH 值在 7.5~8.3 之间。海水中的可溶性盐类一般都可以与其酸式盐之间相互转化，所以海洋是一个具有天然碱度的缓冲体系，依靠海水天然碱度就能使脱硫海水的 pH 值得到恢复，既达到了烟气脱硫目的，又能满足海水排放的要求。

海水脱硫系统工艺装置主要由烟气系统、供排海水系统、海水恢复系统等组成，具有工艺简单、脱硫率高、运行费用低、无固体废物排放等特点。因此，临近海边的火电厂可以直接用海水进行烟气脱硫。

13. 半干法烟气脱硫有哪些方法及特点?

半干法烟气脱硫技术是指脱硫剂在湿状态下脱硫，在干状态下处理脱硫产物，或者是在干状态下脱硫，在湿状态下再生的烟气脱硫技术。通常是通过 $Ca(OH)_2$ 悬浮液与烟气直接接触，利用烟气显热蒸发吸收液中的水分，使最后脱硫产物呈干态。常用的有以下两种方法：

（1）旋转喷雾干燥法。

此法是用碱性吸收剂（主要为 CaO 含量高的石灰）的悬浮液或溶液通过高速旋转雾化器雾化成细小的雾滴喷入吸收塔中，并在塔中与经气流分布器导入的热烟气接触，脱硫后烟气温度为 50~60℃。干燥产物则由除尘器除去。这种方法的设备和操作简单，系统能耗较低，投资及费用也较低，但脱硫率不高（80%~85%），吸收剂消耗较大。

（2）循环流化床烟气脱硫技术。

此法是以循环流化床为基础，通过对脱硫剂的多次再循环，从而延长了脱硫剂与烟气的接触时间，大大提高了脱硫剂的利用率和脱硫率，脱硫率可达90%。所用脱硫剂为$Ca(OH)_2$，工艺系统由吸收剂制备、反应塔、吸收剂再循环和静电除尘器等组成。

半干法烟气脱硫具有技术成熟、系统可靠、工艺流程简单、耗水量少、占地面积小、一次性投资费用低、脱硫产物呈干态、无废水排放等特点，其脱硫市场占有率仅次于湿法脱硫，主要用于中低硫燃煤的中小发电机组的烟气脱硫。该法的缺点是使用生石灰或熟石灰作吸收剂，原料成本较高，而且对石灰品质有较高要求；脱硫剂副产物为亚硫酸钙和硫酸钙的混合物，综合利用受到一定限制。此外，还因反应塔后的粉尘较多，要求除尘设备有较高的除尘效率。

14. 干法烟气脱硫有哪些方法及特点？

干法烟气脱硫是用粉状或粒状吸收剂或催化剂来脱除废气中的二氧化硫，也即脱硫吸收和产物处理均在干状态下进行的脱硫技术。相应的工艺技术很多，主要有：（1）吸收剂喷射技术，包括炉内喷钙、管道喷射、混合喷射等；（2）电法干式脱硫技术，包括高能电子活化氧化法（电子束照射法、脉冲电晕、等离子体法）、荷电干粉喷射脱硫、超高压脉冲活化分解法等；（3）干式催化脱硫技术，如干式催化氧化法、烟气直接催化还原法等。其中，炉内喷钙脱硫是目前最常用的干法烟气脱硫工艺。

干法烟气脱硫工艺具有以下特点：（1）无污水和废酸排出，设备腐蚀小；（2）脱硫产物呈干态，烟气在净化过程中无明显温降，净化后烟温高，利于烟囱排气扩散；（3）投资省、占地少，运行可靠。主要缺点是脱硫率低、脱硫反应速率慢、设备体积庞大。

干法烟气脱硫工艺适用于老电厂烟气脱硫改造，也可用于不同电站的烟气脱硫。虽然干法烟气脱硫技术本身的脱硫效率较难达到高效脱硫的要求，无法满足环保要求日益严格的排放标准，针对我国SO_2排放量较大的特点，大力推广这类技术，对削减SO_2的排放仍具有现实意义。其较宽的脱硫率范围，使其有较强的适应性，能满足不同电站对烟气脱硫的需要。

15. 什么是吸收法净化气态污染物？

吸收是净化气态污染物的常用方法。是用适当的液体吸收剂处理废气，使废气中气态污染物溶解到吸收液中或与吸收液中某种活性组分发生化学反应而进入液相中，从而使气态污染物从废气中分离出来。主要用于处理SO_2、H_2S、HF及NO_x等气态污染物。

吸收可分为物理吸收和化学吸收两大类。物理吸收是指在吸收过程中，气体组分在吸收剂中只是单纯的溶解过程，如用水吸收 HCl 气体；化学吸收是指吸收过程中，被吸收气体与吸收剂或已溶解于吸收剂中的某些活性组分发生明显的化学反应，如用碱性溶液吸收烟气中的低浓度 SO_2。

与普通化工生产中的吸收过程相比，处理 SO_2、H_2S、NO_x 等气态污染物的气体量大，污染物浓度较低，要求较高的吸收效率和吸收速率。因此，用简单的物理吸收难以满足要求，一般要用化学吸收过程。这是因为化学吸收增大了吸收推动力，加大了吸收效率。

16. 烟气脱硫吸收剂分为哪些类型？选用吸收剂的原则是什么？

烟气脱硫吸收剂大致可分为天然产品和化学制品两大类。天然产品主要有石灰、石灰石、天然磷矿石、电石渣（工业废料）及海水等；化学制品有碳酸钠、氢氧化钠、氧化镁、氧化锌、氨水、活性炭等。

在脱硫领域中，根据化学成分不同，又将吸收剂分为钙基吸收剂（如石灰、石灰石、消石灰）、钠基吸收剂（如碳酸钠、碳酸氢钠、氢氧化钠等）及氨基吸收剂（如氨水、氨液）。

选用吸收剂的方法是：（1）对物理吸收，要求溶解度大；（2）对化学吸收，应选用易与被吸收气体反应的物质作吸收剂；（3）对于水中溶解度较大的气体，首选水作吸收剂；（4）吸收酸性气体，优先选用碱或碱性盐溶液作吸收剂，吸收碱性气体应采用酸液作吸收剂；（5）碱金属钠、钾、铵或碱土金属钙、镁等的溶液，是一类常用吸收剂。这类吸收剂能与被吸收的气态污染物，如 SO_2、HCl、HF、NO_x 等发生化学反应，因而广泛用于净化气态污染物。

在初步确定上述吸收剂的选用方法后，在具体选用吸收剂时应考虑以下基本原则：

（1）吸收容量大、选择性高，吸收剂对混合气体中被吸收组分有良好的选择性和较高的吸收能力。

（2）有适宜的物理性质。如黏度小，能改善吸收塔内流动状态，提高吸收速率；沸点高，热稳定性好，不易起泡；饱和蒸气压低，以减少挥发损失，避免吸收液成分进入气相，造成新的污染。

（3）有良好的化学性质，如不易燃、无毒性、腐蚀性小、热稳定性高。

（4）廉价易得，最好能就地取材。

（5）容易解吸再生或产生的富液易于综合利用。

任何一种吸收剂很难同时满足以上要求。有的吸收剂虽然性能很好，但价格昂贵。因此，选择时应权衡利弊，按实际处理对象及目的慎重对待。

17. 烟气脱硫常用吸收剂有哪些？

吸收剂一般是指对气体混合物各组分具有不同溶解度或能与其中某组分发生化学反应因而能选择吸收其中某一组分或几组分的液体。烟气脱硫常用的吸收剂及其主要性能见表 1-13。

表 1-13　烟气脱硫常用吸收剂及其主要性能

名称	别名	分子式	分子量	性质
氧化钙	石灰、生石灰、苛性石灰	CaO	56.08	生石灰的主要成分。白色立方晶系结晶或粉末。相对密度 3.25~3.35。熔点 2580℃。沸点 2850℃。难溶于水，但遇水消化而生成 $Ca(OH)_2$，并放出热量。易溶于酸。也易吸收空气中的 CO_2 而形成 $CaCO_3$
碳酸钙	石粉	$CaCO_3$	100.09	石灰石的主要成分。白色晶体或粉末。相对密度 2.7~2.95。加热至 898℃时，分解为 CaO 和 CO_2。不溶于水，溶于酸并放出 CO_2。在以 CO_2 饱和的水中溶解而成 $Ca(HCO_3)_2$，在空气中稳定，有轻微吸湿性
氢氧化钙	消石灰、熟石灰	$Ca(OH)_2$	74.09	白色六方结晶或粉末。相对密度 2.24。加热至 580℃时失去水分成为氧化钙。空气中易吸收 CO_2，生成 $CaCO_3$，微溶于水（20℃时 0.16%）。饱和水溶液的 pH 值为 12.4，强碱性。氢氧化钙与水组成的白色悬浮液称为"石灰乳"，氢氧化钙的澄清水溶液称为"石灰水"
碳酸钠	纯碱、苏打、碱灰	Na_2CO_3	106.0	无水碳酸钠为白色粉末或细粒结晶。相对密度 2.532。熔点 851℃。溶于水，水溶液呈强碱性。易吸收空气中的水分和 CO_2 而生成碳酸氢钠，并结成硬块。与酸反应生成盐并放出 CO_2，高温下分解生成 CO_2 和 Na_2O
氢氧化钠	烧碱、苛性钠、火碱	$NaOH$	40.01	纯品为无色透明晶体。市售品有固体及液体两种。固体烧碱呈白色，有块状、粒状等，纯度>95%；液体烧碱，无色透明，纯度为 30%~45%。纯品的相对密度 2.13。熔点 318.6℃。沸点 1390℃。易溶于水，溶液呈强碱性，易从空气中吸收 CO_2 而变成 Na_2CO_3。化学性质活泼，腐蚀性极强

续表

名称	别名	分子式	分子量	性质
氢氧化钾	苛性钾	KOH	56.11	白色半透明结晶。有块状、片状、条状及粒状等产品。相对密度 2.044。熔点 360℃。沸点 1320℃。易溶于水，溶液呈强碱性。有极强吸水性及腐蚀性，易吸收空气中的 CO_2 转化成碳酸钾
氨	氨气	NH_3	17.03	无色气体有强刺激性。相对密度 0.5967（空气为 1.0）。熔点 -77.75℃。沸点 -33.42℃。易溶于水，水溶液称为氨水。可与酸作用生成铵盐，常温下加压可液化成无色液体。有强刺激性
氢氧化铵	氨水、氨溶液	NH_4OH	35.05	气体氨的水溶液，无色液体。一般含氨 28%～29%。最浓的氨水含氨 35.28%。相对密度 0.88。是一种仅存在于氨水中的弱碱，能溶于水。煮沸时分解为 NH_3 及 H_2O。与盐酸接触时发生中和作用，生成氯化铵
碳酸氢铵	碳铵、重碳酸铵	NH_3HCO_3	79.06	白色结晶，有氨气味，相对密度 1.586。熔点 107.5℃。58℃时分解为 NH_3、CO_2 和 H_2O。溶于水，水溶液呈碱性，吸湿时会放出氨气
氧化锌	锌氧粉、锌华	ZnO	81.38	白色六方晶体或粉末。相对密度 5.606。熔点 1975℃。1800℃升华。相对密度 5.606。为两性氧化物，与强碱或无机酸能起反应，不溶于水，溶于酸、碱。能吸收空气中的 CO_2 及水，逐渐变为碱式碳酸锌。加热至 500℃时变为黄色
氧化镁	轻质氧化镁	MgO	40.30	白色无定形粉末。相对密度 3.58。熔点 2852℃。沸点 3600℃。难溶于水，溶于酸或铵盐溶液。能吸收空气中的 CO_2 及水分而变成碱式碳酸镁
氧化铜		CuO	79.55	黑色单斜结晶或无定形结晶粉末。相对密度 6.3～6.49。熔点 1326℃。1105℃时能离解生成 Cu_2O，并放出氧气。不溶于水，溶于酸、氨水。高温下易被氢、CO 及碳还原成金属铜

名称	别名	分子式	分子量	性质
二氧化锰	氧化锰	MnO_2	86.94	黑色结晶或棕黑色粉末。相对密度5.026。加热至535℃时失去部分氧转变成 Mn_2O_3。不溶于水、硝酸，溶于盐酸、草酸。高温下遇碳还原成金属锰。在氢气中加热至200℃时生成 Mn_2O_3 及 MnO。是两性化合物，为强氧化剂，有较强的氧化能力及吸附性能
氢氧化镁		$Mg(OH)_2$	58.33	白色片状结晶或粉末。相对密度2.36。熔点280℃（真空分解）。加热至340℃时开始分解生成 MgO。不溶于水，能溶于稀酸及铵盐溶液

18. 什么是吸附法净化气态污染物？

吸附是利用多孔性固体吸附剂处理气体混合物，使其中所含的一种或几种组分吸附于固体表面上，以达到分离的目的。一般用于有机污染物的回收净化，低浓度 SO_2 和 NO_x 尾气的净化处理等。吸附过程和吸收的区别在于：吸收后，吸收的组分均匀地分布在吸收剂中；吸附后，吸附组分聚积或浓缩在吸附剂上。

吸附过程也可分为物理吸附和化学吸附。在吸附过程中，当吸附剂和吸附质之间的作用力是范德华力（或静电引力）时称为物理吸附；当吸附剂和吸附质之间的作用力是化学键时称为化学吸附。

物理吸附的特点是：（1）吸附过程进行较快，吸附剂和吸附质之间不发生化学反应；（2）是一种放热过程，其吸附热较小，相当于被吸附气体的升华热，一般为20kJ/mol左右；（3）吸附过程是可逆的，无选择性。

化学吸附的特点是：（1）吸附过程进行缓慢，参与吸附的各相之间需要很长时间才能达到平衡；（2）吸附剂和吸附质之间发生化学反应，并在吸附剂表面生成一种化合物；（3）也是一种放热过程，但吸附热比物理吸附热大，相当于化学反应热，一般为84~417kJ/mol；（4）吸附过程常是不可逆的，具有选择性。

在实际吸附过程中，物理吸附和化学吸附往往同时发生，温度低时主要是物理吸附，高温时主要是化学吸附。

吸附法净化气态污染物具有净化效率高、能回收有用组分、设备及工艺流程简单等特点。可用于净化 SO_2 烟气、NO_x、H_2S、含氟、含汞及含铅废气、恶臭、沥青烟及酸雾等有毒有害气体。但由于吸附剂的吸附容量所限，处理的气体量不宜过大。

19. 净化气态污染物的吸附剂有哪些?

吸附剂是指能在其表面选择性地吸附所接触的气体或溶质且比表面积很大的多孔性固体物质。吸附剂的种类很多,可分为天然品和合成品两类。天然产品(如活性白土和硅藻土等)经过适当加工使其形成多孔性结构,可直接用作吸附剂;合成品主要有活性炭、活性碳纤维、硅胶、活性氧化铝及沸石分子筛等。近期出现的大孔吸附树脂也是一类高性能吸附剂。表1-14列出了气体污染物净化常用吸附剂的性能。

表1-14 常用吸附剂的性能及应用范围

项目 \ 吸附剂	活性炭	硅胶	活性氧化铝	沸石分子筛		
				4A	5A	13X
堆密度 kg/m³	200~600	800	750~1000	800	800	800
比热容 kJ/(kg·℃)	0.836~1.254	0.92	0.836~1.045	0.794	0.794	0.794
操作温度上限 ℃	150	400	500	600	600	600
平均孔径 nm	0.7~1.7	2.2	1.8~4.8	0.4	0.5	1.3
比表面积 m²/g	600~1600	600	210~360	—	—	—
孔体积 mL/g	0.33~0.45	0.40~0.45	0.40~0.45	0.32~0.40	0.32~0.40	0.32~0.40
再生温度 ℃	100~140	120~150	200~250	200~300	200~300	200~300
应用范围	苯、甲苯、二甲苯、甲醛、乙醇、乙醚、汽油、煤油、光气 CS_2、Cl_2、H_2S、SO_2、NO_x、CO、苯乙烯等	H_2S、SO_2、烃类	H_2S、SO_2、HF、烃类	H_2S、Cl_2、SO_2、NO_x、CO、NH_3、烃类、Hg(气)		

20. 选用吸附剂的基本要求有哪些？

在环境污染控制中，可使用的吸附剂很多。选用吸附剂应注意以下要求：

（1）吸附容量大。吸附容量是指一定温度和一定吸附质浓度下，单位体积吸附剂能吸附的最大量。它与吸附剂的比表面积、孔体积、分子极性大小等因素有关。吸附剂容量大，吸附剂用量较少，吸附装置也小，使投资费用降低。

（2）有良好的化学稳定性、热稳定性及机械强度，以免使用过程中因粉化而堵塞床层。

（3）有较大的比表面积和丰富的孔穴，从而有较强的吸附性能。

（4）有良好的选择性，以便经济有效地净化气态污染物。

（5）易于再生。可再生的吸附剂不仅提高了经济性，还减少了对废吸附剂的处理问题。

（6）有较低的水蒸气吸附容量，以便于蒸汽再生。

（7）装填时床层分布均匀，压力损失小。

（8）受高沸点物质影响小，因高沸点物质在吸附后难以去除，会在吸附剂中积聚而影响对其他组分的吸附容量。

（9）原料来源广泛，价格低廉。

实际上，要选择出完全满足上述要求的吸附剂是很难的。为了减少盲目性，最好根据需要吸附去除的污染物性质，初步选出某些吸附剂采用小试进行活性试验。然后，对活性较好的吸附剂进行适当时间的寿命试验。最后，根据吸附剂的活性、再生状况、使用寿命、价格等进行经济估算后，选用效果好的吸附剂。

21. 固体吸附剂有哪些再生方法？

固体吸附剂的吸附容量有限，当吸附剂的吸附容量达到饱和或接近饱和时，必须对其进行再生，从技术和机理上考虑，吸附剂再生方法很多。下面是一些常用的再生方法：

（1）升温再生，或称加热脱附。吸附剂的容量一般为40%左右，对某些有机物甚至在1%以下。升高温度，有助于吸附质从固体吸附剂上逸出而脱附。使热气流与床层接触直接加热床层，可使吸附质脱附，吸附剂恢复吸附性能。加热方式有过热水蒸气法、烟道气法、电加热及微波加热法等。

（2）降压再生，或称降压脱附。降低压强也就是降低吸附质分子在气相中的分压，有助于吸附质分子从固相转入气相。再生时使压力低于吸附操作的压力，或对床层抽真空，使吸附质解吸出来。再生温度可与吸附温度相同。

（3）吹扫再生，或称吹扫脱附。是向再生设备中通入不被吸附的吹扫气，降低吸附质在气相中的分压，使其解吸出来。脱附是一个吸热过程，在此过程中床温会下降，因此，常采取升温降压措施进行吹扫气脱附，采用的吹扫气体温度越低，操作温度越高，效果越好。

（4）置换再生，或称置换脱附。采用在吸附条件下与吸附剂亲和能力比原吸附质更强的物质或吹扫气，置换床中已被吸附的物质，特别适用于对热敏感性强的吸附质的脱附，最大限度降低吸附质的残留负荷。在气体净化中常使用热的水蒸气作脱附剂。

（5）化学再生，或称为化学转化脱附。是向床层中通入可与吸附质进行化学反应的物质，使生成的产物不易被吸附，从而使吸附质脱附。此法主要用于吸附量不大的有机污染物，可以使其转化为 CO_2 而脱附下来。

22. 什么是气态污染的催化转化法？

催化转化法是使气态污染物通过催化剂床层，在催化剂的作用下，经过催化反应，将污染物转化为无害物质或易于回收利用物质的净化方法。气态污染物的催化转化法大致可分为催化氧化法和催化还原法两类。

催化氧化法是使废气中的污染物在催化剂作用下被氧化，如烟气中的 SO_2 在钒催化剂作用下可氧化为 SO_3，再经水吸收 SO_3 成 H_2SO_4 加以回收；又如，各种含烃类、恶臭的废气均可通过催化燃烧的氧化过程分解为 H_2O、CO_2 后再向外排放。

催化还原法是在一定温度下，使废气中的污染物在催化剂作用下，与还原性气体发生反应的净化过程。例如，废气中的 NO_x 可在 Cu-Cr 催化剂作用下与 NH_3 反应生成无害气体 N_2。

催化转化法的特点是可以避免产生二次污染，操作过程也比较简单，对于不同浓度的污染物可以选择相应的高效催化剂，如将 SO_2 转化成 SO_3 再加以回收利用，将 NO_x 转化成氨，将碳氢化合物转化为 SO_2 和水，将有机废气和恶臭转化为 CO_2 和 H_2O，以及对机动车尾气进行催化净化等。

催化转化法的缺点是催化剂价格较高，而且催化剂都具有一定使用寿命，需要定期再生；由于催化反应都需在一定温度下进行，废气预热要消耗一定能量，操作费用较高。

23. 气态污染物催化转化法的一般工艺过程是什么？

催化转化法处理废气时，由于处理的废气量大、污染物含量低、过程热效应小、反应器结构简单，大多采用固定床催化反应器，其处理工艺过程一般包含以下几步：

（1）废气预处理。为防止废气中的微量致毒物质毒害催化剂，或废气中所含的固体颗粒、杂质或液滴覆盖催化剂活性中心而降低催化剂的活性，需要先对废气进行预处理。如用选择性催化还原法处理烟气中的氮氧化物时，常需在反应器前设置除尘器、水洗塔、碱洗塔等，以除去其中的粉尘及 SO_2 等。

（2）废气预热。这是为了使进入催化剂床层的废气温度在催化剂活性温度范围以内，使催化反应有一定速度，温度过低，反应速率缓慢，达不到预期的催化转化效果。例如，干式催化氧化法用钒催化剂处理炼油厂尾气或硫酸尾气时，除了要对废气进行除尘外，还需对废气或烟气加热升温至反应温度，才能进入催化转化室。

（3）催化反应。根据气体污染物催化转化反应，调节催化反应的各项工艺参数，如操作压力、温度、变速等，其中操作温度是十分重要的参数，它对催化剂的活性、选择性有较大影响。控制好最佳操作温度，有利于催化剂稳定操作，并获得污染物较好的转化效果。一般来说，提高反应温度可加快反应速率，提高污染物转化率，有利于污染物脱除，但温度过高会引起催化剂烧结或失活，增加副反应。因此，反应温度应控制在催化剂活性温度范围以内。

（4）副产品及废热的回收利用。副产品及废热的回收利用不仅关系到治理方法的经济效益，而且副产品回收利用还可防止二次污染，废热可用于预热废气以节省能耗。

24. 催化转化法所用催化剂的主要组成是什么？

气态污染物催化转化法使用最广的是固体催化剂，主要由活性组分、助催化剂及载体组成。

（1）活性组分。指对加速化学反应起主要作用的成分，或称主催化剂。它是催化剂的核心，没有活性组分，催化剂就显示不出催化活性或难以进行所需要的催化反应。例如，含硫废气净化用钒催化剂，其活性组分为 V_2O_5。

（2）助催化剂。又称催化促进剂，是加到催化剂中的少量物质，本身没有活性或活性很小，但加入后能提高催化剂的活性、选择性或稳定性。按作用机理，可分为结构性助催化剂（起结构稳定作用）、电子型助催化剂（改进活性组分的电子状态）、选择性助催化剂（提高反应选择性）等。例如，含硫废气净化催化剂可以用 K_2O、Na_2O 等作助催化剂。

（3）载体。是固体催化剂中负载活性组分的物质，一般情况下，载体本身没有催化活性，在催化剂中的含量远比助催化剂要大。载体的作用主要是对活性组分及助催化剂起负载及分散作用，使催化剂有适宜的形状、粒度大小及机械强度，并提供反应所需的比表面积及孔体积，改善催化剂的传热、抗热冲击和抗机械冲击等性能。例如，含硫废气净化最常用的载体是活性氧化铝。

25. 催化转化法选用催化剂的原则是什么？

催化剂的性能主要由活性、选择性和稳定性三项指标来体现。催化活性是指催化剂加速化学反应的能力，通常用单位时间内单位体积（或质量）催化剂在一定反应条件下得到的产品数量来表示；催化剂选择性是指在几个平行反应中对目的产物形成的性能，常用目的产物的产率来量度；催化剂的稳定性是指在反应过程中催化剂保持活性的能力，它包括热稳定性、抗毒稳定性及机械稳定性3种，常用催化剂使用寿命来表示。

催化转化法选用催化剂的原则是：应根据气体污染物的成分和确定的化学反应来选择适用的催化剂。催化剂应有良好的活性和选择性，净化效率高，化学稳定性及热稳定性好；有较高的机械强度；抗毒性强，使用寿命长；使用过程中不产生二次污染；再生性好，价格低。

一般来说，贵金属催化剂的活性较高，选择性好，但价格昂贵。非贵金属催化剂的活性稍低，有一定选择性，但价格便宜。在气体污染物净化过程中使用较多的是铂、钯等贵金属催化剂；非贵金属催化剂常用的是锰、钒、铜、钴、铬、镍、钨等金属氧化物及稀土元素。例如，SO_2 催化氧化成 SO_3 所用的催化剂首选钒催化剂，是以 V_2O_5 为活性组分，以 K_2SO_4 为助催化剂，以精制硅藻土为载体；将 SO_2 催化还原成 S 的催化剂，可选用以氧化铝为载体的铜催化剂和以氧化铝为载体的铁催化剂等。

26. 烟气脱硫系统常用防腐材料有哪些？

烟气中含有 SO_2、SO_3 及大量水蒸气，产生的酸雾会严重腐蚀设备及管件。因此，烟气脱硫系统对材料的耐蚀、耐磨、抗渗等要求极为严格。可选用的耐腐蚀、耐高温材料主要有以下一些产品：

（1）玻璃鳞片树脂。这是将一定片径（0.4~2.4mm）和一定厚度（6~40μm）的玻璃鳞片与树脂混合制成的胶泥或涂料，将其用涂抹或喷涂的方法涂敷于金属表面制成防腐涂层。所用树脂基体材料有环氧树脂及乙烯基树脂等。这种衬里材料是烟气脱硫防腐的首选材料。

（2）不锈钢。根据烟气脱硫腐蚀介质特点，一般选用耐化学腐蚀的氧化性介质的不锈钢，如 316L、317L 等低碳不锈钢。

（3）镍基合金。指以 Ni 为主，与 Co、Mo、Fe、W、Cr 等制成的固熔体合金，如 Inconel 625、Hastelloy C-276 等，它们具有优良的耐腐蚀和加工性能，但价格昂贵。

（4）玻璃钢。它是以环氧树脂等合成树脂为黏合剂，以玻璃制品为增强材料而制得的耐蚀材料。具有质轻、比强度高、化学稳定性好、成型工艺简单等特点，而且价格低、防腐效果好，广泛用于制造容器、管材、阀门及管件等。

（5）橡胶材料。合成丁基橡胶、氯丁橡胶等用作设备衬里材料具有耐磨、耐腐蚀及化学稳定性好等特点，广泛用于烟气脱硫系统。

（6）无机材料。陶瓷、麻石等无机材料具有较好的耐蚀性及性能价格比，也可用于脱硫系统。

（7）塑料。有良好的耐蚀性，如聚丙烯、聚氯乙烯等可用于管道、管件。目前，无论是金属、合金，还是无机、玻璃钢或橡胶等材料，还没有一种材料能完全满足整个脱硫系统对材料的要求，都存在这样或那样的问题。因此，要根据不同的工业条件及环境情况，选用不同的单一材料或组合材料，充分发挥各种材料的特点，并在施工中严格保证施工质量。

五、湿法烟气脱硫技术

（一）石灰石—石膏湿法烟气脱硫

1. 石灰石—石膏湿法烟气脱硫技术的工艺过程是怎样的？

石灰石—石膏湿法烟气脱硫是利用石灰石或其煅烧产物——石灰作为吸收剂的脱硫方法。它也是目前世界上治理工业烟气脱硫工艺中应用最广泛的一种脱硫技术。该方法经过 20 世纪 70 年代以来的发展，在工艺技术和设备水平方面都有了重大进步。

典型的石灰石—石膏湿法烟气脱硫的工艺过程是：由锅炉排出的烟气先经静电除尘器除尘，然后通过引风机和增压机升压后进入烟气换热器的热烟侧，与烟气换热器冷烟侧的洁净烟气进行换热降温，降温后的烟气进入吸收塔下部。预先配制好的石灰石浆液由塔的上部向下喷淋，与向上流动的烟气呈逆流混合。烟气中的 SO_2 与石灰石浆液反应生成亚硫酸钙（$CaSO_3$），同时进一步被鼓入的空气中的氧气氧化成硫酸钙（$CaSO_4$），最后生成石膏沉淀物（$CaSO_4 \cdot 2H_2O$）。脱硫后的洁净饱和烟气依次经过除雾器除去雾滴、烟气换热器换热后，经烟囱排入大气。反应产生的石膏浆液送至水力旋流器，进行石膏浆液初级脱水后，再送至真空带式过滤机进一步脱水，得到脱硫副产品石膏。

石灰石—石膏湿法烟气脱硫技术的脱硫效率高、运行稳定、单塔出力大；脱硫剂石灰石来源广、价格低廉，特别适合于工业规模的应用；脱硫副产品可以用于制造石膏板、工业灰泥及水泥等。但该工艺系统相对比较复杂，占地面积较大，较适合用于 200MW 以上机组的烟气处理。

2. 石灰石—石膏湿法烟气脱硫的基本原理是什么？

由于浆液吸收的 SO_2 是一个伴有化学反应的气、液、固三相传质过程，用石灰石脱硫剂进行烟气脱硫的化学反应十分复杂。烟气中的主要成分有 SO_2、NO_x、CO_2、HCl 等；石灰石浆液主要成分有 Ca^{2+}、Mg^{2+}、Na^+ 等，它们在溶液中相互作用，生成多种反应产物。因此，烟气中的 SO_2 与石灰石浆液经过一系列化学反应，最后生成石膏，许多复杂反应可以简化为以下过程。

（1）石灰石溶解：

$$CaCO_3 \longleftrightarrow Ca^{2+} + CO_3^{2-}$$

（2）SO_2 吸收：

$$SO_2 + H_2O \longrightarrow H_2SO_3$$

$$2H_2SO_3 \longleftrightarrow H^+ + HSO_3^- \longleftrightarrow 2H^+ + SO_3^{2-}$$

解离反应产生的 H^+ 提高了 $CaCO_3$ 在水中的溶解度。

（3）中和反应：

$$2H^+ + SO_3^{2-} + Ca^{2+} + CO_3^{2-} \longrightarrow CaCO_3 + CO_2 + H_2O$$

（4）氧化反应：

$$CaSO_3 + \frac{1}{2}O_2 \longrightarrow CaSO_4$$

（5）亚硫酸钙结晶：

$$CaSO_3 + \frac{1}{2}H_2O \longrightarrow CaSO_4 \cdot \frac{1}{2}H_2O$$

（6）硫酸钙结晶：

$$CaSO_4 + 2H_2O \longrightarrow CaSO_4 \cdot 2H_2O$$

3. 石灰石—石膏湿法烟气脱硫装置主要由哪些系统组成？

石灰石—石膏湿法烟气脱硫装置主要由以下系统组成：

（1）原料输送系统。烟气脱硫的石灰石中 $CaCO_3$ 含量宜大于 90%；石灰石粉的细度应保证 250 目有 90% 过筛率；当燃烧中高硫含量煤质时，石灰石细度宜保证 325 目有 90% 过筛率。采用自卸封罐车运输，并卸入石灰石料仓，仓底有粉碎装置，仓顶安装布袋除尘器。

（2）浆液制备系统。石灰石粉料从料仓下部放出，经给料机及输送机送入石灰石浆液槽，加水搅拌制成石灰浆液，浆液浓度约为 36%，用调节给水量来控制浆液浓度。

（3）烟气脱硫系统。主要由吸收塔、烟气再加热装置、旁路装置、烟囱等组成。

吸收塔是烟气脱硫装置的核心设备，普遍采用集冷却、再除尘、吸收和氧化为一体的新型吸收塔。常见的有喷淋塔、填料塔、双回路塔、喷射鼓泡塔等，其中又以喷淋塔更为常用，是石灰石—石膏法工艺的主流塔型。

喷淋塔按其操作功能，可分为喷淋区、除雾区和氧化区。喷淋吸收区高度为 5~15m，接触时间为 2~5s。区内设有 3~5 个喷淋层，每个喷淋层设有多个雾化喷嘴，经除尘的锅炉烟气由引风机从喷淋区下部送入吸收塔，与喷出的吸收浆液呈逆流接触。

氧化区组合在塔底的浆池中，其功能是接收和贮存脱硫剂，溶解石灰石，鼓风将 $CaSO_3$ 氧化成 $CaSO_4$，并结晶生成石膏。

烟气再加热装置是使洗涤冷却后的烟气加热至 $80\sim100℃$ 以上，再经过脱硫风机送入烟囱排入大气，加热的目的是防止烟气下沉。

旁路装置的作用在烟气脱硫操作系统出现故障时，引风机出口烟气经旁路烟道直接进入烟囱。

（4）副产品（石膏）处置系统。它是将来自吸收塔浓度为 $40\%\sim60\%$ 的石膏浆经浓缩、脱水成为含水低于 10% 的石膏粉状晶粒后送入石膏仓库。

（5）废水处理系统。可以单独设置，也可经预处理去除重金属、氯离子等后排入电厂废水处理系统进行处理。脱硫废水的 pH 值一般为 $4\sim6$，悬浮物含量为 $9000\sim127000mg/L$，并含有 Hg、Cu、Pb、Ni、Zn 等重金属及 As、F、Cl 等非金属。处理方法是先向废水中投入石灰乳，将 pH 值调为 $6\sim7$，去除部分重金属和氧化物、氯化物，继续加入石灰乳、有机硫和絮凝剂，将 pH 值调至 $8\sim9$，使重金属生成氢氧化物和硫化物沉淀。

4. 影响石灰石—石膏湿法烟气脱硫性能的因素有哪些？

石灰石—石膏湿法烟气脱硫技术涉及一系列化学和物理过程。因此，影响脱硫率的因素很多。如在原料方面，石灰石粉的纯度和颗粒细度、工艺水的品质等会直接影响脱硫化学反应活性；在工艺控制方面，石灰石的制浆浓度、浆液 pH 值、石膏旋流站排出的废水流量设定等都与脱硫率有关，而烟气脱硫关键设备的运行和控制方式也会影响脱硫效果与石膏的品质；机组烟气参数，如吸收温度、进气 SO_2 浓度、氧化风量、气液比、粉尘浓度等也都会不同程度地影响脱硫反应进行。

5. 石灰石浆液 pH 值对烟气脱硫过程有哪些影响？

石灰石—石膏湿法烟气脱硫过程中，SO_2 的吸收反应大部分是在烟气与喷淋浆液接触的瞬间完成，而石灰石的溶解和石膏结晶则需一定时间才能达到平衡。石灰石浆液 pH 值不仅直接影响烟气脱硫系统的脱硫效率、石灰石的溶解，也会影响亚硫酸盐的氧化、石膏的结晶、脱硫系统的腐蚀程度等。

（1）pH 值对石灰石溶解的影响。

石灰石的溶解速率与 pH 值呈指数增加关系，如 pH 值为 4 的溶解速率比 pH 值为 6 时快 5 倍。为了提高 SO_2 的脱除率，浆液应尽可能保持在较高的 pH 值。但是，高 pH 值会增加石灰石的耗量，使得浆液中残余的石灰石增加，影响石膏的品质。

（2）pH 值对脱硫效率的影响。

浆液的 pH 值影响 SO_2 吸收过程，pH 值高，传质系数增高，SO_2 的吸收速度加快；pH 值低，SO_2 的吸收速度就下降，pH 值下降到 4 以下时，则几乎不能吸收 SO_2。在低 pH 值条件下，烟气优先吸收 HCl 而非 SO_2；而当 pH 值大于 5.8 时，脱硫效率也几乎不再增加。相反，脱硫产物中过剩的 $CaCO_3$ 会急剧增加。

（3）pH 值对亚硫酸盐氧化的影响。

浆液 pH 值会影响 HSO_3^- 的氧化率，pH 值在 4~5 之间时氧化率较高，pH 值为 4.5 时，亚硫酸盐的氧化作用最强，随着 pH 值的继续升高，HSO_3^- 的氧化率逐渐下降，不利于吸收塔中石膏晶体的生成。

（4）pH 值对控制系统的影响。

当 pH 值为 5.8~6.2 时，pH 值控制的反应灵敏度最差；当 pH 值小于 5.5 时，pH 值控制的反应灵敏度最好，不但石灰石的利用率增加，而且 pH 值的控制性良好。

除了上述影响因素外，浆液 pH 值对石膏结晶、废水处理等也会有所影响。综合上述多种影响因素，pH 值实际控制值应为 5.0~5.6 较为适宜。

6. 在石灰石—石膏烟气脱硫时钙硫比一般为多少？

钙硫比（Ca/S）是指烟气脱硫过程中注入吸收剂量与吸收 SO_2 量的物质的量比，反映单位时间内吸收剂的供给量与吸收的 SO_2 量的关系。通常，以浆液中吸收剂的物质的量浓度为衡量基准，从脱硫反应机理可知，溶液中 1mol 的 $CaCO_3$ 可吸收 1mol 的 SO_2，即理论上完全脱除 SO_2 的 Ca/S 为 1.0。Ca/S<1 时，净化气 SO_2 超过要求指标；Ca/S>1 时，浆液中 $CaCO_3$ 的利用率降低；Ca/S 越接近 1，$CaCO_3$（石灰石）利用率越高。

溶液中的 $CaCO_3$ 浓度越高，单位体积溶液吸收 SO_2 的量也越多。溶液中 SO_2 的溶量越大，溶液循环量越小。溶液中 $CaCO_3$ 浓度太高时，脱硫塔内易发生结垢，还会影响除雾器的运行。因此，Ca/S 通常控制在 1.17 以下，处理高硫烟气时，Ca/S 可控制在 1.4~1.5 之间；当不生产商业级石膏时，Ca/S 取 1.05~1.1，生产商业级石膏时 Ca/S 取 1.0~1.03。当副产物用于填埋时，所用石灰石品位可低一些，Ca/S 及残留的 $CaCO_3$ 也可高一些。

7. 影响石灰石反应活性的因素主要有哪些？

烟气脱硫用的脱硫浆液中大部分碱度是由溶解的石灰石提供的。所用石灰石的反应活性影响脱硫效率、石灰石利用率、浆液 pH 值之间的关系，在其他条件相同的情况下，反应活性更好的石灰石在获得相同石灰石利用率的同时，将获得更高的脱硫效率。或者说，在获得同等的脱硫效率时，将获得更好的石灰石利用率。

关于石灰石的反应活性，尚无统一的定义，有人定义为石灰石溶解速度，有人认为石灰石的反应活性应与脱硫塔中残留的碳酸钙相关联。一般认为，石灰石的活性可由石灰石的溶解速率、温度、粒度、液相中碳酸盐的数量等来表示。目前，测定石灰石反应活性的方法是用石灰石与强酸（盐酸、硫酸）的反应性直接测得石灰石的溶解速率，由此间接反映出石灰石的反应活性。

石灰石与酸的反应实质上为表面反应，其反应速率主要由反应温度、溶液中的 H^+ 浓度、表面液膜的扩散及石灰石的有效表面积等因素控制。因此，影响石灰石反应活性的主要因素是石灰石的比表面积和晶体结构。

石灰石的外比表面积取决于磨矿的细度，粒径越细，外比表面积越大，溶解速率越大；石灰石的内比表面积是石灰石的自然性质，表明其孔结构状况，内比表面积越大，密度越小，反应活性越高，在石灰石溶解过程中，反应一开始，$CaSO_4$ 固体就很快把颗粒的内表面堵塞，颗粒的内比表面积实际上起的作用不大，这时石灰石的转化率主要与其外比表面积有关。因此，石灰石颗粒越细，外比表面积越大，溶解速率越快，在保持浆液 pH 值不变情况下，其利用率也越高。

石灰石是一种以方解石（$CaCO_3$）为主要矿物的碳酸盐岩，主要组成为 $CaCO_3$，还含有 SiO_2、Al_2O_3、MgO、Fe_2O_3、FeS、K_2O、Na_2O 等杂质。由于碳酸钙随着时间的变迁发生重结晶，具有微晶或粗晶结构。不同产地的石灰石其晶体结构会有所不同，因而不仅溶解速率不同，其反应活性也有差别。

8. 传质单元数对脱硫效率有什么影响?

传质单元数是指在填料塔内进行传质过程的混合物，通过微元的填料层高度，其中某组分所发生的组成变化和相应的推动力之比在整个填料层范围内的积分值。传质单元数综合表征了烟气中 SO_2 在脱硫塔内被吸收反应的剧烈程度。影响传质单元素的主要因素有液气比、烟气流速、钙硫比（Ca/S）、脱硫塔结构（填料塔、喷淋塔等）。传质单元数越大，脱硫塔的脱硫效率也越高。

例如，液气比（L/G）是循环浆流量与标准状态下的烟气流量之比，单位为 L/m^3。对于喷淋塔来说，脱硫塔的最佳烟气流速确定后，液气比 L/G 是决定脱硫效率的重要因素。当 L/G 增加时，浆液比表面积增加，吸收 SO_2 的碱度也增加，液膜传质因子和总传质系数也增加，传质单元数将随之增大，脱硫效率也增加。

9. 烟气流速对脱硫效率有什么影响?

在石灰石—石膏湿法烟气脱硫技术中，SO_2 的吸收反应模型可用双膜理论来解释，该模型认为 SO_2 的吸收速率是由 SO_2 在气流交界面的气膜和液膜的扩散速率控制的，气液交界面可以是雾滴或湿润的填料。根据上述脱硫模型，在其他参数不变的情况下，提高烟气气流速率相当于气—液接触的时间缩短，将降低传质单元数。但提高烟气流速可提高气—液两相的湍动，降低烟气与液滴间的膜厚度，增加液滴下降过程中的振动和内部循环，提高传质系数。另外，喷淋液滴的下降速度将相对降低，使单位体积内持流量增大，传质面积增大，传质单元数得以提高。因此，总的脱硫效率还是增大了。

实际操作中，烟气流速增大将会使脱硫塔的塔径变小，减少脱硫塔的体积对降低造价有益，但烟气流速过高，喷淋层喷出的雾滴将会被烟气携带，从而增加除雾器的负荷而影响除雾效果。此外，还会使塔的压力损失增加，能耗增大，所以脱硫塔内烟气流速一般控制在 $3.0 \sim 4.5 m/s$ 之间。

10. 烟气中粉尘浓度过高会对脱硫率产生什么影响？

在石灰石—石膏湿法烟气脱硫过程中，经过吸收塔洗涤后，烟气中大部分粉尘会留在浆液中。其中，一部分通过废水排出，另一部分仍会留在吸收塔中，当除尘、除灰设备故障或除尘效果较差时，会引起浆液中的粉尘、重金属杂质过多，影响石灰石溶解，导致浆液 pH 值降低，脱硫率将下降；粉尘中的氟铝络合物则会对 $CaCO_3$ 起着包裹作用，也会降低脱硫效率。

实践表明，如果烟气中粉尘含量（干）持续超过 $400mg/m^3$，则将使脱硫率下降 $1\% \sim 2\%$，并且石膏中 $CaSO_4 \cdot H_2O$ 的含量降低，白度减少，影响其品质。而且粉尘还易造成脱硫塔内部结构发生严重堵塞或结垢等问题。因此，降低脱硫烟气中的粉尘含量对装置正常运行是十分重要的。如果因烟气粉尘含量过高，脱硫率从95%以上下降至 $70\% \sim 80\%$ 时，可暂时停用脱硫系统，然后开启真空皮带机或增大废水排放流量，连续排除浆液中的杂质，可使脱硫率恢复正常。

11. 什么是自然氧化和强制氧化？两者有何区别？

在石灰石—石膏湿法烟气脱硫过程中，由于烟气中含有氧（O_2），在吸收过程中会有氧化反应发生。氧化过程中主要是将吸收过程中生成的 $CaSO_3 \cdot \frac{1}{2}H_2O$ 氧化成 $CaSO_4 \cdot 2H_2O$：

$$CaSO_3 \cdot \frac{1}{2}H_2O + O_2 + 3H_2O \longrightarrow 2CaSO_4 \cdot 2H_2O$$

吸收过程中生成的部分 $Ca(HSO_3)_2$ 也被氧化并放出 SO_2：

$$Ca(HSO_3)_2 + \frac{1}{2}O_2 + H_2O \longrightarrow CaSO_4 \cdot 2H_2O + SO_2$$

烟气中的氧氧化亚硫酸钙的过程称作自然氧化，它是一种液相氧化反应，只有溶解了的亚硫酸钙才能被溶解氧所氧化。自然氧化过程在吸收塔中就已开始，并延续到塔底储液槽。

往储液槽中鼓入空气强化氧化反应的过程称为强制氧化。在强制氧化工艺中吸收液中的 HSO_3^- 几乎全部被通入的空气氧化为 SO_4^{2-}，副产物为石膏。而自然氧化的副产物是亚硫酸钙、亚硫酸氢钙。

影响亚硫酸盐氧化速率的因素很多，如 H_2SO_3、O_2 的浓度，浆液的 pH 值，氧化温度，烟气中 O_2 与 SO_2 的比例，液体循环量，所含催化物质（如 Mg^{2+}、Mn^{2+}、Fe^{3+} 等）及 NO_x，浆液的黏度和密度，脱硫塔的结构等。

强制氧化方式还可分为就地氧化（塔内氧化）、半就地氧化（部分塔处氧化）和塔外氧化 3 种方式。

强制氧化与自然氧化相比，由于前者将 CO_2 从浆液中吹出，可促进碳酸钙的溶解，因而可提高脱硫效率。

12. 石灰石—石膏湿法烟气脱硫过程中加入哪些化学添加剂？

为了提高湿法烟气脱硫效率，往脱硫浆液中加入某些化学添加剂可改善脱硫浆液的性能，如提高脱硫效率、改善沉淀效果、杀灭产生 H_2S 气体的细菌、防止脱硫塔内浆液起泡等。常用化学添加剂及其作用主要如下：

（1）单质硫及硫代硫酸盐。在烟气脱硫系统中，抑制氧化的目的是防止塔内石膏结垢，促进 $CaCO_3$ 溶解，提高石膏脱水性能。为此，需将亚硫酸钙的氧化率控制在 15% 以下，添加单质硫或硫代硫酸盐是抑制亚硫酸钙氧化的有效方法。

（2）镁或氧化镁。石灰石中含有多种可吸收 SO_2 的组分，其中最重要的组分是 SO_3^{2-} 和 HCO_3^-。在石灰石中添加 MgO，在脱硫液中生成溶解度很高的 $MgSO_3$，从而增加吸收 SO_2 的亚硫酸盐的碱度，提高脱硫效率。

（3）DBA。DBA 是以丁二酸、戊二酸和己二酸 3 种羧酸组成的有机缓冲剂。加入 DBA 可以调节液相的 pH 值而起到提高脱硫效率的作用。这是因为 DBA 对脱硫浆液的 pH 值有良好的缓冲作用。如在石灰石脱硫工艺中，当其设计脱硫效率为 90%~95% 时，添加 DBA 后，脱硫效率可提高至 98%~99%。

（4）甲酸、甲酸钠。其作用机理与 DBA 相似，对脱硫浆液的 pH 值有缓冲作用。

（5）己二酸。是一种二元酸，它在储液池中与石灰石反应生成己二酸钙。己二酸也是通过影响浆液的 pH 值而提高脱硫效率。添加己二酸后易产生泡沫，泡沫的存在可增加气液界面面积，提高脱硫效率。但泡沫的存在也会产生一些运行问题。

（6）柠檬酸。为三元酸，它在较低的 pH 值下可提高缓冲能力，其缓冲效果比己二酸、DBA、戊二酸、丁二酸要低一些。但添加柠檬酸时不产生泡沫。

（7）复合添加剂。要使脱硫效率最高的同时又保持最低的石灰石残留量，这时可添加复合添加剂，如己二酸与戊二酸并用，己二酸与丁二酸并用。

13. 在烟气脱硫系统中使用化学添加剂有什么优缺点？

在烟气脱硫系统中最早使用化学添加剂是为了提高石灰石法的脱硫效率，而在实际应用过程中发现，加入化学添加剂还具有以下优点：

（1）运行过程中可关闭部分泵，降低所需的液气比，降低脱硫塔动力消耗，从而减少操作运行费用。

（2）由于化学添加剂具有良好的缓冲作用，因而可使烟气脱硫系统在较低的 pH 值条件下运行。例如，采用己二酸增强的石灰石脱硫系统，其 pH 值为 4.6~5.4，而未采用己二酸增强的系统，其 pH 值为 5.5。系统在低 pH 值下运行的好处是：石灰石利用率提高，可达 100%；氧化亚硫酸盐/亚硫酸氢盐较容易，所消耗的空气量少；脱硫系统对石灰石的类型和粒度的敏感性可降低，石灰石的粒度可增大；亚硫酸钙结垢的可能性减少；对 SO_2 排放浓度的控制范围可更大，当需要降低 SO_2 排放浓度时，只需提高 pH 值，增加己二酸的缓冲能力；自动控制回路中 pH 值的响应特性变得更好；适用于低硫无烟煤和褐煤。

（3）作为晶体调节剂，可改善固体沉降及处置特性。

（4）使烟气脱硫系统对燃料含硫量变化的适应能力增强，即使在 pH 值波动很大时，出口 SO_2 的浓度也能保持稳定。

（5）使装置运行灵活性增强。

但是使用化学添加剂也会产生以下不利影响：

（1）加入有机酸的脱硫系统废水，由于 BOD 和 COD 含量增加，一般需进行生化处理，由此会产生很大一笔费用。

（2）使用甲酸或甲酸钠添加时，将会有部分甲酸挥发而进入烟气中。

（3）使用己二酸添加剂时，由于吸收副反应生成了戊酸，会使浆液带有恶臭味。

（4）加入化学添加剂后，应注意所造成的其他影响，如加入丁二酸会改变副产物的晶型，从而影响沉淀和过滤效果。

（5）加入化学添加剂会导致装置运行成本增加。

14. 石灰石—石膏湿法烟气脱硫工艺中所用吸收塔有哪些类型？

吸收塔是石灰石—石膏脱硫工艺的核心装置，它由吸收区、反应池和除雾器 3 个主要的区域构成，几乎所有的烟气脱硫化学反应都在吸收塔中发生，烟气脱硫工艺对吸收塔的基本性能要求是：气液接触面积大；气体吸收反应良好，SO_2 去除率高；适宜的反应时间，压降低；操作稳定，有一定的操作弹性；结构简单，制造维修方便，造价低；能耗低；使用寿命长；适用于大流量烟气处理。

吸收塔类型较多，常用的有喷淋塔、填料塔、喷射鼓泡塔及双回路塔等，如图1-6所示。其中，又以喷淋塔具有脱硫效率高、阻力小、适应性强、可用率高等特点而应用更为广泛。

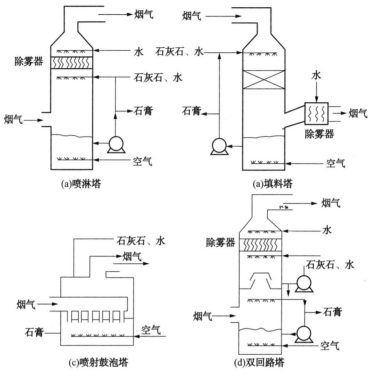

图1-6　吸收塔主要类型

15. 喷淋塔的内部构件主要有哪些?

在石灰石—石膏湿法烟气脱硫装置中，喷淋塔是最常见的吸收塔［图1-6（a）］。它由筒体和内构件组成。筒体可以是圆形或矩形，内构件主要包括除雾器、喷淋层管路、喷嘴、搅拌器等。喷淋塔采用逆流方式布置，烟气从塔体中部喷淋层下面进入塔内，并向上流动，石灰石浆液通过喷淋层以雾化方式向下喷出，与烟气形成反向运动。喷淋区设在吸收塔中上部，喷淋区内设有3~6个喷淋层，每层设若干浆液分配管，管上装有喷嘴。喷嘴布置在塔内不同高度的喷淋层上。在不同的喷淋层上，适量的喷嘴交叉布置，使塔内截面上的溶液喷淋覆盖率达到200%~300%。通常，一台浆液泵对应一层喷淋层，浆液泵的数量可以根据不同锅炉的负荷和燃煤含硫量所对应的脱硫率进行调节。喷淋层间距一般为2m，最下喷淋层距烟气入口为2m。由于喷嘴喷出的雾滴尺寸有一定的范围，有些小雾滴就被烟气带到吸收塔上部，而被除雾器除去。除雾器大多数水平安装在吸收塔顶部，有时也垂直安装在出口烟道中。

送入喷淋塔的烟气流速通常为 $3\sim5\text{m/s}$，液气比与煤含硫量及脱硫率的关系较大，一般在 $8\sim25\text{L/m}^3$ 之间，喷淋塔的主要功能是吸收 SO_2，影响 SO_2 脱除率的因素很多，主要有烟气流速、浆液 pH 值及喷淋量、喷淋层高度、进口烟气 SO_2 浓度等。

喷淋塔的优点是内部构件少、结垢倾向低、压力损失小，逆流接触运行有利于烟气与吸收浆液充分接触，有利于提高脱硫率，但阻力损失较顺流接触要大。

16. 烟气脱硫系统发生结垢会引起哪些危害？

石灰石—石膏湿法烟气脱硫系统运行经常遇到的最严重的问题是结垢和堵塞。结垢可导致吸收塔内部堵件上固体物质堆积，同时还会导致仪表和工艺控制失灵，最终导致整个系统不得不停止运行。

烟气脱硫系统所产生的结构类型有灰垢、石膏垢，以及由 $CaSO_4 \cdot \frac{1}{2}H_2O$ 和 $CaSO_4 \cdot 2H_2O$ 混合形成的晶垢、碳酸钙垢等。在系统的湿/干界面、热烟气被冷却的吸收塔区域、气流及气体分布的波动导致从湿态变为干态的区域、吸收塔喷淋层及喷嘴、烟道入口及出口、除雾器、导流板、浆液及氧化空气管道、换热元件及仪器仪表连接管等多种区域或部位都可能形成垢层。在吸收塔内的结垢有滚雪球现象，即一旦发生结垢，就会快速发展扩大。结垢的危害主要表现在以下一些方面：

（1）结垢如发生在格栅、管道、喷嘴、气流分布器等构件上，会造成压力损失陡增，气（或液）流量下降，严重时导致系统无法正常运行。

（2）结垢发生在除雾器叶片上，将会改变气体的分布和局部气体的流速，影响气流的均匀分布和最佳气流速度，从而影响除雾效率。除雾器结垢也常是造成吸收塔停工的原因之一。

（3）结垢发生在仪器仪表的连接管及传感器的表面，如 pH 计取样管、液位计、差压变送器管道、气体采样管表面等，就会严重影响测量和控制精度，严重时会造成无法测量。

（4）结垢如发生在衬里（如橡胶）表面时，由于垢层变厚脱落而会撕裂衬里，造成器体腐蚀；脱落的大块垢层还可能砸伤喷嘴及其他内部构件。

（5）结垢发生在构件不锈钢表面时，由于垢层阻止了氧气的进入，导致不锈钢表面发生应力腐蚀或点蚀，当 Cl⁻ 浓度高时更为明显。

17. 预防烟气脱硫系统结垢的方法有哪些？

造成石灰石—石膏湿法烟气脱硫系统结垢堵塞的原因有：因溶液或料浆中水

分蒸发而导致固体沉积；石膏晶种沉淀在设备表面并生长而造成结垢；碳酸钙沉积或析出造成结垢；加入的钙质脱硫剂过量；含尘烟气未经严格除尘就进入吸收塔脱硫；烟气中的氧将 $CaSO_3$ 氧化成为 $CaSO_4$（石膏），并使石膏过饱和；工艺及内构件设计不合理；操作人员操作失误等。

从理论上讲，参数控制正常时，脱硫系统不会或很少结垢，但在长期运行过程中，由于上述各种原因仍会造成脱硫系统结垢。常用的防止结垢堵塞的方法如下：

（1）提高锅炉除尘效率和可靠性，严格控制烟气中的尘含量。

（2）在工艺操作上，控制吸收液中水分蒸发速度和蒸发量。

（3）选择合理的 pH 值运行，避免 pH 值急剧变化。料浆的 pH 值越低越不易造成结垢，但 pH 值过低，溶液中就有较多的 $CaSO_3$，易使石灰石粒子表面钝化而抑制了吸收反应的进行，并且 pH 值过低也容易腐蚀设备，一般采用石灰石浆液时，pH 值控制在 5.6~6.2 之间。

（4）溶液中易于结晶的物质不能过饱和；运行控制吸收塔浆液中石膏过饱和度最大不超过 1.4。

（5）保证吸收塔浆液充分氧化，对抑制氧化工艺可使用阻氧剂。

（6）使用化学添加剂也是防止设备结垢的有效方法，如使用 $CaCl_2$、$Mg(OH)_2$、己二酸等添加剂。

（7）适当提高液气比。

（8）优化结构设计。尽量选用满足吸收塔持液量大、气液相间相对速度高、气液接触面积大、内部构件少、压力降低等条件的设备结构，还应选择表面光滑、不易腐蚀的材料来制作设备、管件等。

（9）一旦结垢发生，可将 pH 值调低一些，以溶解软垢，运行一段时间后再恢复至原先的 pH 值。

（10）对接触浆液的管件、管道、部件在停运时要及时冲洗干净。对易结垢的部件要定期进行有效地清洗。

18. 烟气脱硫石膏与天然石膏相比性能上有何差别？

在石灰石—石膏湿法烟气脱硫工艺中，从吸收塔排出的石膏经过旋流分离、洗涤和真空脱水后，得到含水率低于 10% 的石膏产品，石膏晶体的粒径有 80% 处于 30~60μm 之间，晶形主要为立方形和棒形。这种石膏是强制氧化石灰石—石膏湿法烟气脱硫系统的副产物。脱硫石膏和天然石膏一样，都是硫酸钙二水合物晶体（$CaSO_4 \cdot 2H_2O$）。表 1-15 列出了脱硫石膏与天然石膏的化学成分对比，可以看出两者化学成分很接近，而脱硫石膏的纯度还优于天然石膏。

脱硫石膏是再生石膏，在很多方面与天然石膏性质不同，使用前必须进行处理，如脱硫石膏杂质中最重要的是氯化物，氯化物来源于燃料煤，如含量过高会使石膏品质性能变坏，消除可溶性氯化物的方法是用水洗涤。

表 1-15　天然石膏与脱硫石膏的化学成分　　　单位：%

项目	SiO_2	Al_2O_3	Fe_2O_3	CaO	MgO	SO_2	烧失量	结晶水
天然石膏	3.49	1.04	0.30	30.45	3.80	37.30	23.70	15.50
脱硫石膏	4.45	2.86	0.60	31.48	0.86	37.40	21.87	16.02

脱硫石膏品位与天然石膏相当，但由于两者来源不同，杂质状态相差较大，在实际应用中两者有以下差别：

（1）在杂质含量相同状态下，脱硫石膏能有效参与水化反应的组分数量高于天然石膏。天然石膏杂质颗粒粗，在水化时不能有效参与反应，对石膏性能有一定影响。

（2）脱硫石膏与天然石膏相比，标准稠度相差不大，凝结时间也非常接近，但强度相差较大，在标准稠度需水量时，脱硫石膏抗压强度与抗折强度分别比天然石膏高 100% 和 80%。在不同水膏比下，脱硫石膏强度均明显优于天然石膏。

（3）脱硫石膏由于其加工工艺保证了其细度。天然石膏由于开采及加工等原因，磨细后颗粒较大，一般在 140μm 左右。

（4）脱硫石膏晶体结构紧密，天然石膏晶体结构较疏松。前者使水化、硬化体有较高的表观密度。因此，脱硫建筑石膏的强度高于天然建筑石膏，前者可高于后者 10%～20%。

19. 烟气脱硫石膏可用于哪些方面？

随着石灰石—石膏湿法烟气脱硫工艺的广泛应用，燃煤电厂将会产出大量的脱硫石膏，如不有效利用，不仅占用土地资源，而且对环境不利。虽然脱硫石膏与天然石膏的来源及杂质含量不同，但从试验结果来看，脱硫石膏是能代替天然石膏加以利用，其利用主要有以下几个方面：

（1）制造石膏板。包括石膏纤维板、纸面石膏板、石膏刨花板、石膏空心板等。

（2）制造石膏砌块，包括实心砌块、空心砌块。

（3）制造石膏天花板及装饰件等。

（4）用作粉刷石膏、石膏黏结剂等。

（5）制造石膏砖。

（6）经处理或除去氯化物的脱硫石膏可用作水泥添加剂。

（7）农业上可用作土壤调节剂。

（8）与其他工业废渣并用，制作工业灰泥、建筑材料等。

20. 与用石灰石脱硫剂相比，采用石灰作脱硫剂时有什么优缺点？

石灰又称生石灰。纯生石灰的成分为 CaO，是由石灰石（$CaCO_3$）煅烧而成，属于微溶于水的碱性氧化物。石灰与水作用称为消化或熟化，消化生成物称作消石灰或熟石灰，其主要成分是 $Ca(OH)_2$。

自然开采的石灰石矿往往含有 $MgCO_3$ 杂质，根据石灰中所含 MgO 量的多少，可将石灰分为钙基生石灰（MgO 含量低于 5%）、白方石灰（MgO 含量为 5%~10%）和镁质石灰（MgO 含量为 20%~45%）。影响生石灰质量的主要因素是化学成分和晶体结构。而石灰的反应活性主要取决于其内比表面积和晶粒大小，这与煅烧温度及时间有关。

在湿法烟气脱硫过程中，与采用石灰石作脱硫剂相比，采用石灰作脱硫剂具有以下优点：

（1）采用石灰的脱硫工艺与石灰石的工艺是相似的，而从热力学计算来看，石灰与 SO_2 的反应比 $CaCO_3$ 与 SO_2 的反应要快几个数量级。

（2）两者的 pH 值都是脱硫系统中的一个重要参数，而采用 CaO 或 $Ca(OH)_2$ 为脱硫剂时，允许溶解的 $Ca(OH)_2$ 略微过量，即保持较高的 pH 值，但当采用 $CaCO_3$ 时则不行，需严格控制钙硫比，溶解的 $Ca(OH)_2$ 对脱硫反应有促进作用。

（3）所需吸收塔体积小，投资费用相对较低。

（4）采用的气液比低，可节省循环系统能耗。

（5）脱硫容量大，副产物石膏白度大。

（6）适用的燃煤等级范围大。

采用石灰作脱硫剂的缺点有：

（1）脱硫剂费用高。

（2）在煅烧过程中，每生产 1t 石灰大约需要 200kg 煤，同时产生 4kg 的 SO_2 气体，因此又会造成一定的空气污染。

（3）石灰浆液输送管道的距离不能太长（一般不超过 60m），否则易造成管道堵塞。

（4）镁石灰的制备较石灰石复杂。石灰粉易吸潮，难储存。石灰制浆时生成的水蒸气易堵塞进料口，维护费用高。

（5）采用石灰—石膏法脱硫时，一定要采用品位合格的石灰。

21. 什么是石灰石（石灰）抛弃法脱硫工艺？

石灰石（石灰）抛弃法脱硫工艺的主要流程是以石灰石（或石灰）的水浆液作脱硫剂，在吸收塔内对含有 SO_2 的烟气进行喷淋洗涤，使 SO_2 与料浆中的碱性物质发生反应，生成亚硫酸钙和硫酸钙而将 SO_2 脱除。此法的重要特点是，其副反应产物是未氧化的亚硫酸钙（$CaSO_3 \cdot \frac{1}{2}H_2O$）和自然氧化产物石膏（$CaSO_4 \cdot 2H_2O$）的混合物。这种固体形式的废物无法利用，只能抛弃，故称其为抛弃法。

抛弃处置废物需要填埋或储存堆放的场地及填埋场的隔离、排水、防渗漏等的建设，以及副产物废料的运输、固化等费用支出。虽然石灰石—石膏法产生的副产物脱硫石膏的回收利用也需要进行深加工处理，但从资源的利用角度出发，还是回收利用好。

（二）氨法烟气脱硫技术

1. 什么是氨法烟气脱硫？有什么特点？

氨是一种良好的碱性吸收剂，碱性强于钙基脱硫剂，氨法烟气脱硫是采用氨水作吸收剂除去烟气中 SO_2 等污染物的湿法烟气净化技术。早在 20 世纪 20 年代，人们就对该工艺进行了研究，但由于运行成本较高，副产品难以利用，未能获得广泛应用。70 年代后，德国、日本等研究氨—硫酸铵法获得成功，但也因原料成本高，腐蚀、净化后尾气的气溶胶等问题，在世界上应用也较少。90 年代后，随着合成氨工业的发展、氨法工艺的不断进步及人们对氨—硫酸铵脱硫概念的转变，氨法脱硫技术应用逐步增多。

氨法脱硫工艺具有很多其他工艺没有的特点。由于 SO_2 的吸收是酸碱中和反应，吸收剂碱性越强越利于吸收。氨的碱性强于钙基吸收剂，钙基吸收剂吸收 SO_2 是气固反应，反应速率慢，反应不完全，吸收剂利用率低，系统复杂，能耗高；而氨吸收 SO_2 是气液反应或气气反应，反应速率快而且反应完全，吸收剂利用率高，可以做到很高的脱硫率，系统简单而能耗低。此外，氨法脱硫副产品硫酸铵还可作为农用肥料，因此该工艺在我国某些地区有一定的吸引力。

2. 氨吸收法脱硫的主要原理是什么？

氨吸收法是用氨水洗涤含 SO_2 废气，形成 $(NH_4)_2SO_3$-NH_4HSO_3-H_2O 的吸收液体系。该吸收液中的 $(NH_4)_2SO_3$ 对 SO_2 具有很好的吸收能力，是氨法中的主要吸收剂。

当将氨水通入吸收塔与含 SO_2 废气接触时，会发生下述反应：

$$NH_3 + SO_2 + H_2O \longrightarrow NH_4HSO_3$$
$$2NH_3 + H_2O + SO_2 \longrightarrow (NH_4)_2SO_3$$
$$(NH_4)_2SO_3 + SO_2 + H_2O \longrightarrow 2NH_4HSO_3$$

当通入氨量较少时，发生上述第一个反应；当通入氨量较多时，发生上述第二个反应；而第三个反应才是氨法中的实际吸收反应。

在吸收过程中所生成的酸式盐 NH_4HSO_3 对 SO_2 并不具有吸收能力，随着吸收进行，吸收液中的 SO_2 量会增多，吸收液吸收能力下降，这时需对吸收液中补充氨，使部分 NH_4HSO_3 转变为 $(NH_4)_2SO_3$，以保持吸收液的吸收能力：

$$NH_4HSO_3 + NH_3 \Longrightarrow (NH_4)_2SO_3$$

因此，氨法吸收是利用 $(NH_4)_2SO_3 - NH_4HSO_3$ 的不断循环过程来吸收废气中的 SO_2，补充的氨不是直接用来吸收 SO_2，而是保持吸收液中有 $(NH_4)_2SO_3$ 的一定浓度比例。当 NH_4HSO_3 浓度达到一定比例后，吸收液要不断地从洗涤系统中引出，然后用不同方法对引出的吸收液进行处理，以获得不同的产品，从而也就形成了不同的脱硫方法，如氨—酸法，氨—亚硫酸铵法、氨—硫铵法等。

此外，当被处理废气中含有 O_2 和 CO_2 时，在吸收过程中会发生下列副反应：

$$2(NH_4)_2SO_3 + O_2 \longrightarrow 2(NH_4)_2SO_4$$
$$2NH_4HSO_3 + O_2 \longrightarrow 2NH_4HSO_4$$
$$2NH_3 + H_2O + CO_2 \longrightarrow (NH_4)_2CO_3$$

3. 什么是氨—酸法烟气脱硫技术？

氨—酸法烟气脱硫技术主要分为吸收、分解和中和 3 个工序：

（1）吸收工序。它是以氨水为吸收剂，使其与含 SO_2 的废气在吸收塔中接触。吸收工序的化学反应如前所述。进行 SO_2 吸收的是循环的 $(NH_4)_2SO_3 - NH_4HSO_3$ 水溶液。

（2）分解工序。含有亚硫酸氢铵和亚硫酸铵的循环吸收液，当其浓度达到一定值（相对密度为 $1.17 \sim 1.18$）时，可自循环系统中导出一部分，送到分解塔中用酸进行分解，酸解可以使用硫酸，也可使用硝酸和磷酸，根据用酸的种类不同，所得副产品也不同，应用最多的酸是硫酸。

硫酸酸解：

$$(NH_4)_2SO_3 + H_2SO_4 \longrightarrow (NH_4)_2SO_4 + SO_2 + H_2O$$
$$2NH_4HSO_3 + H_2SO_4 \longrightarrow (NH_4)_2SO_4 + 2SO_2 + 2H_2O$$

硝酸酸解：

$$(NH_4)_2SO_4 + 2HNO_3 \longrightarrow 2NH_4NO_3 + SO_2 + H_2O$$
$$NH_4HSO_3 + HNO_3 \longrightarrow NH_4ND_3 + SO_2 + H_2O$$

磷酸酸解：

$$(NH_4)_2SO_3 + 2H_3PO_4 \longrightarrow 2NH_4H_2PO_4 + SO_2 + H_2O$$
$$NH_4HSO_3 + H_3PO_4 \longrightarrow NH_4H_2PO_4 + SO_2 + H_2O$$

即用硫酸、硝酸及磷酸进行酸解时，其副产物分别为硫酸铵、硝酸铵及磷酸铵。提高硫酸浓度可加速反应进行。因此，一般采用 $95\% \sim 98\%$ 的硫酸进行酸解，为提高酸解效率，硫酸用量应为理论量的 1.15 倍。

（3）中和工序。分解后的酸性溶液用氨进行中和。中和后的母液呈中性，送至蒸发结晶工序，制造固体硫酸铵，如不设置蒸发结晶工序，则中和后的母液也可直接出售。

氨—酸法的吸收塔可采用空塔、填料塔和泡沫塔。由于泡沫塔的气—液传质良好，其应用较广。采用一段氨吸收法时，其特点是设备数量少，操作简单，不消耗蒸汽，但分解液酸度高，氨和酸的耗量大，SO_2 的吸收率一般仅为 90% 左右，为了提高 SO_2 的吸收率和硫酸铵母液的浓度，减少氨和硫酸的消耗，可以采用两段氨吸收法。第一段采用较高浓度、较低碱度的循环液，使引出的吸收液中含有较多的 NH_4HSO_3，从而降低酸解时的酸耗，并提供较浓的硫酸铵母液副产品；第二段采用较低浓度、较高碱度的循环吸收液，以保证较高的 SO_2 吸收效率。

氨—酸法烟气脱硫技术具有工艺成熟、设备简单、操作方便、可副产化肥等特点，但需要消耗大量的氨和硫酸，故较适用于处理化工厂、硫酸厂等排放的尾气，对不具备这些原料的冶金、电厂等的应用有一定困难。

4. 什么是氨—亚铵法烟气脱硫技术？

氨—亚硫酸铵法是将氨水吸收 SO_2 后的母液直接加工成产品——亚硫酸铵（简称亚铵）。而当氨水来源困难或储运不便时，也可采用固体碳酸氢铵作为吸收剂的氨源。

使用碳酸氢铵溶液吸收烟气中的 SO_2 时，其主要反应式为：

$$2NH_4HCO_3+SO_2 \longrightarrow (NH_4)_2SO_3+H_2O+2CO_2$$
$$(NH_4)_2SO_3+SO_2+H_2O \longrightarrow 2NH_4HSO_3$$

如烟气中含有氧，溶液中还会发生以下副反应：

$$(NH_4)_2SO_3+\frac{1}{2}O_2 \longrightarrow (NH_4)_2SO_4$$

如处理硫酸尾气，因含有少量 SO_3，还会发生以下反应：

$$2(NH_4)_2SO_3+SO_3+H_2O \longrightarrow (NH_4)_2SO_4+2NH_4HSO_4$$

吸收后的母液主要成分是亚硫酸氢铵，呈酸性。再用碳酸氢铵中和后，就得到亚硫酸铵：

$$NH_4HSO_3+NH_4HCO_3 \longrightarrow (NH_4)_2SO_3+CO_2+H_2O$$

该反应为吸热反应，溶液温度不经冷却即可降至 0℃ 左右。$(NH_4)_2SO_3$ 在水中的溶解度比 NH_4HSO_3 小，NH_4HSO_3 转化为 $(NH_4)_2SO_3 \cdot H_2O$ 后，由于过饱和而从溶液中析出。

氨—亚铵法脱硫工艺过程主要可分为吸收、中和和分离 3 个工序。从吸收塔引出的主要含 NH_4HSO_3 吸收液，在中和器中加入固体 NH_4HCO_3 进行中和后，生成的（NH₄）₂SO₃·H₂O 因过饱和而析出，得到黏稠悬浮状溶液。将此悬浮状溶液经离心机分离后，分离出的（NH₄）₂SO₄·H₂O 为白色晶体，可包装成为产品，离心母液为饱和的（NH₄）₂SO₃ 溶液，可返回至吸收塔作为吸收液循环使用。亚铵结晶 NH₄HSO₃·H₂O 暴露在空气中易氧化。固体亚铵氧化为硫酸铵的氧化率一般为 0.3%~7%，最高时可达 50%。特别是在空气湿度高时，氧化更严重。

5. 什么是氨—硫铵法烟气脱硫技术？

与其他氨法脱硫一样，氨—硫铵法也是利用氨吸收 SO_2，用所生成的（NH₄）₂SO₃-NH₄HSO₃ 混合液吸收 SO_2。不同之处在于氨—酸法、氨—亚铵法都要在吸收过程中尽量避免氧化副反应的发生，即抑制吸收液中的（NH₄）₂SO₃、NH₄HSO₃ 氧化成（NH₄）₂SO₄。而氨—硫铵法恰好相反，硫酸铵（简称硫铵）（NH₄）₂SO₄ 是最终产物，因此在吸收过程中应采取措施促进吸收液的氧化。

氨—硫铵法脱硫工艺过程主要可分为吸收、中和、氧化、分离等工序。当吸收塔中的吸收液达到一定浓度时，抽出部分至中和槽，用氨水中和，使吸收液中的 NH₄HSO₃ 全部转变为（NH₄）₂SO₃，以防止 SO_2 从溶液内逸出。然后，将中和液泵入氧化塔，在塔内用压缩空气进行氧化。中和及氧化反应如下：

$$NH_4HSO_3 + NH_3 \longrightarrow (NH_4)_2SO_3 \quad （中和）$$

$$(NH_4)_2SO_3 + \frac{1}{2}O_2 \longrightarrow (NH_4)_2SO_4 \quad （氧化）$$

氧化后的溶液用氨水调节至碱性，使溶液中的钒、镍、铁等重金属转变为氢氧化物沉淀下来，经微孔过滤器滤除，滤后的硫铵母液经蒸发浓缩、结晶、分离、干燥，即可得到硫铵产品。外观为白色斜方菱形结晶，含杂质时呈浅色或暗褐色，易溶于水，可用作氮肥及制造铵盐。

为了促进亚铵氧化，在氧化工序中常加入氧化催化剂。这类催化剂主要是金属氧化物，如二氧化锰、三氧化铁、氧化铜、五氧化二钒、氧化镍等。其中，又以二价锰的氧化作用最强。

由于烟气中的 SO_2 浓度比硫酸工业和冶金工业尾气低得多，而烟气中的含氧量较大（一般为 4%~10%），因此，氨—酸法和氨—亚铵法主要用于硫酸工业、冶金工业的尾气治理，而氨—硫铵法主要用于燃煤（或燃油）锅炉烟气的脱硫。

6. 氨法烟气脱硫存在哪些二次污染？有哪些解决方法？

氨法脱硫与其他湿法脱硫工艺相比，具有反应速率快、脱硫效率高等特点。但也存在一些问题需解决，如排烟冒白雾现象、硫铵的黏附、粉尘和氯离子富集、氨的运输储存等问题。氨法脱硫主要的二次污染问题，是净化后的烟气中残留氨，它是考核氨法烟气脱硫工艺的一个重要技术指标。

氨法脱硫中的氨损失主要包括吸收液氨蒸气损失和碱吸收塔雾沫夹带损失两

部分。前者由 NH_3-SO_2-H_2O 体系的性质所决定，后者与操作条件有关。氨洗涤与其他碱类洗涤不同，$(NH_4)_2SO_3$-NH_4HSO_3 水溶液的阳离子和阴离子都有挥发性。吸收液的硫氨比（S/C）小时，SO_2 的吸收率高，但随净化气体由塔排空的氨量也多。因此，氨法烟气脱硫工艺所用的吸收液的组成需要兼顾 NH_3 和 SO_2 的分压。

由于逃逸氨与烟气中的 SO_2、SO_3 会生成亚硫酸铵雾和硫酸铵雾，这些白雾是由粒径为 $0.05\sim10\mu m$ 的铵盐固体颗粒凝结而成，铵雾一旦形成了，无论用布袋除尘器或电除尘器都难以除去，不但会影响烟气的透明度，还会造成环境污染。在氨法脱硫工艺中，减少氨的排逸主要采取以下一些措施：

（1）控制塔内的反应温度，使之溶于水，同时保持塔底吸收液有较低的 pH 值。

（2）烟气排出之前，喷水洗涤，使残留的氨溶于水。

（3）采用特殊的吸收洗涤塔结构。

（4）采用合适的烟气流速。

（5）设置预洗涤塔，除去 HCl、HF 等酸性气体，以防止与 NH_3 反应生成气溶胶。

（6）提高液气比和就地氧化。提高液气比可以降低脱硫所需的 pH 值，从而降低脱硫浆液中 NH_3 的蒸气压；就地氧化后生成的硫铵十分稳定，因而 NH_3 的蒸气压很低。

7. 什么是新氨法烟气脱硫工艺？有什么特点？

新氨法烟气脱硫工艺也称 NADS 法。其反应原理如下：

$$xNH_3+H_2O+SO_2 \longrightarrow (NH_4)_rH_{2-r}SO_3$$

$$(NH_4)_rH_{2-r}SO_3+x/2H_2SO_4 \longrightarrow x(NH_4)_2SO_4+SO_2+H_2O$$

或 $$(NH_4)_rH_{2-r}SO_3+xH_3PO_4 \longrightarrow xNH_4H_2PO_4+SO_2+H_2O$$

或 $$(NH_4)_rH_{2-r}SO_3+xHNO_3 \longrightarrow xNH_4NO_3+SO_2+H_2O$$

也即 NADS 在工艺上更为灵活；可根据不同的情况对吸收液进行酸解，根据所用酸不同，可生产硫酸铵或磷酸铵、硝酸铵化肥，并联产高浓度 SO_2 气体，经浓缩后的 SO_2 气体可用于生产高质量的工业盐酸。

NADS 法技术中 NH_3 和 H_2O 从不同部位分别进入吸收塔，由此具有以下特点：（1）吸收塔出口烟气的 NH_3 含量低，氨损耗小；（2）吸收液的循环量小，气液比大，能耗低，解决了大型循环泵的技术难题；（3）得到的吸收产品亚硫酸氢铵浓度较高，为后续化肥生产装置节省蒸汽。吸收液经酸中和后得到硫酸铵

溶液和高浓度 SO_2 气体，硫酸铵溶液经过蒸发结晶、干燥、包装后可得到商品硫铵化肥；SO_2 气体进入硫酸装置生产质量分数为 98% 的硫酸。

NADS 技术的关键设备是吸收塔，它是一种大孔径、高开孔率的筛板塔，阻力低、通量大，采用玻璃钢拼装技术，容易大型化，防腐性能高，使用寿命长。

8. 采用湿式氨法烟气脱硫技术应注意哪些问题？

氨法脱硫工艺有其鲜明特点，如没有废水、废渣，副产品可用作农用肥料等，但也存在着成本高、有腐蚀、净化尾气中存在气溶胶等问题。要将此法应用于燃煤机组上时，在选择机组脱硫技术方案上，应全面考虑以下问题：

（1）工艺的可行性。这包括工艺的脱硫能力、运行可靠性和稳定性、设备可靠性等。国内选择工艺一般要考虑是否有相似条件和运用业绩。石灰石湿法脱硫工艺在世界各地有大量的应用和运行业绩。氨法脱硫工艺相对来说还是一种新工艺，缺少大型机组的运行业绩。

（2）吸收剂来源及价格。氨法脱硫采用液氨作吸收剂，氨的价格较高，还存在运输、贮存等安全问题。如果附近有液氨生产厂，则应用氨法就较为有利。

（3）副产品销售。副产品硫铵能否售出和以什么样的价格售出，是影响氨法脱硫工艺经济性的关键，应对化肥的市场前景认真调研。

（4）投资和运行费用。相对于石灰石—石膏法脱硫工艺，氨法脱硫的投资和各个工艺的经济性指标具有一定的优势。

（5）其他问题。采用氨法脱硫工艺时，环保要求怎样，水耗和能耗是否合理，场地是否合适，对下游系统是否有腐蚀损害，怎样避免氨泄漏等都应根据具体条件因地制宜，认真决策。

（三）海水烟气脱硫技术

1. 什么是海水烟气脱硫？其基本原理是什么？

由于雨水将陆上岩层的碱性物质带到海中，海水中含有大量可溶性盐，如氯化钠、碳酸氢盐、碳酸盐、硫酸盐、磷酸盐、硼酸盐、砷酸盐等，这样海水具有天然的酸碱缓冲能力和吸收 SO_2 的能力。采用硫酸滴定，每升海水的碱度为 $220\sim290mg$（以 $CaCO_3$ 计），pH 值为 $8.0\sim8.3$，呈微碱性。

海水烟气脱硫工艺是利用海水的天然碱度来脱除烟气中 SO_2 的一种湿法脱硫技术。当 SO_2 被海水吸收后，再经过一定的处理使之转化为无害的硫酸盐而溶于海水中，因为硫酸盐是海水中原有的成分，经过脱硫的海水中硫酸盐的含量只会稍微增加，送回大海时，当离开排放口一定距离后，这种浓度差就会消失，所以对环境不产生影响。

海水与烟气中 SO_2 接触发生以下主要反应：

$$SO_2 + H_2O \longrightarrow H_2SO_3 \longrightarrow H^+ + HSO_3^-$$

$$HSO_3^- \longrightarrow H^+ + SO_3^{2-}$$

$$SO_3^{2-} + \frac{1}{2}O_2 \longrightarrow SO_4^{2-}$$

H^+ 与海水中的碳酸盐发生以下反应:

$$H^+ + CO_3^{2-} \longrightarrow HCO_3^-$$

$$HCO_3^- + H^+ \longrightarrow H_2CO_3 \longrightarrow CO_2 \uparrow + H_2O$$

由于 SO_2 也与氧发生反应生成硫酸根离子及 H^+，随着 H^+ 浓度增加，海水的 pH 值降低，一般海水经过脱硫塔后的 pH 值为 3。由于海水中存在大量碳酸根离子，与氢离子反应生成 CO_2 和水。因此，脱硫后的废水需经强烈曝气，将亚硫酸盐彻底氧化为硫酸盐，降低 COD，提升海水中的溶解氧，同时将反应生成的 CO_2 驱赶出来，与新鲜海水混合，将 pH 值提升至 7.0，再经沉淀后返回大海。

海水脱硫工艺具有技术成熟、工艺简单、系统运行可靠、脱硫率高和运行费用低等特点，在一些沿海国家和地区得到广泛应用。

海水脱硫工艺按照是否向海水中添加其他化学物质作吸收剂可分为两类:（1）以挪威 ABB 公司开发的 Flakt-Hydro 工艺为代表，它不添加任何化学物质，用纯海水作为吸收剂;（2）以美国 Bechtel 公司为代表，它是在海水中添加一定量的石灰以调节吸收液的碱度。

2. Flakt-Hydro 海水烟气脱硫的基本工艺是什么?

Flakt-Hydro 工艺过程如图 1-7 所示，主要由海水输送系统、烟气系统、SO_2 吸收系统和海水水质恢复系统组成。

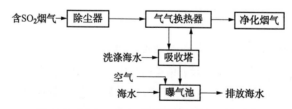

图 1-7 Flakt-Hydro 海水脱硫基本工艺过程

（1）海水输送系统。海水可通过虹吸井的吸水池，经过加压泵将海水送入吸收塔顶部。

（2）烟气系统。锅炉排出的含 SO_2 烟气经除尘器除尘后，再经气气换热器冷却降温后，从塔底吸入吸收塔。吸收塔出口的清洁烟气经过加热升温至 70℃ 以上经烟囱排入大气。

（3）SO_2 吸收系统。从塔底进入吸收塔的烟气与由塔顶均匀喷洒的海水逆向充分接触混合，海水将烟气中的 SO_2 吸收生成亚硫酸根离子。

（4）海水水质恢复系统。其主体结构是曝气池，吸收 SO_2 后的海水进入曝气池，并在曝气池中注入大量海水和适量压缩空气，使海水中的亚硫酸盐强制氧化为稳定无害的硫酸盐，同时释放出 CO_2，使海水的 pH 值升到 6.5 以上，达到排放标准后排入大海。

Flakt-Hydro 工艺实际上是一种湿式抛弃法脱硫工艺，适用于沿海燃用中、低硫煤的电厂，尤其是淡水资源比较缺乏的地区。运行过程中只需要天然海水及压缩空气，不需要任何化学物质，具有以下优点：（1）工艺简单、运行可靠；（2）系统无磨损、堵塞和结垢问题，系统利用率高；（3）不添加脱硫剂，无废水及废弃物处理问题，运行管理较简单；（4）占地少，投资及运用费用低；（5）系统脱硫率达 90%。

3. Bechtel 海水脱硫工艺有什么特点？

一般海水中大约含镁 1300mg/L，以氯化镁和硫酸镁为主要存在形式。Bechtel 烟气脱硫工艺主要是利用海水中含镁量多的优势，加入石灰浆液，使海水中的镁与石灰浆发生反应生成氢氧化镁，而有效地吸收 SO_2。主要反应有以下一些。

海水中硫酸镁及氯化镁与石灰浆反应：

$$MgSO_4+Ca(OH)_2 \longrightarrow Mg(OH)_2+CaSO_4 \cdot 2H_2O$$
$$MgCl_2+Ca(OH)_2 \longrightarrow Mg(OH)_2+CaCl_2$$

SO_2 吸收塔中的反应：

$$SO_2+H_2O \longrightarrow H_2SO_3$$
$$H_2SO_3+Mg(OH)_2 \longrightarrow MgSO_4+2H_2O$$
$$MgSO_4+H_2SO_4 \longrightarrow Mg(HSO_4)_2$$
$$Mg(HSO_4)_2+Mg(OH)_2 \longrightarrow 2MgSO_4+2H_2O$$
$$2MgSO_3+O_2 \longrightarrow 2MgSO_4$$

Bechtel 脱硫工艺系统主要由烟气预冷系统、吸收系统、再循环系统及控制系统等组成。设置预冷系统的目的主要是在烟气预冷却的同时喷入再循环碱性浆液，可脱除烟气中部分 SO_2，而且预冷却器还有利于吸收塔内建立良好的烟气分布；吸收塔为填料塔，是主要的反应装置，烟气在吸收塔中与海水充分接触，$Mg(OH)_2$ 和可溶性的 $MgSO_3$ 吸收烟气中的 SO_2，可获得 95% 以上的脱硫率，而 $MgSO_3$ 和 $Mg(HSO_3)$ 则被烟气中的氧气氧化成 $MgSO_4$。因吸收和氧化均生成易溶解的产物，故在吸收塔内无结垢倾向。净化后的烟气经除雾器除去水滴后排出；再循环系统设在吸收塔底部，循环槽内保持 pH 值为 5~6，使 $Mg(OH)_2$ 完全溶解。

Bechtel 法与其他海水脱硫工艺及石灰石—石膏法相比,具有以下优点:(1) SO_2 脱硫率可达 95%,排放浓度可降至 0.005% 或更低;(2) 吸收剂浆液的再循环量可降至石灰石法的 1/4,液气比较低,能耗减少;(3) 工艺生成完全氧化的产物,不经处理即可直接排入大海;(4) 工艺最终产物是很细的石膏晶体,用海水稀释后即溶解;(5) 通过再生槽内的沉淀反应,可避免系统结垢。

Bechtel 法适用于新建机组及老机组的改造,其投资及运行费用低于传统的烟气脱硫工艺。

4. 海水脱硫法处理后的脱硫海水对海洋环境有影响吗?

海水脱硫工艺的开发已有数十年的历史,目前也已得到广泛应用,作为一种减少大气污染的方法,它是否有可能给海洋环境产生二次污染,是人们最关心的问题之一。

有人将海水脱硫装置进口海水和处理后的海水水质进行取样检测比较(表 1-16)。处理后的海水温度稍有上升,这是因为它与烟气进行了热交换;pH 值也因吸收 SO_2 等原因而由 8 降为 7。经与受纳海域初混区混合后,pH 值可升为 7.8,处于海水固有的水质变化范围之内;溶解性硫酸盐也大约增加 3%,但因硫酸盐是海水的固有组分,也可认为是允许变化范围之内;排水中有微量未氧化的 SO_2 使其 COD 略有增加,但经充分曝气充氧,可使其增量限制在曝气工艺的 COD 残量限度之内;2mg/L 的悬浮物增量反映的是采用电除尘器的海水脱硫可能携带的悬浮物量;在处理过的海水中没有可沉降的固形物,因而盐度保持不变。至于微量重金属随飞灰溶入海水中的问题,经过考察对比,脱硫海水的重金属(如 Cr、Cd、Cu、As、Hg、Pb、Zn、Ni 等)含量均低于严格的水质标准。因此,可以认为脱硫海水对海水水质的影响基本上可以忽略不计。

表 1-16　海水脱硫装置进出海水水质比较

项目	进口海水	处理后海水	项目	进口海水	处理后海水
海水温度,℃	25	26	溶解性硫酸盐,mg/L	2700	2770
pH 值	8	7	悬浮物增量,mg/L	0	0.2~2
溶解氧,mg/L	6.7	6.0	可沉降固形物增量,mg/L	0	0
COD 增量,mg/L	0	2.5	盐度,%	3.3	3.3

另一个引人关注的问题是脱硫海水排入大海后,对海洋生物会产生哪些影响,国内外有不少机构对海水脱硫系统排水口附近海域的水质、排水海域底质、海洋生态及表层沉积物等进行跟踪监测,并未发现不良影响,可以认为稀释后的海水洗涤剂对海洋生物不会产生有害影响。

(四) 双碱法烟气脱硫技术

1. 什么是双碱法烟气脱硫工艺?

双碱法是先用碱性清液作吸收剂,然后将吸收烟气中 SO_2 后的吸收液用石灰石或石灰进行再生,再生后的吸收液可循环使用,由于在吸收和吸收液的再生处理中使用了不同的碱,故称为双碱法。

双碱法烟气脱硫工艺具有明显的优点:由于采用清液吸收,从而克服了湿式石灰石 (石灰) —石膏法中结垢的缺点,不存在料浆堵塞或设备结垢等问题。此外,副产的石膏纯度较高,应用范围也会更广。但它也存在工艺比较复杂,系统操作水平要求较高,运行过程中也可能发生 pH 值或浓度控制不当而产生塔内结垢现象。

双碱法脱硫工艺较多,如钠碱双碱法、碱性硫酸铝—石膏法、CAL 法等。

2. 什么是钠碱双碱法脱硫技术? 有什么特点?

钠碱双碱法是以氢氧化钠或碳酸钠溶液作为第一碱吸收烟气中的 SO_2,然后再用石灰石或石灰作为第二碱处理吸收液。吸收液再生后送回吸收塔循环使用。产品为石膏。

(1) 吸收反应。含 SO_2 烟气在吸收塔内吸收。

用 NaOH 吸收时:$2NaOH + SO_2 \longrightarrow Na_2SO_3 + H_2O$

或用 Na_2CO_3 吸收:$Na_2CO_3 + SO_2 \longrightarrow Na_2SO_3 + CO_2$

亚硫酸钠被吸收的 SO_2 转化成亚硫酸氢盐:

$$NaSO_3 + SO_2 + H_2O \longrightarrow 2NaHSO_3$$

该过程中由于使用钠碱作为吸收液,因此系统中不生成沉淀物。此过程的主要副反应为氧化反应,生成 Na_2SO_4:

$$2Na_2SO_3 + O_2 \longrightarrow 2Na_2SO_4$$

(2) 再生反应。将吸收了 SO_2 的吸收液送至石灰反应器,用石灰料浆对吸收液进行再生,并析出副产品半水亚硫酸钙,在用钠盐为吸收剂,用石灰或石灰石进行再生时,其反应如下。

用石灰再生:

$$CaO + H_2O \longrightarrow Ca(OH)_2$$

$$Ca(OH)_2 + Na_2SO_3 + \frac{1}{2}H_2O \longrightarrow 2NaOH + CaSO_3 \cdot \frac{1}{2}H_2O$$

$$Ca(OH)_2 + 2NaHSO_3 \longrightarrow Na_2SO_3 + CaSO_3 \cdot \frac{1}{2}H_2O + \frac{1}{2}H_2O$$

用石灰石再生：

$$CaCO_3+2NaHSO_3 \longrightarrow Na_2SO_3+CaSO_3 \cdot \frac{1}{2}H_2O+CO_2\uparrow+\frac{1}{2}H_2O$$

经再生的 NaOH 和 Na$_2$SO$_3$ 等脱硫剂可以循环使用，所得半水亚硫酸钙经氧化后，可制得石膏 CaSO$_4$ · 2H$_2$O：

$$2CaSO_3 \cdot \frac{1}{2}H_2O+O_2+3H_2O \longrightarrow 2(CaSO_4 \cdot 2H_2O)$$

钠碱双碱法工艺按循环液中 NaOH、Na$_2$SO$_3$、NaHSO$_3$ 浓度的高低还可分为浓碱法和稀碱法两种流程，浓碱法适用于希望氧化率很低的场合，而稀碱法正好相反。

与石灰石或石灰作脱硫剂的湿法脱硫相比，钠碱双碱法脱硫具有以下优点：（1）由于循环水主要是 NaOH 水溶液，因而基本上无设备腐蚀、堵塞现象；（2）可用高效板式塔或填料吸收塔替代喷淋塔，因而减少了脱硫塔尺寸及操作液气比，降低脱硫成本；（3）脱硫率一般在90%以上。本法的缺点是 Na$_2$SO$_3$ 氧化副反应产物 Na$_2$SO$_4$ 较难再生，需不断向系统补充 NaOH 或 Na$_2$CO$_3$，因而增加了碱的消耗量。此外，Na$_2$SO$_4$ 的存在也会降低石膏的质量。

3. 碱性硫酸铝—石膏法脱硫工艺由哪些过程组成？

碱性硫酸铝—石膏法是用碱性硫酸铝溶液作为吸收剂吸收 SO$_2$，吸收 SO$_2$ 后的吸收液经氧化后用石灰石中和再生。再生得到的碱性硫酸铝在吸收过程中循环使用。主要产物为石膏。早在 20 世纪 30 年代，英国 ICI 公司就用碱性硫酸铝溶液吸收 SO$_2$，后来日本同和矿业公司改进了工艺，开发了碱性硫酸铝—石膏法，故此法又称为同和法，碱性硫酸铝—石膏法工艺主要由吸收、氧化、中和等过程组成。

（1）吸收。碱性硫酸铝溶液吸收 SO$_2$ 反应如下：

$$Al_2(SO_4)_3 \cdot Al_2O_3+3SO_2 \longrightarrow Al_2(SO_4)_3 \cdot Al_2(SO_3)_3$$

先将工业硫酸铝 [Al$_2$（SO）$_4$ · 16~18H$_2$O] 溶于水，再加石灰石粉或石灰中和，沉淀出石膏，以除去一部分硫酸根，即可得到所需碱度的碱性硫酸铝。碱性硫酸铝可用 （1-x） Al$_2$（SO$_4$）$_3$ · xAl$_2$O$_3$ 来表示，其中 x 为碱度，Al$_2$O$_3$ 是吸收 SO$_2$ 的主要成分。

（2）氧化。吸收后的浆液在氧化塔中用空气按下述反应进行氧化：

$$Al_2(SO_4)_3 \cdot Al_2(SO_3)_3+\frac{3}{2}O_2 \longrightarrow 2Al_2(SO_4)_3$$

（3）中和。在中和槽中，加入石灰石作为中和剂，中和后的碱性硫酸铝溶液返回吸收塔循环使用，同时沉淀出石膏：

$$2Al_2(SO_4)_3+3CaCO_3+6H_2O \longrightarrow Al_2(SO_4)_3 \cdot Al_2O_3+3CaSO_4 \cdot 2H_2O+3CO_2$$

得到的副产品石膏为粗大片状结晶，过滤后水分在 10% 以下，品质优良。

该法主要设备为吸收塔和氧化塔，吸收塔为填料塔；氧化塔为空塔，塔内装满吸收液，氧化时将空气均匀分布于液体中。操作时，为了减少液气比，可在吸收液中加入氧化催化剂强化氧化反应，一般使用 $MnSO_4$ 作催化剂。用量一般为 $0.2 \sim 0.4g/L$。

碱性硫酸铝—石膏法的优点是处理效率高，液气比较小，氧化塔空气利用率高。

4. 什么是 CAL 法脱硫技术？有什么特点？

CAL 法脱硫技术是为解决石灰石膏法的结垢和堵塞现象而发展起来的一种改进工艺。该工艺所用吸收液是添加消石灰或生石灰的 30% 的氯化钙水溶液（简称为 CAL 液）。

该工艺主要设备为吸收塔。吸收液为 $CaCl_2$ 溶液中添加消石灰或生石灰所制得的溶液。在不同浓度的 $CaCl_2$ 溶液中，消石灰的溶解度不同，以 30% 的 $CaCl_2$ 水溶液对消石灰的溶解度为最大，约为消石灰在水中溶解度的 7 倍。在一般的石灰—石膏法脱硫工艺中，消石灰以固体状态存在，而在 CAL 溶液中，消石灰以溶解分子的形式存在。因此，用石灰浆液吸收 SO_2 时控制因素是石灰的溶解，而用 CAL 溶液吸收 SO_2 时，控制因素是 SO_2 在溶液中的溶解，所以 CAL 溶解对 SO_2 的吸收能力增大。而且在吸收过程中 $CaCl_2$ 并不参加反应，只在系统中循环，反应过程仍是消石灰与 SO_2 的反应。

与石灰—石膏法脱硫比较，CAL 法有以下特点：（1）吸收 SO_2 的能力强，因而提高了吸收剂的利用率。（2）消石灰在 CAL 溶液中的溶解度比在水中溶解度大得多，对处理气量相同的烟气来说，以较小的溶液量即能供给吸收塔必需的石灰量，因此可以在较小的液气比下操作。（3）在 CAL 溶液中，消石灰呈溶解态，不会造成碱的排放流失，因此吸收过程中的碱耗较小。（4）石膏在 CAL 溶液中的溶解度仅为在水中的 1% 左右，几乎无石膏的过饱和现象，因此 CAL 溶液能防止结垢。$CaCl_2$ 为强吸湿性强的物质，即使在吸收设备的死角结垢，在润湿状态下结垢柔软，容易剥落。（5）采用 CAL 溶液作吸收液，由于沸点上升，相应降低了水蒸气分压，因此吸收塔出口的烟气温度比不用 CAL 溶液时高 10℃ 左右，减轻了加热器负荷。

（五）镁法烟气脱硫技术

1. 什么是镁法烟气脱硫技术？有什么特点？

镁法烟气脱硫技术可分为氧化镁法和氢氧化镁法。氧化镁法是用氧化镁的浆

液吸收烟气中的 SO_2，生成含水亚硫酸镁和少量的硫酸镁，然后经脱水、干燥、高温分解得到 MgO 及 SO_2，再生的 MgO 可重新循环用于脱硫，生成的 SO_2 可用于制造硫酸；氢氧化镁法是使用氢氧化镁为脱硫剂吸收 SO_2，并生成亚硫酸镁，然后将亚硫酸镁氧化为硫酸镁而排出。

镁法脱硫工艺具有以下特点：

（1）吸收剂利用率及脱硫率高，反应机组适应性强，采用高效洗涤和除尘装置，一般脱硫率可达95%。

（2）由于镁基的溶解碱性比钙基要高得多，因此所需液气比少，吸收塔高度低。

（3）我国氧化镁（菱苦土）资源丰富，氢氧化镁价格低，原料成本低。

（4）吸收剂制备系统简单、体积小，运行成本低。

（5）系统不结垢、不堵塞，安全性能好。

（6）脱硫副产物亚硫酸镁、硫酸镁可综合利用，商业价值较高。

（7）对煤种变化的适应性较强。

但此法要求对烟气进行严格除尘和除氯。

2. 氧化镁法烟气脱硫的原理是什么？

氧化镁法烟气脱硫工艺是以 MgO 浆液作为吸收剂吸收烟气中的 SO_2，生成含水亚硫酸镁和少量硫酸镁，由于亚硫酸镁的焙烧分解温度较低，歧化反应少，容易再生。对亚硫酸镁结晶经分离、干燥及焙烧分解后，所生成的 MgO 返回吸收系统循环使用，放出的 SO_2 富气可加工成硫酸或硫黄等产品，其主要化学反应如下：

（1）氧化镁浆液制备：

$$MgO + H_2O \longrightarrow Mg（OH）_2$$

（2）SO_2 吸收：

$$Mg（OH）_2 + SO_2 \longrightarrow MgSO_3 + H_2O$$
$$MgSO_3 + SO_2 + H_2O \longrightarrow Mg（HSO_3）_2$$
$$Mg（HSO_3）_2 + Mg（OH）_2 + 4H_2O \longrightarrow 2MgSO_3 + 3H_2O$$

（3）氧化。由于烟气中存在的氧会生成少量 $MgSO_4$：

$$MgSO_3 + \frac{1}{2}O_2 \longrightarrow MgSO_4$$

（4）氧化镁再生：

$$MgSO_3 \longrightarrow MgO + SO_2$$

氧化镁湿法脱硫工艺主要由吸收剂制备、SO_2 吸收、浆液浓缩和干燥、脱硫剂再生及副产品处理系统等组成。

制备脱硫剂浆液的 MgO 由 $MgCO_3$ 焙烧而成。用于脱硫工艺的 MgO 在较低温度下焙烧，即所谓"轻烧镁"，它具有多孔性、活性强等特性。各氧化镁矿都可提供此类产品，直接用于脱硫吸收。将氧化镁粉（$50\sim70\mu m$）与水混合、消化即生成氢氧化镁浆液。

脱硫吸收系统的主设备是立式喷淋塔，塔下部设有循环浆液箱。烟气在吸收塔内与循环浆液接触，SO_2 与吸收剂发生反应后而去除。

从吸收塔排出的浆液含固量为 10% 左右，经浓缩、干燥，除去固体表面水及结晶水。

将干燥后的 $MgSO_3$ 及 $MgSO_4$ 进行焙烧再生，焙烧温度 $660\sim670℃$。得到的 MgO 可重新用于脱硫。焙烧生成的 SO_2 浓度为 10%~16%，可用于制造硫酸。此外，也可将氧化镁湿法脱硫副产物通过鼓入空气氧化，在氧化池内将亚硫酸镁强制氧化成可溶性硫酸镁后排入大海，实现无害化抛弃。

3. 氢氧化镁法烟气脱硫的原理是什么？

氢氧化镁法脱硫是以氢氧化镁作为碱性吸收剂，吸收除去烟气中的 SO_2，再用空气氧化生成无害的硫酸镁水溶液。其基本反应如下。

首先，烟气中的 SO_2 与 H_2O 接触，生成吸收酸性液：

$$SO_2+H_2O \longrightarrow HSO_3$$

酸性液再与循环液中的硫酸镁反应，生成重亚硫酸镁，重亚硫酸镁再与吸收剂 $Mg(OH)_2$ 反应生成亚硫酸镁：

$$2MgSO_3+H_2SO_3 \longrightarrow 2Mg(HSO_3)_2$$

$$Mg(HSO_3)_2+Mg(OH)_2 \longrightarrow Mg_2SO_3+2H_2O$$

生成的亚硫酸镁一部分作为吸收液循环使用，另一部分经空气氧化后作为无害的硫酸镁水溶液排放：

$$MgSO_3+\frac{1}{2}O_2 \longrightarrow MgSO_4$$

$Mg(OH)_2$ 的溶解性差，$MgSO_4$ 及 $MgSO_3$ 的溶解性好，上述化学反应就是利用其溶解度性质及镁盐极易被氧化的特点。加入浆状 $Mg(OH)_2$ 不影响脱硫装置的脱硫效率，为了得到高脱硫率而不担心管道堵塞，主要要控制好吸收液的 pH 值、镁盐总浓度及亚硫酸盐总浓度。在氢氧化镁法脱硫中，亚硫酸镁是脱硫反应的主体，超过其饱和溶解度会由于生成结晶而造成管路堵塞。

氢氧化镁脱硫主要由冷却、除尘、吸收、氧化、过滤等工序组成。冷却工序是将含 SO_2 和烟尘的烟气在预冷室和喷雾状的吸收液接触降温，使部分煤灰及 SO_2 被吸收；冷却后的烟气、烟尘与吸收液逆流接触，煤灰和 SO_2 同时被除去；吸收液循环系统中的排放液在氧化槽中用空气氧化，生成硫酸镁水溶液；排放液经氧化后用过滤机滤去悬浮物，清液作为无害排放。

4. 与湿法石灰石—石膏脱硫法相比，镁法脱硫技术有什么特点？

湿法石灰石—石膏脱硫工艺是目前世界上技术最成熟、应用最多的脱硫工艺，特别在美国、德国和日本，应用该工艺的机组容量占电站脱硫装置总容量的50%左右。

镁法烟气脱硫反应与石灰石—石膏脱硫反应类似，但吸收剂氧化镁浆液活性高，脱硫吸收塔达到要求的脱硫效率需要的液气比较小，因而浆液循环量较小，吸收塔体积也较小。脱硫率可达95%以上。配套的辅助设备包括除尘系统、吸收剂制备系统、亚硫酸镁回收系统、工艺水预处理及脱硫废水处理系统等。

采用石灰石吸收剂脱除 SO_2 时，脱硫效率一般可达95%，技术成熟，运行可靠性好。但工艺系统复杂，占地面积大。与之配套的辅助系统有除尘系统、石灰石浆液制备系统、石膏脱水系统、脱硫废水处理系统及公用系统等。由于受石灰石活性的限制，脱硫吸收塔达到要求的脱硫效率需要的液气比较大，循环浆液量大，整个装置体积庞大，投资较高。

国外镁法烟气脱硫研发较早，并在不同规模的电站、锅炉厂、烧结厂获得应用。日本早在1974年以后逐步用镁法取代了部分烧碱法和石灰法进行烟气脱硫，目前已成为日本烟气脱硫的主要工艺之一。美国早在20世纪70年代初期就已建立多套镁法脱硫大型装置，在韩国、东欧地区都有不同规模的镁法烟气脱硫装置投入生产。在我国，也有十多套镁法烟气脱硫装置建成投产，总的来讲，镁法脱硫工艺在世界范围内应用较少，其中一个重要原因是吸收剂氧化镁在全世界范围内储量较少，不如石灰石普遍。

我国拥有丰富的镁质资源，其中矿物资源，如菱镁矿 $31×10^8 t$、白云石矿 $40×10^8 t$、水镁石矿 $2000×10^4 t$；液体资源，如青海盐湖氯化镁 $65×10^8 t$，山西运城盐池硫酸镁 $1050×10^4 t$。因此，如能发挥镁法投资较石灰石—石膏法少的特点，镁法是有很好发展前景的。

（六）钢渣法烟气脱硫技术

1. 什么是钢渣法烟气脱硫？

钢渣法烟气脱硫技术是新日本制铁株式会社开发的一种以钢渣浆液为脱硫吸收剂，特别针对钢铁企业烧结烟气脱硫的湿法工艺。

钢渣是钢铁生产过程中排出的固体废弃物，其主要成分是 Si、Ca、Fe 等的氧化物，其矿物相主要为硅酸三钙、硅酸二钙、橄榄石、蔷薇辉石、铁酸二钙、铁酸钙及尖晶石等，化学成分主要有 CaO、SiO_2、Al_2O_3、FeO、Fe_2O_3、MnO、P_2O_5、TiO_2、V_2O_5 等。

钢渣中含有 40%~50% 的 CaO，利用钢渣浆液作吸收剂与直接利用 CaO 或 $CaCO_3$ 非常相似，也是以 CaO 为主要活性吸收成分。而且钢渣中含有大量的金属，氧化物对湿法烟气脱硫也有促进作用。因此，钢渣法烟气脱硫工艺是以废治废，既节省了脱硫剂，降低成本，又减少了渣场和钢渣堆积，有较好的环境效益和社会效益。特别对于钢铁企业，烧结烟气脱硫改造是一种不错的选择。

2. 影响钢渣法烟气脱硫效率的主要因素有哪些?

钢渣法脱硫工艺类似于石灰石—石膏法烟气脱硫工艺，其最终的脱硫产物也是石膏。二者的流程设置也较相似，前者主要由脱硫吸收剂（钢渣浆液）制备系统、脱硫吸收塔、脱硫钢渣循环系统、脱硫石膏制备系统，另有特别的 pH 值检测与控制系统等组成。影响钢渣法脱硫效率的主要因素有：

（1）钢渣类型。由于各个企业采用的工艺、原料、炉型等有所差别，其产生的钢渣成分也各不相同。特别是高炉矿渣与其他炉型钢渣（转炉钢渣、平炉钢渣、电炉钢渣）有很大差别。高炉矿渣由于 SiO_2 含量很高、碱度较低、有效吸收成分 CaO 低、稳定性较强，因而脱硫效果较差，应选用高炉矿渣以外的其他炉型钢渣作为脱硫吸收剂。

（2）钢渣浆液的 pH 值。新日本制铁株式会社开发的钢渣法对吸收塔内钢渣浆液的 pH 值有特定要求，pH 值应控制在 4.5~8.0 之间，工艺最佳 pH 值为 5.0~6.5。在此操作条件下，脱硫率可达 90% 以上。

（3）脱硫吸收塔内的 SO_2/O_2 值。钢渣法脱硫时，SO_2 吸收与石膏的生成在同一个反应器中，因而对吸收塔内的 SO_2/O_2 值也有特殊要求。操作表明，SO_2/O_2 值应保持在 0.033 以下，工艺最佳值应在 0.026 以下。超过此限值时，脱硫率会快速下降。

3. 钢渣法烟气脱硫技术有哪些特点?

钢渣法烟气脱硫技术是针对钢铁企业烧结烟气处理的一种绿色烟气净化技术，它具有以下特点：（1）以钢渣浆液为吸收剂，最终的脱硫产物为石膏，属于湿法脱硫工艺；（2）脱除 SO_2 和生成石膏在同一个吸收塔中完成，工艺有单塔和双塔两种工艺，双塔工艺更为紧凑，塔高度可降低；（3）脱硫工艺最佳运行参数是 pH 值控制在 5.0~6.5 之间，SO_2/O_2 值在 0.026 以下；（4）主要用于钢铁烧结烟气的脱硫，适合处理烟气处理量不大、含硫量不高的脱硫项目。

钢渣法烟气脱硫技术是利用钢铁企业自身产生的废弃物代替石灰石（石灰）作为吸收剂，是一种综合利用的技术，因此也存在以下不足：（1）钢渣法是一种湿法工艺，流程长、占地面积大，相对干法或半干法技术，存在污水处理问题；（2）钢渣法脱硫产物为脱硫石膏，其纯度较低，一般做抛弃处理；（3）钢渣法的脱硫吸收剂为钢渣，其中含有大量金属氧化物，因而对设备磨损较大；

（4）钢渣法工艺中的脱硫吸收塔处于酸性工作环境，因而设备腐蚀也较为严重。因此，在应用钢渣法进行烧结烟气脱硫时，应认真对待上述问题。

（七）威尔曼—洛德法烟气脱硫技术

1. 什么是威尔曼—洛德法烟气脱硫？其原理是什么？

威尔曼—洛德（Wellman-Lord）法简称 W-L 法，是利用亚硫酸钠溶液的吸收和再生循环过程将烟气中的 SO_2 脱除，故又称为亚钠循环法。它是循环钠碱法的一种，是利用 Na_2CO_3 或 NaOH 作为初始吸收剂，在低温下吸收烟气中的 SO_2，同时生成 Na_2SO_3，而 Na_2SO_3 又可继续吸收 SO_2 而生成 $NaHSO_3$。将含有 Na_2SO_3、$NaHSO_3$ 的吸收液进行加热再生，再生过程得到的亚硫酸钠结晶经固液分离，并用水溶解后返回吸收系统；再生时放出的 SO_2 可加工成液体 SO_2、硫酸或硫黄。整个工艺分为吸收和再生两个工序。

（1）SO_2 吸收。开始吸收剂是 Na_2CO_3 或 NaOH，实际吸收剂是 Na_2SO_3 溶液。在吸收塔中，SO_2 被高浓度亚硫酸钠溶液吸收而生成亚硫酸氢钠：

$$Na_2CO_3+SO_2 \longrightarrow Na_2SO_3+CO_2$$

或

$$2NaOH+SO_2 \longrightarrow Na_2SO_3+H_2O$$

实际吸收阶段：

$$Na_2SO_3+SO_2+H_2O \longrightarrow 2NaHSO_3$$

烟气中含有一定的 O_2 和 SO_3，因此还会发生以下反应：

$$Na_2SO_3+\frac{1}{2}O_2 \longrightarrow Na_2SO_4$$

$$2Na_2SO_3+SO_3 \longrightarrow Na_2SO_4+Na_2S_2O_5$$

随着 Na_2SO_3 转变为 $NaHSO_3$、Na_2SO_4 和 $Na_2S_2O_5$ 过程的进行，溶液的 pH 值将逐渐下降，当吸收液 pH 值降低到一定程度（也即 Na_2SO_3 减少到一定程度）时，溶液的吸收能力下降，当溶液中 $NaHSO_3$ 达到一定比例时，吸收液就应进行解吸，使吸收液再生。

（2）Na_2SO_3 脱硫剂再生。由于 $NaHSO_3$ 不稳定，受热会分解，因此将 $NaHSO_3$ 溶液送至再生器（结晶器）中加热到约 96℃使其分解，其反应为：

$$2NaHSO_3 \stackrel{\triangle}{\longrightarrow} Na_2SO_3+SO_2+H_2O$$

$$Na_2S_2O_5 \stackrel{\triangle}{\longrightarrow} Na_2SO_3+SO_2$$

解吸生成的 SO_2 送至下一阶段加工处理，而 Na_2SO_3 结晶析出，将其溶解后再送回吸收塔循环使用。该法脱硫率可达 90%以上。

2. 威尔曼—洛德法工艺有哪些特点?

威尔曼—洛德法工艺过程为:经除尘的烟气从下部进入吸收塔,与塔顶喷淋而下的吸收液逆流接触,进行传热、传质,吸收过程采用二级吸收,烟气经过两个串联的吸收塔吸收后排空;吸收液在各塔内自身循环。二塔循环吸收液达到一定饱和度后送往解吸工序进行再生,再生后的新鲜吸收液由二塔补入吸收系统。

该法的实际使用效果达到:用于煤中含硫量为 1%~3.5% 时,可达到 97% 以上的脱硫率,而且可适用于高硫煤,以尽可能多地回收硫的副产品,其工艺特点如下:

(1) 该工艺系统设备较多,投资较一般石灰石—石膏工艺高,耗电较大,运行费用较高。但该法在处理废渣上技术合理,能由吸收的 SO_2 回收单质硫、浓硫酸或液体 SO_2,是回收工艺中较为成熟的一种工艺。

(2) 工艺系统采用全封闭回路运行,废料少,基本无泄漏。

(3) 由于采用 Na_2SO_3 作吸收液,因此,在吸收塔中不产生结垢、堵塞等现象。

(4) 所用吸收剂 Na_2SO_3 溶液系循环使用,原材料消耗少。

(5) 本工艺是能大规模处理含 SO_2 烟气的一种回收工艺,实用性强,脱硫率可达 90% 以上。由于回收的副产品有一定市场价值,在回收产品价格合适时,该工艺有一定经济性。

(6) 可适用于处理高硫煤。

(7) 吸收过程中,因烟气中存在氧也会生成少量 Na_2SO_4,需要将其除去。

(八) 其他湿法烟气脱硫技术

1. 什么是氧化锰法烟气脱硫技术?

氧化锰法是使用氧化锰浆液吸收烟气中 SO_2 的方法。氧化锰一般取自低品位的锰矿,常用的是软锰矿。

软锰矿的主要成分是 MnO_2,还含有 SiO_2、CaO、MgO、Al_2O_3 等氧化物。MnO_2 浆液吸收 SO_2 的实际反应过程比较复杂,反应结果生成硫酸锰和连二硫酸锰,其总反应式为:

$$2MnO_2+3SO_2 \longrightarrow MnSO_4+MnS_2O_6$$

由于 MnS_2O_6 不稳定,受热时易分解为 $MnSO_4$,并放出 SO_2,反应如下:

$$MnS_2O_6 \longrightarrow MnSO_4+SO_2$$

分解率随着 $S_2O_6^{2-}$ 浓度及酸度的增大而增大。

MnS_2O_6 在 SO_2 存在下,也能直接与 MnO_2 反应生成 $MnSO_4$:

$$MnS_2O_6+MnO_2 \longrightarrow 2MnSO_4$$

但 SO_2 只起诱导作用，并不参与反应，而无 SO_2 存在时，上述反应就不能进行。

用软锰矿浆料进行烟气脱硫的工艺过程为：将燃煤锅炉烟气经除尘降温后通入装有软锰矿浆液的吸收塔内，经液相吸收、反应、脱除 SO_2，再经除沫器除去水雾及气体净化后经高烟囱排空。影响氧化锰法脱硫效果的主要因素有：

（1）软锰矿品位的影响。品位好的软锰矿 MnO_2 含量高，有利于提高脱硫效果。由于吸收液中除了有 Mn^{4+} 浸出外，还有 Ca^{2+}、Mg^{2+}、Fe^{3+}、Al^{3+}、Si^{4+}、K^+、Na^+、Ni^{2+} 等浸出。因此，在脱硫浸锰的同时，这些组分中的一部分也会随吸收过程进入吸收液中。

（2）软锰矿粒度影响。软锰矿粒径越小，粒度越细，脱硫率越高。但粒度过小，会增加矿石细磨时的能耗。一般矿粉粒度以过 150 目筛为宜。

（3）液固比的影响。低液固比有利于提高脱硫率（增大浸锰率），如液固比 2∶1 的脱硫率比液固比 3∶1 稍高。

本法脱硫率可在 90% 以上，吸收液经净化除杂后得到的硫酸锰溶液，经蒸发浓缩可得到副产品硫酸锰（$MnSO_4 \cdot H_2O$），其产品质量可达到国家工业级标准。

2. 什么是氧化锌法烟气脱硫技术？

氧化锌法烟气脱硫是用氧化锌浆液吸收烟气中 SO_2 的方法。氧化锌浆液可由锌精矿沸腾焙烧炉的旋风除尘器收集的烟尘来配制。其工艺过程主要分为吸收液配制、吸收、过滤、再生几个工序。

（1）吸收浆液配制。以锌精矿沸腾焙烧炉排出并经旋风除尘器中回收的氧化锌烟尘为吸收剂，在制浆槽中配制成一定浓度的 ZnO 浆液。

（2）吸收。含 SO_2 烟气与吸收液在吸收塔内进行下述吸收反应：

$$ZnO + SO_2 + 2.5H_2O \longrightarrow ZnSO_3 \cdot 2.5H_2O$$

$$ZnO + 2SO_2 + H_2O \longrightarrow Zn(HSO_3)_2$$

$$ZnSO_3 + SO_2 + H_2O \longrightarrow Zn(HSO_3)_2$$

$$Zn(HSO_3) + ZnO + 4H_2O \longrightarrow 2ZnSO_3 \cdot 2.5H_2O$$

当吸收浆液 pH 值降至 4.5～5.0 时，可送到下一过滤工序，脱硫率可达 95%。

（3）过滤。吸收后的浆液用过滤器过滤，滤料返回至配浆槽。为避免循环吸收液中 Zn^{2+} 浓度不断增加，要引出一部分滤液送往锌电解槽车间生产电解锌。

（4）再生。吸收液经过滤后得到的亚硫酸锌的含水滤渣，送入沸腾焙烧炉中与锌精矿一起加热焙烧再生，其反应如下：

$$ZnSO_4 \cdot 2.5H_2O \xrightarrow{\triangle} ZnO + SO_2 + 2.5H_2O$$

分解产生的高浓度 SO_2 气体和锌精矿焙烧烟气混合，可以提高焙烧烟气 SO_2

浓度，并送到制酸系统制取硫酸；亚硫酸锌滤渣也可用硫酸分解，副产高浓度 SO_2 气体和硫酸。

由于氧化锌烟气脱硫法可将脱硫工艺与原有冶炼工艺紧密结合起来，既解决了 ZnO 吸收剂的来源，又能完成吸收产物的处理问题，因此，此法特别适合锌冶炼企业的烟气脱硫。

3. 有机酸钠—石膏脱硫法有什么特点？

有机酸钠—石膏脱硫法是用有机酸钠（如柠檬酸钠）作吸收剂，吸收烟气中的 SO_2 后，再用石灰石将吸收液还原为有机酸钠循环使用，同时可得到副产品石膏。

该法的工艺过程是：含 SO_2 烟气由吸收塔底部进入，经与吸收剂接触，脱除 SO_2 后的清洁烟气经除雾后由吸收塔底部排出，脱除 SO_2 后的吸收液送至再生反应器。通过加入石灰石和强制氧化空气使其还原为有机酸钠再循环使用，同时得到副产物石膏。主要反应过程如下：

$$SO_2+RCOONa+H_2O \longrightarrow NaHSO_3+RCOOH$$

$$NaHSO_3+\frac{1}{2}O_2+RCOONa \longrightarrow Na_2SO_4+RCOOH$$

$$Na_2SO_4+CaCO_3+H_2O+2RCOOH \longrightarrow CaSO_4 \cdot 2H_2O+CO_2+2RCOONa$$

影响脱硫率的因素主要有有机酸钠浓度、吸收温度、吸收液 pH 值、液气比及再生温度等。

该工艺主要特点如下：

（1）脱硫率高。吸收剂是由强碱和弱酸组成的有机酸盐溶液，有良好的 pH 值缓冲能力，在吸收液循环中能有效地吸收烟气中的 SO_2，脱硫率可达99%以上。

（2）操作简单。该工艺装置由吸收塔、反应槽、分离机和石灰供给装置等组成，系统较简单，操作方便。

（3）节能。由于有机酸钠吸收液的 SO_2 吸收率高，循环量较小，系统可显著节电降耗。

（4）运行费用低。采用价格低廉的石灰石作钙源，因此运行费用低。

（5）适用性较广。该装置不受烟气中氧气浓度的影响，可用于燃烧重油、煤、沥青等锅炉及工业窑炉的烟气脱硫。

（6）脱硫装置本体可以做到无废水排出。

4. 膜法烟气脱硫技术的原理是什么？

膜分离法是使含气态污染物的废气在一定的压力梯度下透过特定的薄膜，利用不同气体通过薄膜的速度不同，将气态污染物分离的方法。分离膜是膜分离法的核心，根据成膜物质的不同，分离膜有固体膜和液膜两类，而以固体膜应用最广。固体膜按膜的孔隙大小差异可分为多孔膜和非多孔膜；按膜的结构又可分为均质膜和复合膜；按膜的制作材料可分为无机膜和高分子膜；按膜的形状又可分为管式、平板式及中空纤维式等类型。

膜法烟气脱硫的基本原理就是使烟气和亚硫酸钠溶液两个流动相通过两者之间的多孔膜进行接触，烟气中的 SO_2 和 CO_2 通过膜孔进入碱性溶液，并与该溶液中的吸收剂反应而被吸收。而烟气中的 O_2、N_2 及其他气体被截留在气相中。同时由于膜是憎水性的，所以液体不能透过膜渗透到气相中。

在膜分离器中，碱性 Na_2SO_3 或 $NaOH$ 与溶解后的 SO_2 反应生成 $NaHSO_3$，$NaHSO_3$ 可通过加热解吸放出 SO_2，同时使吸收剂再生。解吸出的 SO_2 可加工成液体 SO_2、硫黄或硫酸。

膜法烟气脱硫过程简单、控制方便、操作弹性大，并能在常温下操作，能耗低，脱硫率可达 90% 以上。与石灰石—石膏法相比，设备投资及操作费用可大大降低。目前，膜法烟气脱硫技术还处于研究开发阶段，但该法是一种有巨大商业应用价值及应用潜力的烟气脱硫工艺。

5. 生物烟气脱硫技术的基本过程是怎样的？

生物烟气脱硫技术或称微生物烟气脱硫技术，是利用化能自养微生物对 SO_2 的代谢过程，将烟道气中的硫氧化物脱除。其基本过程是烟气中的 SO_2 通过水膜除尘器或吸收塔，溶解于水并转化为亚硫酸盐、硫酸盐；在厌氧环境及外加碳源的条件下，硫酸盐还原菌将亚硫酸盐、硫酸盐还原成硫化物；然后，在好氧条件下通过好氧微生物将硫化物转化为单质硫，从而将硫从系统中去除。

可用于脱硫的微生物大多是好氧化能自养菌，均以 CO_2 作碳源，以 Fe^{3+} 及不同硫化物、单质硫（S）作能源。能氧化无机硫化物的微生物有异养细菌、真菌、硫化细菌、光合硫细菌、硫杆菌属等。

目前，生物脱硫是将微生物脱硫与过渡金属的催化脱硫结合起来考虑，其脱硫原理涉及两个方面：一是微生物脱硫机理；二是过渡金属离子的催化氧化机理。前者是微生物参与硫元素的各个过程，将无机还原态硫氧化成硫酸，同时完成过渡金属离子由低价向高价态转化的过程；后者是利用过渡金属高价离子（如 Fe^{3+}）的强氧化性在溶液中的电子转移，将亚硫酸氧化成硫酸。二者相互依赖，互相补充，达到脱硫目的。

微生物在该工艺中发挥直接氧化和间接氧化作用，其作用机理如下：

（1）SO_2 溶解。

$$SO_2+H_2O \rightleftharpoons HSO_3^-+H^+$$
$$HSO_3^- \rightleftharpoons SO_3^{2-}+H^+$$

（2）微生物的直接生物氧化作用。氧化亚铁硫杆菌直接氧化水中的硫化物，

并与水生成 SO_4^{2-}，细菌从中获取能量：

$$3SO_3^{2-}+O_2+H_2O \xrightarrow{微生物} 3SO_4^{2-}+2H^++能量$$

（3）微生物的间接催化氧化作用。氧化亚铁硫杆菌通过在酸性条件下氧化 Fe^{2+} 成 Fe^{3+}，Fe^{3+} 可催化氧化液相中的 SO_2，将其转化成 SO_3^{2-}，并与水生成 SO_4^{2-}，氧化亚铁硫杆菌不直接参与 SO_2 的氧化。反应如下：

$$2FeSO_4+H_2SO_4+\frac{1}{2}O_2 \xrightarrow{微生物} Fe_2(SO_4)_3+H_2O$$

$$SO_2+Fe_2(SO_4)_3+2H_2O \longrightarrow 2FeSO_4+2H_2SO_4$$

例如，用氧化亚铁硫杆菌菌液对烟道气进行处理后发现，微生物法能在较低的液气比下达到98%左右的脱硫率。

将微生物用于烟气脱硫是一项发展中的新技术，与其他湿法脱硫技术相比，具有不需要高温高压、催化剂，常温常压操作，操作费用低，设备简单，无二次污染等特点；其缺点是菌种少，驯化时间较长，工艺不成熟。

六、半干法烟气脱硫

（一）喷雾干燥法烟气脱硫技术

1. 喷雾干燥法烟气脱硫的一般工艺过程是什么？

喷雾干燥法烟气脱硫技术是20世纪70年代中、末期发展起来的一种脱硫方法，是利用传统的喷雾干燥原理，在石灰浆吸收剂喷入吸收塔内与热烟气接触后，吸收剂蒸发干燥的同时与烟气中 SO_2 发生反应，生成固体产物。脱硫后的烟气经除尘后由烟囱排放，在吸收塔内脱硫反应后形成的产物为干粉，大部分从塔底部排出。

典型喷雾干燥脱硫过程包括吸收剂制备、吸收剂浆液雾化、雾化粒子和烟气接触混合、液滴蒸发和 SO_2 吸收、干物料收集与再循环。其工艺流程为：粉状石灰经过二级消化、湿式球磨，配制成浓度为20%左右的石灰浆吸收剂，并加入适量添加剂，用泵送到料浆高位槽，靠重力流入高速离心雾化器，经雾化后在吸收塔内与来自锅炉的含 SO_2 烟气接触混合，石灰浆雾滴中的水分被烟气的显热蒸发，而 SO_2 同时被石灰浆雾滴吸收，SO_2 与 $Ca(OH)_2$ 反应生成 $CaSO_4$ 和 $CaSO_3$ 粉粒。生成的干粉粒一部分沉积在吸收塔底部并定时排出，另外一部分细粒子则随烟气进入电除尘或布袋除尘系统收集，净化后的烟气从烟囱排出。

喷雾干燥法脱硫工艺在吸收塔（或称反应塔）内主要分为4个阶段：（1）料浆雾化，可采用离心旋转雾化或高压喷嘴雾化；（2）吸收剂与热烟气接触（混合流动）；（3）反应并干燥（SO_2 与吸收剂反应），同时水分蒸发干燥；（4）干态物质从烟气中分离（包含塔内分离和塔外分离）。

2. 喷雾干燥法烟气脱硫的基本原理是什么？

喷雾干燥法脱硫是以生石灰（CaO）为吸收剂，将生石灰制备成 $Ca(OH)_2$ 浆液，或者消化制成干式 $Ca(OH)_2$ 粉 [也可直接采用 $Ca(OH)_2$ 成品粉]，然后将 $Ca(OH)_2$ 浆液或 $Ca(OH)_2$ 粉喷入吸收塔（喷雾干燥塔），同时喷入调温增湿水，在吸收塔内吸收剂与烟气中 SO_2 反应生成亚硫酸钙，达到脱除 SO_2 的目的，同时获得固体粉状副产物。其主要化学反应如下：

（1）生石灰消化：

$$CaO+H_2O \longrightarrow Ca(OH)_2$$

（2）SO_2 吸收。烟气中 SO_2 被浆液液滴吸收：

$$SO_2+H_2O \longrightarrow H_2SO_3$$

（3）吸收剂与 SO_2 反应：

$$Ca(OH)_2+H_2SO_3 \longrightarrow CaSO_3+2H_2O$$

（4）液滴中 $CaSO_3$ 过饱和沉淀析出：

$$CaSO_3（液）\longrightarrow CaSO_3（固）$$

（5）部分 $CaSO_3$（液）被溶于液滴中的氧所氧化：

$$CaSO_3（液）+\frac{1}{2}O_2 \longrightarrow CaSO_4（液）$$

（6）$CaSO_4$ 饱和结晶析出：

$$CaSO_4（液）\longrightarrow CaSO_4（固）$$

（7）当烟气中含有 SO_3、HCl、HF 等酸性气体时也会与 $Ca(OH)_2$ 发生反应，而且 SO_3 及 HCl 的脱除率可高达 95%，远大于湿法工艺中 SO_3 和 HCl 的脱除率。

$$Ca(OH)_2+SO_3 \longrightarrow CaSO_4+H_2O$$
$$Ca(OH)_2+2HCl \longrightarrow CaCl_2+2H_2O$$
$$Ca(OH)_2+2HF \longrightarrow CaF_2+2H_2O$$

3. 在喷雾干燥的吸收塔内，二氧化硫吸收与水分蒸发主要分为几个阶段进行？

喷雾干燥法烟气脱硫时，在吸收塔内，一方面进行蒸发干燥的传热过程，雾化液滴受烟气加热影响不断在塔内蒸发干燥；另一方面，同时进行气相向液相的传质过程，烟气中的 SO_2 不断进入溶液，同时与脱硫吸收剂离解后产生的 Ca^{2+} 反应，最后生成干态的脱硫产物。SO_2 的吸收与水分蒸发主要分为以下两个阶段。

（1）恒速干燥阶段。这一阶段主要是石灰浆液表面水的自由蒸发。浆液表面水分的存在为吸收 SO_2 的反应创造了条件，属于气液反应过程，约有 50% 的吸收反应在这一阶段进行，所需时间为 1~2s。随着水分的蒸发，浆液中的固含量增加，当浆液液滴表面出现明显的固体物质时，便进入下一阶段。

（2）降速干燥阶段。在这一阶段，由于 SO_2 必须穿过固体颗粒表面向内扩散，才能与内部的吸收剂发生反应，反应速率减慢。此时，水分移向表面的速率小于表面汽化速率，表面含水量下降，SO_2 的吸收反应也逐渐减弱。降速干燥阶段可以维持较长的时间，直至完成干燥为止。

对于每个阶段脱硫反应的控制步骤为：在恒速干燥阶段，浆液液滴水分充足，液滴为 $Ca(OH)_2$ 饱和液，有较高的 pH 值，反应速率主要受 SO_2 气液相传质的影响，由于反应物的分子在液体中的扩散系数比在气体中小得多。因此，反应速率主要受 SO_2 气液相传质的控制；在降速干燥阶段，液滴表面开始干燥，此时 pH 值下降，$Ca(OH)_2$ 的溶解即成为限制反应速率的因素。浆滴干燥后其表面已经不是新鲜的石灰，而是亚硫酸钙和硫酸钙的混合物。因亚硫酸钙和硫酸钙的摩尔体积要比 $Ca(OH)_2$ 大，$Ca(OH)_2$ 通过亚硫酸钙和硫酸钙灰层的扩散速率则是控制反应的步骤。

4. 影响喷雾干燥法脱除烟气中 SO_2 的因素有哪些？

喷雾干燥法烟气脱硫是利用雾化料浆与热烟气接触而达到脱硫及干燥目的的一种工艺，其脱硫过程十分复杂，影响因素较多，主要有烟气进口温度、钙硫比、烟气进口 SO_2 浓度、雾滴粒径、烟气和脱硫剂接触时间、脱硫剂种类及性能、吸收塔出口烟气温度、脱硫反应产物再循环及氯离子浓度等。

由于喷雾干燥法烟气脱硫是一种物理化学反应过程。对于干燥过程而言，影响料浆液滴干燥时间的主要因素为烟气温度、液滴含水量、液滴粒径及其在吸收塔内的停留时间、液滴与热烟气的接触速度等；而从脱硫化学反应的角度分析，钙硫比、吸收剂反应特性、比表面积及反应时间等是主要影响因素。

5. 钙硫比对烟气脱硫率有哪些影响？

钙硫比（Ca/S）是指喷雾干燥法脱硫过程中注入吸收剂量与吸收 SO_2 量的物质的量比，是影响脱硫率的一个重要因素。在脱硫反应过程中，由于脱硫剂不可能百分之百地和 SO_2 发生反应，因此，钙硫比一般大于 1。在石灰石—石膏法烟气脱硫工艺中，钙硫比一般为 1.03~1.05；而在半干法烟气脱硫工艺中，钙硫比大都在 1.2~2.0 的范围。虽然钙硫比越大，脱硫率越高，但同时也说明脱硫剂利用率不高。

在喷雾干燥法烟气脱硫工艺中，在其他操作条件相同的情况下，提高钙硫比可以提高脱硫率，钙硫比增加对脱硫率的有利影响主要体现在以下两个方面：
（1）钙硫比增加，表示脱硫剂加入量增多，石灰浆液中 Ca^{2+} 的浓度升高，因此液相传质阻力减小，液膜传质系数增大，从而提高脱硫率；（2）钙硫比增加，但吸收塔内的脱硫率并不会成比例增加，由于在后续的除尘器中将继续进行气固反应，势必会增加除尘器内的脱硫剂浓度，也会使脱硫率有所增加。

钙硫比提高也会对脱硫率产生不利影响，这是由于钙硫比升高会使浆液内的固体含量增高，不但会影响料浆的输送性能，使料浆的雾化粒径变大，雾滴中的水分减少，导致水分蒸发时间缩短，气液反应时间减少，这样也必会降低脱硫率。因此，对于不同的烟气脱硫系统，应根据具体条件选择合适的钙硫比范围。

6. 雾滴粒径对烟气脱硫率有哪些影响？

烟气的喷雾干燥脱硫是在瞬间完成的，为此，必须最大限度地增加吸收剂的分散度，即增加单位体积料浆中的表面积，才能加速传热和传质过程。料浆的雾化是由吸收塔内的雾化器完成的。雾滴粒径是喷雾干燥十分重要的过程参数，对干燥时间和 SO_2 吸收反应有很大影响。它对喷雾干燥而言，雾滴粒径越细越易干燥；而对 SO_2 吸收而言，为满足气液传质的需要，传质表面积越大，SO_2 吸收效果也越好。但对喷雾干燥法脱硫反应而言，其情况比较复杂，也即雾化粒径不能太细，也不能太粗。这是因为，良好的雾化效果和极细的雾滴粒径可保证 SO_2 吸收效率和雾滴的快速干燥。但从另一方面考虑，雾滴的粒径越小，干燥时间也就越短，在脱硫吸收剂的完全反应之前已经干燥，气液反应则转变成气固反应，从而使脱硫率难以达到要求。因此，它存在一个合理的雾化程度和合适的雾化粒径，以使在达到满意的脱硫反应之前不至于已经干燥。

一些实践表明，当石灰浆滴的粒径小于 $50\mu m$ 时，随着浆滴粒径的增大，脱硫率明显上升；而当浆滴粒径超过 $50\mu m$ 以后，随着粒径增大，脱硫率的升高较少，直至不再变化；随着粒径的进一步增大，当石灰浆滴的粒径大于 $150\mu m$ 时，脱硫率逐渐降低。从上述现象看出，小液滴增加了表面积，有利于提高气液相传质效果，但液滴过细，干燥速度太快，其脱硫效果也会变差。

因此，在喷雾干燥法烟气脱硫操作中，产生合适尺寸的料浆雾滴对获得良好的脱硫率至关重要。

7. 烟气进口温度对脱硫率有什么影响？

在喷雾干燥法烟气脱硫操作时，吸收塔进口温度升高，料浆的含水量可以增多。在料浆液滴粒径不变时，液滴的个数会增多，因而反应表面积增加，可以提高恒速干燥阶段的传质条件，提高脱硫率。如在其他操作条件不变的情况下，烟气进口温度为157℃时的脱硫率比进口温度为152℃时的脱硫率可提高3%左右。但是，烟气进口温度也不能过高，尤其当烟气中 SO_2 浓度较大，石灰浆液浓度较高时，过高的烟气温度会使水分快速蒸发，当水分的迁移率不能保持雾滴表面湿润，雾滴表面就会很快形成干燥层，从而阻碍水分的传递，使水分停留在雾滴内部，气液反应则变成了气固反应，降低了反应速率，对脱除 SO_2 不利。

8. 影响脱硫剂石灰浆反应性能的主要因素有哪些？

在喷雾干燥法烟气脱硫工艺中，通常选用生石灰作脱硫剂，然后加水消化。石灰浆的反应性能在很大程度上取决于石灰石产地、研磨细度及消化特性。一般来说，研磨细度越细，在同样的烟气 SO_2 浓度和钙硫比条件下，脱硫率越高；消化工艺及其选择对石灰浆的反应性能影响也不容忽视。

从机理上看，生石灰熟化过程的质量决定了石灰颗粒的大小、孔隙多少和反应能力的大小。石灰颗粒孔表面积多少是喷雾干燥过程中颗粒产生脱硫反应的关键，熟化对钙离子传质也有重要影响。由于熟化的各种技术能对石灰的反应能力和表面积产生不少影响，因此，熟化方式是工艺设计中重要的参数之一，包括选择熟化工艺条件，如熟化时间、熟化起始温度、熟化压力等。熟化参数选择不当，将会使熟化的石灰颗粒较大且孔隙较少，反应活性降低。

9. 烟气进口二氧化硫浓度对脱硫率有什么影响？

一般认为，在其他操作条件不变的情况下，吸收塔进口 SO_2 浓度增加，系统脱硫率将会有适量提高。这是因为从传质推动力方面考察，SO_2 浓度提高，气相传质阻力降低，有利于 SO_2 气体通过液滴表面向液滴内部扩散，有利于脱硫反应进行，使脱硫率有升高的趋势，但是由于反应主要受液相传质控制，因此对脱硫率的影响应该有限。

另一方面，烟气进口 SO_2 浓度越高，要达到高的脱硫率也就越难。这是因为，烟气中 SO_2 浓度越高，需要更多新鲜石灰加入量，提高了雾滴中石灰的含量，增大了需要吸收的 SO_2 和生成的亚硫酸钙量，雾滴水分的减少限制了氢氧化钙和 SO_2 的传质过程，使脱硫率降低。此外，料浆中氢氧化钙浓度过高还会给雾化操作带来不利，甚至影响系统正常运行。

10. 进行料浆雾化的雾化器有哪些类型？

雾化器是喷雾干燥法烟气脱硫装置中的关键部件，石灰料浆的雾化就是通过雾化器实现的。雾化器类型很多，主要可分为以下 3 种：

（1）压力式雾化器。又称压力式喷嘴（图1-8）。雾化器可以安装在吸收塔的上部、中部或下部。大型吸收塔也可安装多个雾化器。料浆输送主要采用高压泵，使料浆具有很高压力（2~20MPa）并以一定速度沿切线方向进入喷嘴旋转室，或经有旋转槽的喷嘴芯再进入喷嘴旋转室，形成绕空气旋流心旋转的环形薄膜，然后再从喷嘴喷出，生成空心圆锥形的雾滴层。操作压力增加，雾滴直径变小；喷孔越小，雾滴直径越细；料浆黏度越大，平均雾滴直径越大。

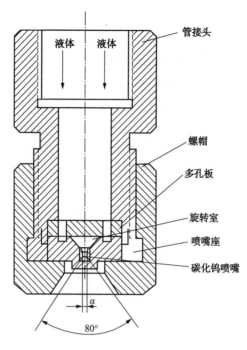

图 1-8　压力式雾化器

（2）气流式雾化器。又称气流式喷嘴。它是利用速度为 200~300m/s 的高速压缩气流对速度不超过 2m/s 的料浆的摩擦分裂作用，达到雾化料浆的目的。雾化所用压缩空气的压力一般为 203~709kPa。图 1-9 示出的是三流式（气流）雾化器。料浆先与二次空气在喷嘴内部混合，然后在喷嘴出口处再与一次空气混合而被雾化。雾滴粒径及分散度与空气喷射速度、料浆和气体的物理性质、气液比及雾化器结构等因素有关。

（3）旋转式雾化器。又称离心式雾化器。它是将有一定压力（较压力式的料浆压力低）的料浆，送到高速旋转的分散盘上，由于离心力的作用，液体拉成薄膜，并从盘的边缘抛出而形成雾滴。

目前，在喷雾干燥法烟气脱硫技术中，采用较多的是气流式雾化器及旋转式雾化器，而又以旋转式雾化器应用较多。

11. 旋转式雾化器的工作原理是怎样的？

旋转式雾化器的工作原理如图 1-10 所示，其核

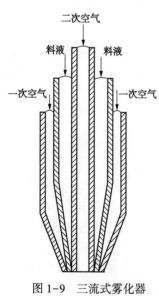

图 1-9　三流式雾化器

心部件是一个高速运转的圆盘。当吸
收用石灰料浆被送到高速运转的圆盘
上时，由于离心力的作用，料浆在盘
面上扩展为薄膜，并以不断增长的速
度向圆盘的边缘运动，离开边缘时，
料浆被分散为雾滴。在浆液量大、转
速高时，浆液的雾化主要靠浆液与空
气的摩擦来完成，这时称为速度雾化；
在浆液量少、转速低时，料浆的雾化
主要靠离心力的作用来形成，这时称

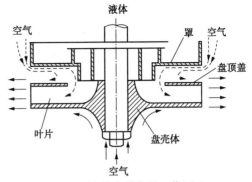

图 1-10　旋转式雾化器工作原理

作离心雾化。一般情况下，这两种雾化同时存在。在烟气脱硫时，大都采用高速
旋转分散盘大液量操作，石灰料浆的雾化以速度雾化为主。

　　旋转式雾化器产生的雾滴大小和粒径均匀性主要取决于盘的圆周速度和液膜厚
度，而液膜厚度与进料量有关。当进料量一定时，料浆雾化均匀性主要受下列因素
影响：（1）圆盘的转速越高越均匀，工业上操作速度一般为 7500~25000r/min；
（2）圆盘表面越平滑越均匀，也即液体通道平面要加工得很平滑；（3）圆盘转动
时振动越大越不均匀；（4）进料越稳定，料浆在各个通道上均匀分布，雾化也越均
匀；（5）盘的圆周速度小于 50m/s 时，得到的雾滴不均匀，当圆周速度大于
60m/s 时，就不会出现不均匀现象。通常操作时，盘的圆周速度为 90~150m/s。

　　旋转式雾化器的转盘根据结构不同可分为光滑盘和非光滑盘两种类型。光滑
盘是表面光滑的平面或锥面，有平板形、盘形、碗形和杯形，结构简单，适用于
得到较粗雾滴的悬浮液、高黏度溶液和膏状液的喷雾，生产能力较低；非光滑盘
有叶片形、沟槽形、喷嘴形等，由于可以防止液体沿其表面滑动，液膜的圆周速
度几乎等于盘的圆周速度，在生产能力大时，可以采用多排通道，所得雾滴粒径
比较均匀，雾滴密度较高，是常用的结构形式。

12. 怎样减少吸收塔内物料黏壁问题？

　　在喷雾干燥法烟气脱硫操作过程中，被干燥的物料黏附在吸收塔内壁上，称
其为黏壁现象。物料黏壁有半湿状物料黏壁和干粉表面黏附两种类型。其中，最
常见的是半湿状物料黏壁，是由于喷出的雾滴在达到表面干燥之前就和器壁接
触，从而黏附在塔壁上，黏壁位置通常是对着雾化器喷出的雾滴运动轨迹的平面
上。黏壁物料积累到一定厚度时，会以块状形式落入塔底产品中，影响产品质
量。黏壁严重时，会使喷雾干燥脱硫操作难以进行，而需停工清理。为减少或避
免操作时发生黏壁，可以从下述几个方面加以注意：

　　（1）吸收塔结构。压力式雾化器的雾化角较大，黏壁位置偏上，塔径小于

雾锥最大直径就会发生黏壁，因此塔径要留有一定余量；旋转式雾化器产生的雾滴运动是径向运动，为避免黏壁，吸收塔应短而粗，高径比 $H/D = 1.0 \sim 1.2$；气流式雾化器的雾化角较小（20°左右），喷射距离长，雾滴黏壁的部位较低。因此，吸收塔要有足够的高度。

（2）雾化器的结构、安装及操作。压力式雾化器加工圆度不好时，喷雾时产生的雾锥不对称，易发生黏壁。雾化器磨损而产生偏流时也会引起黏壁；旋转式雾化器的流体通道不平滑、进料速度不均匀以及操作时有振动都可能引起黏壁现象；气流式雾化器的气液通道的轴心不同心时，喷出的雾滴会形成不对称的圆锥形，会因偏流而发生黏壁。因此，不论哪种形式的雾化器，其加工精度、安装好坏对操作时的黏壁现象都会产生影响。

（3）烟气在塔内的运动状态。喷雾干燥法烟气脱硫时，热风在吸收塔内产生旋转运动，这种旋转运动增加了颗粒在塔内的停留时间，同时也产生黏壁的倾向。为了控制烟气在塔内的运动，达到既有利于干燥又减少黏壁发生的目的，在烟气进口段都要设置烟气分布装置。

由于干粉在塔内有限空间运动，黏壁现象不可避免，但这种黏壁不影响正常操作，用空气吹扫或轻微振动即可脱落。如果塔壁抛光，则不易发生黏附。

13. 在吸收塔内雾滴和烟气有哪些接触方式？

喷雾干燥法烟气脱硫用吸收塔由吸收塔筒体、烟气分配器和雾化器组成。操作时，由雾化器产生的雾滴与含硫烟气存在 3 种接触方式，即并流式、逆流式和混流式（图 1-11）。雾滴和烟气的接触方式不同，对液滴和颗粒的运动轨迹、塔内温度分布、颗粒在塔内停留时间及产物的质量都会产生较大影响。

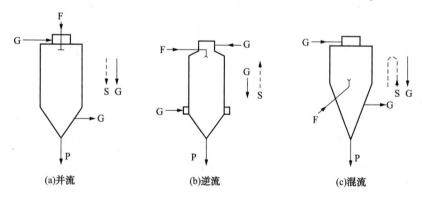

(a)并流　　　　　(b)逆流　　　　　(c)混流

图 1-11　吸收塔中物料与烟气的流动方向
F—石灰浆液；G—烟气；P—脱硫产物；S—雾滴

当雾滴与烟气呈并流接触时，最热的干燥烟气与水分含量最大的雾滴接触，因而水分快速蒸发，雾滴表面温度接近于空气的湿球温度，同时烟气温度也逐渐降低。由于水分蒸发很快，液滴会膨胀甚至破裂，因此并流操作时所得产物常为非球形的多孔性颗粒，松密度较低。

当雾滴与烟气呈逆流接触时，在塔顶喷出的雾滴与由塔底上升的较湿烟气相接触，因此干燥推动力较小，水分蒸发速度较并流式要慢，由于颗粒在塔内停留时间较长，有利于颗粒的干燥，热的利用率也高。

所谓混流系统，是既有逆流又有并流的运动，安装在塔底的喷嘴向上喷出雾滴，热烟气从塔顶部进入，于是雾滴先向上流动，达到一定高度后随烟气向下流动，因此，呈并流和逆流的混合形式。物料从底部排出，烟气则从底部的侧面排出。在喷雾干燥法烟气脱硫工艺中，一般采用并流和混流两种气液接触方式。

（二）循环流化床烟气脱硫技术

1. 什么是循环流化床烟气脱硫技术？有哪些主要工艺？

循环流化床烟气脱硫技术（CFB-FGD）是 20 世纪 80 年代德国鲁奇（Lurgi）公司开发的一种新型半干法烟气脱硫技术。此工艺以循环流化床原理为基础，如图 1-12 所示，通过吸收剂的多次循环，延长吸收剂与烟气的接触时间，一般可达 30min 以上，大大提高了吸收剂的利用率。它不但具有干法脱硫工艺的优点，如流程简单、占地少、投资小，不需要烟气再热系统，可去除重金属和 SO_3，副产品为干态可综合利用等，而且还能在很低的钙硫比（Ca/S = 1.2 ~ 1.5）条件下，达到湿法工艺的脱硫率（93% ~ 97%）。

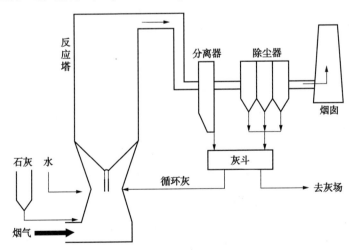

图 1-12 典型循环流化床烟气脱硫工艺流程

目前，循环流化床烟气脱硫工艺已达到工业化应用的主要有以下几种工艺：（1）德国 LLB 公司开发的循环流化床烟气脱硫工艺，简称 CFB，由上海龙净环保工程公司引进；（2）德国 Wulff 公司的回流式循环流化床烟气脱硫工艺，简称 RCFB，由武汉凯迪工程股份有限公司引进；（3）丹麦 F. L. Smith 公司开发的气体悬浮吸收烟气脱硫工艺，简称 GSA，由国电龙源环保公司引进；（4）由 ABB 公司开发的增湿灰循环脱硫技术。

2. 循环流化床反应塔内进行的主要化学反应有哪些？

循环流化床反应塔（吸收塔）内进行的化学反应十分复杂，增湿的烟气与喷入的吸收剂（消石灰）强烈混合，烟气中大量的 SO_2 和极少量的 SO_3 与 $Ca(OH)_2$ 反应生成亚硫酸钙和硫酸钙，部分亚硫酸钙与烟气的过剩氧生成硫酸钙。一般认为，石灰、工艺水和烟气同时加入流化床后，会发生以下化学反应。

生石灰与雾化液滴结合产生消化反应：

$$CaO+H_2O \longrightarrow Ca(OH)_2$$

SO_2 被液滴吸收时产生的化学反应：

$$SO_2+H_2O \longrightarrow H_2SO_3$$

$Ca(OH)_2$ 与 H_2SO_3 的反应：

$$Ca(OH)_2+H_2SO_3 \longrightarrow CaSO_3 \cdot H_2O+H_2O$$

部分 $CaSO_3 \cdot H_2O$ 被烟气中的 O_2 氧化：

$$CaSO_3 \cdot H_2O+\frac{1}{2}O_2+H_2O \longrightarrow CaSO_4 \cdot 2H_2O$$

烟气中的 HCl、HF、CO_2 等酸性气体同时也被 $Ca(OH)_2$ 脱除：

$$Ca(OH)_2+2HCl \longrightarrow CaCl_2+2H_2O$$
$$Ca(OH)_2+2HF \longrightarrow CaF_2+2H_2O$$
$$Ca(OH)_2+CO_2 \longrightarrow CaCO_3+H_2O$$

根据双膜理论，循环流化床反应塔中进行的是气—液—固三相反应，其反应速率由下述步骤所决定：（1）气相主体中的 SO_2 扩散到气膜表面；（2）SO_2 通过分子扩散穿过气膜到达两相界面；（3）在界面上 SO_2 从气相溶入液相；（4）液相 SO_2 依靠分子扩散从两相界面通过液膜；（5）液相 SO_2 从液膜边界扩散到液相主体；（6）$Ca(OH)_2$ 固体扩散到液相主体中；（7）$Ca(OH)_2$ 颗粒在液相中溶解；（8）液相主体中的 SO_2 和 $Ca(OH)_2$ 发生中和反应。

3. 循环流化床烟气脱硫技术有哪些特点？

德国鲁奇公司是最早将循环流化床引入烟气净化和脱硫领域的公司。循环流化床烟气脱硫系统主要由吸收剂制备、反应塔、吸收剂再循环和静电除尘器等组成。由锅炉排出的未经或经除尘后的烟气从反应塔下部进入，反应塔下部为一文丘里管，烟气在喉管得到加速，在渐扩段与加入的干消石灰粉和喷入的雾化水剧烈混合，形成流化床。$Ca(OH)_2$ 与烟气中的 SO_2、SO_3、HCl 和 HF 等气体发生反应，生成 $CaSO_4$、$CaSO_3$、$CaCl_2$ 和 CaF_2 等混合物。被吸收后的烟气携带灰尘从反应塔顶部排出，进入下游的除尘器，烟气在此得到进一步净化，然后由设置在除尘器下部的引风机把洁净烟气导入烟囱排放，在除尘器中被收集的小部分灰通过气力输送系统排出，而大量的脱硫产物和飞灰混合物通过物料循环系统再送回反应塔底部，继续参加反应，以提高吸收剂的利用率和脱硫效率。由于大部分颗粒被多次循环，因此固体物料的累积滞留时间很长，可达到 30min 以上，石灰利用率可达 99%。除尘后的烟气温度为 70~75℃，可直接从烟囱排放。该工艺具有以下特点：

（1）新鲜石灰与循环床料混合进入反应塔，依靠烟气悬浮，混合状态好，使塔内水分迅速蒸发，并且可脱除几乎全部的 SO_3。烟气温度高于烟点 15~20℃，故无须防腐，不产生腐蚀。

（2）反应塔内烟气流速为 1.83~6.1m/s，烟气在反应器内停留时间约 3s，可以适应锅炉任何负荷的变化。在煤的含硫量增加或要提高脱硫效率时，无须增加脱硫设备，仅需调整钙硫比就可以了。

（3）脱硫效率高（可达 90% 以上），运行费用低，容易选择最佳的操作气流速率，固体颗粒在反应塔内停留时间长，保证达到较高的脱硫率。

（4）反应塔内为空塔，无运动部件，磨损少，使用寿命长。因脱硫剂为干态，床温只取决于喷水量多少，不受进口烟气中 SO_2 浓度制约，负荷适应性好。

（5）副产物流动性好、排放量少，易于处理。

4. 什么是回流式循环流化床烟气脱硫技术？有什么特点？

回流式循环流化床烟气脱硫技术（RCFB）是 Wulff 公司在鲁奇技术的基础上发展起来的一种烟气脱硫技术。与鲁奇公司相比，RCFB 工艺主要在反应塔的流场设计和塔顶结构上做了较大改进，在反应塔上部出口区域布置了独特的回流板，烟气和吸收剂颗粒在反应塔中向上运动的同时，约有 30% 烟气及固体颗粒从塔顶向下回流，形成很强的内部湍流，从而增加了烟气与吸收剂的接触时间，内部循环再加上外部再循环，使脱硫过程得到极大的改善，提高了吸收剂的利用率和脱硫效率。与循环流化床烟气脱硫技术相同，吸收剂消石灰的来源同样有两种方式：采购成品消石灰粉和现场制备消石灰粉，该技术主要特点如下：

（1）脱硫率高，对 SO_3 的去除率高达 99% 以上，脱硫后的 SO_2 量少。

（2）由于控制烟气温度比露点高出 20℃ 以上，不会由于烟囱排湿烟造成湿污染，也不会使风机、除尘器及烟道造成腐蚀。

（3）与常规的循环流化床及喷雾吸收塔脱硫技术相比，石灰耗量有极大降低。

（4）投资与运行费用较低，约为石灰—石膏工艺技术的 60%；占地面积小，适合新老机组，特别是中、小机组烟气脱硫的改造。

（5）操作简单、维护费用低、设备可用率高，运行灵活性强，可适用于不同SO_2含量（烟气）及负荷变化的要求。

5. 什么是气体悬浮吸收烟气脱硫技术？有什么特点？

气体悬浮吸收烟气脱硫技术（GSA）是丹麦 L. F. Smith 公司开发的一种简单高效的半干法烟气脱硫工艺，其工作原理和鲁奇公司和 Wulff 公司的工艺十分类似，不同之处在于 GSA 工艺所用脱硫剂不是干消化石灰，而是石灰浆。该工艺主要由圆柱形反应塔（吸收塔）、用于分离床料循环使用的旋风分离器及石灰浆制备系统（包括喷浆用喷嘴）组成。

由 CaO 制成的石灰浆液在反应塔底部的一个喷嘴喷入，从锅炉来的含硫烟气也从反应塔底部引入。烟气在塔内与水、石灰和循环利用的脱硫剂产品充分接触，石灰浆在干燥过程中与烟气中的 SO_2 及其他酸性气体进行中和反应而被吸收。脱硫后的烟气通过除尘器除去粉尘和灰粒后通过烟囱排入大气。含有脱硫产物的颗粒、残留石灰和飞灰的混合物经旋风分离器分离后，部分混合物作为副产品进入中间仓，返回至反应塔。其中，未反应完全的石灰继续与烟气中的酸性物质反应，最大限度地提高脱硫剂的利用率，喷射的石灰浆与脱硫副产品、飞灰一起在旋风分离器和反应塔间循环，使得新鲜石灰浆与烟气具有较大的接触表面。其中，约99%的床料送回反应塔中循环，而只有约1%的床料作为脱硫灰渣排出系统。该工艺的主要特点如下：

（1）石灰浆液通过低压二流式喷嘴喷出，SO_2 在悬浮的湿表面上有较高的传热、传质效果。烟气中的 SO_2 与浆液表面的 $Ca(OH)_2$ 反应生成亚硫酸钙。

（2）反应塔能承受高浓度的再循环物料。塔的高度提供了适当的反应时间和水分蒸发吸热时间。由于高浓度干燥循环物料的强烈紊流作用和适当的温度，反应塔内表面保持清洁无沉积物。

（3）正常情况下，石灰在系统中大约可循环100次，因此石灰耗量很少。钙硫比为1.2。

（4）反应塔内部和旋风分离器内部均无运动部件，因此运行维护费用低。

6. 增湿灰循环脱硫技术有哪些主要特点？

增湿灰循环烟气脱硫技术（NID）是 ABB 公司在其完成120多套干法及半干法脱硫装置工程的基础上发展而成的新一代烟气脱硫工艺。其原理是利用生石灰（CaO）作为吸收剂来吸收烟气中的 SO_2 和其他酸性气体。要求 CaO 平均粒径不大于1mm，并在一个专门的消化器中消化成 $Ca(OH)_2$。然后，与布袋除尘器和电除尘器除去的大量循环灰一起进入混合增湿器，在此加水增湿使混合灰的水含量从2%增加到5%，之后将含钙循环灰导入烟道反应器。大量脱硫循环灰进入反应器后，由于有极大的蒸发表面，水分快速蒸发，并在短时间内使烟气温度从

140℃左右降至 70℃左右，烟气相对湿度则很快增加到 40%~50%。这种工况不仅有利于 SO_2 气体溶解并离子化，还可使脱硫剂表面的液膜变薄，减少了 SO_2 分子在气膜中的扩散阻力，加速 SO_2 的传质扩散。

由于有大量循环灰，未反应的 $Ca(OH)_2$ 可进一步参与循环脱硫，因此反应器中 $Ca(OH)_2$ 浓度较高，有效钙硫比很大。由于脱硫剂是不断循环的，脱硫剂的利用率可达到 95%，洁净后的烟气温度在露点 20℃以上，无须再加热，经引风机排入烟囱。与传统的喷雾干燥法或循环流化床脱硫工艺相比，该工艺具有以下特点：

（1）取消了喷浆和制浆系统，实行 CaO 的消化和循环增湿一体化操作，不仅克服了单独消化时出现的漏风、堵管等问题，而且能利用消化时产生的蒸汽，增加烟气相对湿度，有利于脱硫。

（2）实行脱灰多次循环，循环倍率可达到 100 以上，使脱硫剂利用率提高到 95%。

（3）脱硫率高，用纯度 90% 以上的 CaO 作脱硫剂时，当钙硫比为 1.1 时，脱硫率大于 80%，钙硫比为 1.2~1.3 时，脱硫率大于 80%。

（4）含 5% 水分的循环灰有极好的流性，可克服传统的干法或半干法循环流化床烟气脱硫工艺在反应塔内可能出现的黏壁问题。

（5）由于烟气温度降低及湿度增加，对提高脱硫率十分有利。

7. 影响循环流化床烟气脱硫的主要因素有哪些？

循环流化床烟气脱硫工艺是以循环流化床原理为基础，一般反应塔（脱硫塔）内不设任何附件，而是通过脱硫剂（吸收剂）的多次循环，延长脱硫剂与烟气接触时间，大大提高了吸收剂的利用率和脱硫效率。操作时，影响脱硫效率的主要因素有：

（1）床层温度的影响。一般情况下，床层温度升高有助于提高反应速率，而在循环流化床烟气脱硫工艺中，其脱硫效率则取决于绝热饱和温差 ΔT（脱硫塔出口烟气温度与相同状态下的烟气绝热饱和温度之差）。与一般直觉相反的是，ΔT 越小（也即烟气温度越低），脱硫效率越高。这是由于 ΔT 在很大程度上决定了浆液滴的蒸发干燥特性和脱硫反应特性。ΔT 降低时，使浆滴液相蒸发变缓，SO_2 与吸收剂的反应时间增长，从而使脱硫反应过程更充分。但 ΔT 过低又会引起烟气结露，造成反应塔腐蚀，提高运行维护费，一般 ΔT 控制在 15~20℃之间。

（2）钙硫比的影响。脱硫效率一般随钙硫比的增加而增大，但当钙硫比增到一定值时，脱硫效率会趋于平缓，脱硫剂使用效率下降。由于循环流化床中固体颗粒多次循环，脱硫塔内实际的钙硫比远大于进料的钙硫比，从而使脱硫装置在较低的钙硫比条件下，维持较高的脱硫率。

（3）脱硫剂粒度的影响。循环流化床所用脱硫剂可以是消石灰或生石灰粉。

使用消石灰时，多喷入浆液；用生石灰则大多是喷入干粉。对于生石灰粉，其比表面积和反应活性会直接影响装置的脱硫效率和钙硫比。一般要求CaO含量大于80%，粒度小于2mm。

（4）固体颗粒物浓度的影响。循环流化床脱硫率较高的原因之一是在反应塔中存在飞灰、粉尘和石灰的高浓度接触反应区，其浓度可达$0.5\sim2kg/m^3$，相当于一般反应器的$50\sim100$倍。随着床内固体颗粒物浓度逐渐升高，脱硫率也随之升高。这主要由于塔内强烈的湍流状态和较高的颗粒循环倍率增加了接触面积，颗粒之间的碰撞使得反应产物亚硫酸钙不断磨损脱落，从而避免脱硫剂表面被堵塞而活性下降。

8. 半干法烟气脱硫灰的主要理化特性是什么？脱硫灰怎样利用？

半干法烟气脱硫灰渣是一种干态的粉状混合物，平均粒径$30\mu m$或更细，粒径分布与普通飞灰相近。主要成分为由飞质、石灰粉和脱硫反应产生的$CaSO_3$、$CaSO_4$、$CaCO_3$等钙基化合物，以及未反应完全的吸收剂CaO和$Ca(OH)_2$等组成。$CaSO_3$和$CaSO_4$的比例为$(2\sim3):1$，而$CaCl_2$则以复盐$[CaCl_2 \cdot Ca(OH)_2] \cdot nH_2O$的形式存在，其吸湿性小于$CaCl_2 \cdot nH_2O$。$CaSO_3$作为半水化合物$CaSO_3 \cdot \frac{1}{2}H_2O$的形式存在，在与空气和湿气接触时，会转变为$CaSO_3 \cdot H_2O$。在$380\sim410℃$时释放出结晶水，温度超过$600℃$时又分解为CaO和$SO_2$。$CaSO_3$和$CaSO_4$都是化学性质较稳定的无毒物质，对环境不造成危害。根据产生脱硫渣的介质，如煤、石灰和水的品质不同，以及脱硫率和除尘效率的不同，脱硫灰还含有大量的Si、Al、Fe、Mg、Mo、Ni、Na等氧化物。

脱硫灰碱性值较高，其中重金属的溶出性比普通粉煤灰要低，其急性毒性与一般粉煤灰接近。

目前，脱硫灰处理方法可以分为抛弃法和综合利用法。抛弃法主要用于峡谷回填、山边回填、矿坑回填和覆盖层回填等；综合利用法可以分为常温利用法和高温利用法。常温利用法有筑路，筑堤岸，改良酸性土壤，用作路基、垃圾填埋场防渗层及修复采石场景观的材料等；高温利用方法有生产烧结砖、烧结水泥、无水石膏等。

七、干法烟气脱硫技术

（一）炉内喷钙烟气脱硫技术

1. 炉内喷钙烟气脱硫技术的主要工艺过程是什么？

炉内喷钙技术的主要原理是将干的吸收剂直接喷入锅炉炉膛内的气流中，使

其与烟气中的 SO_2 发生反应。该工艺主要分为两步。第一步为炉内喷钙过程，也即把干吸收剂直接喷到炉膛的气流中，所用的吸收剂有石灰石粉（$CaCO_3$）、消石灰 [$Ca(OH)_2$] 及白云石粉（$CaCO_3 \cdot MgCO_3$）。喷入的吸收剂被炉膛内的高热燃烧形成具有活性 CaO 的粒子。这些粒子的表面与烟气中的 SO_2 经气固相反应生成亚硫酸钙和硫酸钙；第二步为烟气除尘，即用静电除尘器或布袋除尘器等除尘设备将第一步产生的反应产物和飞灰与烟气分离。所得反应产物及飞灰可进一步综合利用。显然，SO_2 的脱除过程从第一步持续到第二步，对于布袋过滤器尤其是这样。石灰石在最佳运行工况下喷入锅炉炉膛中，当钙硫比为 2~3 时，脱硫率可达 50% 左右，与其他烟气脱硫技术相比，脱硫率和石灰石的利用率都较低。

为了提高炉内喷钙系统的 SO_2 脱硫率，在低投资情况下，可以通过加装一些设施提高炉内喷钙的 SO_2 脱除率，最简单的方法是在除尘器之前向烟道内喷水，可使脱硫率提高 10%；反应产物再循环也是提高脱硫率和石灰石利用率的有效方法之一，经过多次循环，脱硫率可达 70%~90%。

2. 炉内喷钙烟气脱硫的主要化学过程是什么？

炉内喷钙烟气脱硫是一个复杂的反应过程，它包括 SO_2 气体向脱硫剂（吸收剂）表面的扩散过程，SO_2 气体通过固体颗粒的内孔进行扩散的过程，SO_2 气体在固体颗粒内孔表面上进行的物理吸附过程，SO_2 气体与 CaO 的化学反应过程等。上述这些化学过程都与温度密切相关。脱硫过程的主要化学反应如下。

第一阶段主要为吸收剂的煅烧裂解，喷射到炉膛上方的石灰石或熟石灰在 900~1250℃的高温下受热分解生成 CaO：

$$CaCO_3 \xrightarrow{\triangle} CaO + CO_2$$

$$Ca(OH)_2 \xrightarrow{\triangle} CaO + H_2O$$

如采用白云石作吸收剂时，高温煅烧产物主要为 $CaO \cdot MgO$。

第二阶段为生成的 CaO 硫酸盐化和 SO_2 氧化。

（1）在 700℃及有氧环境下，锅炉烟气中的部分 SO_2 和全部 SO_3 会与 CaO 反应生成硫酸钙：

$$CaO + SO_2 + O_2 \longrightarrow CaSO_4$$

$$CaO + SO_3 \longrightarrow CaSO_4$$

由于 MgO 不会发生硫酸盐化反应，因此，采用白云石吸收剂时，炉内喷钙脱硫反应的主要反应产物为 $CaSO_4 \cdot MgO$。

（2）在较低的温度下，上述反应过程还会伴随生成 $CaSO_3$：

$$CaO + SO_2 \longrightarrow CaSO_3$$

由于 $CaSO_3$ 的生成，还会发生下述歧化反应：

$$CaSO_3 \longrightarrow CaO+SO_2$$

$$2CaSO_3 \longrightarrow CaSO_4+CaS+O_2$$

当温度低于 $CaCO_3$ 的分解温度时，SO_2 会直接与 $CaCO_3$ 反应：

$$CaCO_3+SO_2+\frac{1}{2}O_2 \longrightarrow CaSO_4+CO_2$$

如果煤中含有卤族元素，也会发生如下反应：

$$CaO+2HCl \longrightarrow CaCl_2+H_2O$$

$$CaO+2HF \longrightarrow CaF_2+H_2O$$

3. 影响脱硫率的主要因素有哪些？

炉内喷钙烟气脱硫法的主要原理是将干的吸收剂直接喷入锅炉炉膛的气流中，这种干粉脱硫是一个复杂的高温、短时的多相反应过程，影响过程脱硫率的因素主要有以下一些：

（1）吸收剂种类的影响。炉内喷钙所用的吸收剂可以分为钙基和钠基化合物或氢氧化物的碳酸盐，常用的有磨细的石灰石、消石灰、白云石、碳酸氢钠及碳酸钠等。白云石中的镁在化学反应中基本上是惰性的。氢氧化物的反应活性比碳酸盐高，但氢氧化物的价格高于碳酸化合物。选择吸收剂的基本要求是：①吸收剂的活性；②吸收剂成本；③锅炉和除尘器允许的物料负荷；④废弃场及积灰的影响等。根据某些试验结果，在钙硫比为 2.0 且不增湿的条件下，土石灰的脱硫率为 53%~61%，方解石灰为 51%~58%，白云石灰为 45%~52%。

（2）吸收剂颗粒尺寸及 CaO 微观结构的影响。吸收剂石灰石的颗粒越小，其单位质量的表面积越大，脱硫效果越好；CaO 微观结构的主要影响是比表面积、孔隙率和孔径分布。CaO 的比表面积越大，可以促进脱硫反应；孔隙率及孔径分布与煅烧条件有关。在硫酸盐化反应过程中，由于脱硫产物 $CaSO_4$ 摩尔体积是 CaO 的 2.72 倍，因此，$CaSO_4$ 常会导致孔的堵塞。

（3）钙硫比的影响。钙硫比是喷射吸收剂的量与初始硫的量之比，钙硫比增大，脱 SO_2 能力增强。但高钙硫比会使锅炉固体载荷和废物处理量增大。因此，过高的钙硫比不可取，工业上常采用的钙硫比是 2.0。

（4）烟气 SO_2 浓度的影响。一般认为，脱硫反应速率随初始 SO_2 浓度增加而增加，但实际受多种因素影响，初始 SO_2 浓度对脱硫率的影响较为复杂。

（5）反应温度与停留时间的影响。炉内喷钙技术的石灰石反应最佳温度范围为 950~1150℃（燃烧区和炉膛上部）。吸收剂在有效温度区的停留时间在 0.4~1.5s 之间变化。一般认为，在一定温度和钙硫比下，SO_2 脱除率随停留时间增加而增加。

（6）反应后的吸收剂再循环的影响。由于反应后的吸收剂中含有活性的 CaO，因此反应后的吸收剂经过或不经过调质进入锅炉或烟道进行再循环，可显著提高脱硫率。有些研究结果表明，脱硫率可高达 90%~95%。

（7）增湿的影响。一些炉内喷钙技术使用烟气增湿系统。增湿系统的投资相对较少，但可提高烟气总脱硫率。

（8）吸收剂喷入方式的影响。吸收剂喷入位置有：①预先与煤混合；②通过辅助空气喷入；③通过热空气喷口喷入。后者有最好的脱硫率。

4. 炉内喷钙对锅炉运行性能有哪些影响？

（1）对锅炉净效率的影响。锅炉净效率是衡量锅炉经济性能的重要指标。炉内喷钙脱硫对锅炉净效率的影响主要有：①石灰石煅烧吸热与固硫反应放热两者之间的净能损失；②石灰石粉输送喷射造成过剩空气量；③灰渣的物理显热损失；④石灰石粉输送过程的辅助动能消耗以及制粉系统能耗。如以高硫煤作燃料的锅炉，采用石灰石作吸收剂时，因石灰石分解所造成的热净能损失，可使锅炉效率下降 1%~2%；由于喷钙脱硫时，需要过剩地输送空气量，因而要维持相同过量空气，则经过空气预热器的风量要减少，导致排烟温度升高，也会使锅炉效率下降。此外，喷钙脱硫时，灰含量随钙硫比的增加而增加，灰渣的显热损失也随之增大。因此，喷钙脱硫时会使锅炉的净效率有所降低。

（2）对传热的影响。石灰石经高温喷入炉膛后，会因热应力作用而爆裂，使炉膛中的亚微米级粒子增多。由于石灰石的光学特性与煤粒子不尽相同，对辐射传热的影响很大。增加的灰负荷以及灰的化学性质的改变会影响对流面的传热。

（3）对锅炉结渣的影响。由于石灰石在炉膛的后火焰区域喷入，该区域温度已降到 1100℃左右，因此对炉膛内的结渣性能影响不大。

此外，采用炉内喷钙脱硫操作时，会加重对流受热面的积灰和磨损，导致电除尘器效率下降等，但通过尾部增湿操作可以降低灰尘比电阻，提高除尘效率。

（二）炉内喷钙尾部烟气增湿活化脱硫技术

1. 什么是炉内喷钙尾部烟气增湿活化脱硫技术？

炉内喷钙尾部烟气增湿活化脱硫工艺简称 LIFAC，是一种改进的炉内喷钙工艺，其核心是把炉内喷钙脱硫工艺中简单的烟道增湿过程改造成气—固—液三相接触的增湿活化反应塔，延长了脱硫剂与烟气的接触时间，并改善了反应条件，同时采用脱硫灰的再循环技术，提高了脱硫剂的利用率。

炉内喷钙尾部烟气增湿活化脱硫工艺，总体上分两个阶段进行，即炉内喷钙和炉后增湿活化。

第一阶段为炉内喷钙，将磨细的石灰石细粉用气力喷射到炉膛上部温度为800~1200℃的区域，$CaCO_3$ 受热分解成 CaO 和 CO_2，其中部分 CaO 与锅炉烟气中一部分 SO_2 和几乎全部 SO_3 反应生成 $CaSO_4$，未反应的 CaO 与飞灰随烟气（包括未被吸收的 SO_2）一起排到锅炉下游，这一阶段的脱硫率达 25%~35%。

第二阶段为炉后增湿活化。烟气进入炉后一个专门设计的活化反应塔中喷水增湿，在反应塔的烟气中未反应的 CaO 与水反应生成在低温下有较高活性的 $Ca(OH)_2$。烟气中剩余的 SO_2 与 $Ca(OH)_2$ 反应生成 $CaSO_3$，接着部分被氧化成 $CaSO_4$。烟气经过增湿活化，可使系统的总脱硫率达到 75% 以上。其主要反应如下：

$$CaO+H_2O \longrightarrow Ca(OH)_2$$
$$Ca(OH)_2+SO_2 \longrightarrow CaSO_3+H_2O$$
$$CaSO_3+\frac{1}{2}O_2 \longrightarrow CaSO_4$$

显然，这一阶段的反应主要为含湿 $Ca(OH)_2$ 颗粒和 SO_2 的反应。

除上述两个反应阶段外，还有灰浆或干灰再循环过程，即将电除尘器捕集的部分物料加水制成灰浆喷入活化反应塔增湿活化，可以使系统总脱硫率提高到 85%。

2. 炉内喷钙尾部烟气增湿活化脱硫技术的主要特点有哪些？

炉内喷钙尾部烟气增湿活化脱硫技术工艺（LIFAC）流程简单，用较低的投资就可达到中等脱硫效果，因而在老锅炉的脱硫改造等工程项目中受到重视。在实际运行中，其主要特点如下：

（1）LIFAC 工艺简单，设备和运行费用较低，脱硫效率较高。在钙硫比合适的情况下，采用干灰再循环和灰浆再循环系统，其脱硫率可达 75% 以上。

（2）与湿法烟气脱硫工艺相比，LIFAC 工艺耗水少，电能消耗低。

（3）设备占地面积小，施工改造容易，适合于现有中小型电厂的脱硫改造以及受场地条件限制的新电厂的脱硫系统的安装。

（4）反应产物呈干粉态，没有泥浆或污水排放，不造成二次污染，且反应产物可以作为建筑和筑路材料。

（5）石灰石的颗粒度、钙硫比及石灰石喷射位置等对脱硫效率有较大影响。

3. 影响脱硫率的主要因素有哪些？

（1）吸收剂种类的影响。吸收剂种类对 LIFAC 工艺的影响与炉内喷钙烟气脱硫工艺基本相同。

（2）钙硫比的影响。钙硫比对脱硫率有很大影响。一般而言，脱硫率随着石灰石用量的增加而提高。但过高的钙硫比会增加石灰的消耗量及运行成本，并使锅炉负荷及烟气的飞灰增加，因此，钙硫比存在一个最佳值，在 LIFAC 脱硫工艺中，钙硫比一般取 2~3。

（3）石灰石粒径的影响。在钙硫比相同的情况下，石灰石纯度越高、颗粒粒径越小，脱硫率越高。如钙硫为 2.0 时，80%通过 40μm 的脱硫率约为 20%，而 100%通过小于 40μm 的脱硫率约为 26%，这是因为粒径越小，比表面积越大，也就有利于 CaO 和 SO_2 反应的进行。

（4）排烟温度的影响。排烟温度，也即活化反应塔进口烟气温度越高，在增湿活化反应塔中烟气的含水量就会得到相应提高，也就相应提高了脱硫剂的活化程度，从而使其与 SO_2 反应的机会增加，脱硫率提高。

（5）活化反应塔出口烟温的影响。活化反应塔出口烟气温度，也即活化反应塔的运行温度和烟气的露点越接近时，活化反应塔脱硫率越高。考虑到湿壁腐蚀等问题，塔的运行温度不能太接近水的露点，实际运行中，活化反应塔的运行温度一般高于露点 10℃左右。

（6）增湿水量的影响。活化反应塔的烟气进口温度一般为 130~150℃，向反应塔喷水会降低烟气温度。反应塔内的脱硫反应要求烟气温度越接近露点越好，但不应引起反应塔壁结露，因此喷水量应控制在使反应塔出口处的烟温略高于露点。实际上，喷水量与煤的含硫量、钙硫比、烟气进口温度及当时烟气的露点等参数有关。而且增湿雾化水滴颗粒的大小对脱硫率也有影响，其最佳粒径为 100μm 左右。

（7）干灰再循环比的影响，将电除尘器所收集的飞灰，包括在活化反应塔中未反应的 CaO 和 $Ca(OH)_2$，再循环送回活化反应塔的操作，称为干灰再循环。干灰再循环可提高钙的利用率及脱硫率。与干灰不循环相比，干灰再循环脱硫率可提高 10%左右。

4. 炉内喷钙尾部增湿活化脱硫灰的组成及性质如何？

炉内喷钙尾部增湿活化脱硫灰的组成主要有两部分：一部分是煤粉燃烧后产生的飞灰（粉煤灰）等；另一部分是脱硫后的产物，主要包括脱硫反应产物（如 $CaSO_3$、$CaSO_4$ 等）及未消耗掉的脱硫剂 [如 CaO、$Ca(OH)_2$、$CaCO_3$ 等]。一般飞灰占总量的 2/3 以上。

因此，脱硫灰的主要组成为钙基化合物，其中飞灰占大部分，其余为主要脱硫产物，未反应的脱硫剂较少。由于钙的含量很高，其 pH 值在 11.0~12.6 之间。加水时能稳定化，产物有自硬性。

脱硫灰外观为干燥的细颗粒粉末，粒径大约为 10μm 或者更细，其粒径分布与普通飞灰大致相同，这主要取决于喷射石灰石粉的粒度。由于石灰石粉的喷入，增加了脱硫副产品水溶性组分的含量，并提高了灰分的熔融温度，它的真密度为 2.6~2.7kg/L，堆积密度为 0.8~1.0kg/L。如果加入水，则可以被压实。如加入 21%~26% 水的脱硫灰，压实密度可高达 1.35~1.40kg/L。当脱硫副产品被压实时，它的水渗透率为 10^{-8}~10^{-7}，并且物料的抗压强度在 2~8 天内可达到 2~4MPa，在 11 天内达到 4~10MPa，在一年内可达到 4~25MPa。

由于脱硫副产品具有高钙性，其浸出液呈强碱性，并随着时间的延长而逐步降低。在浸出初始阶段主要是可溶性盐，如 Ca、Na、K、Cl 和硫酸盐等，与通常飞灰相比，重金属溶出很少，其毒性大致与通常飞灰相似。

5. 炉内喷钙尾部增湿活化脱硫灰的利用途径有哪些？

根据脱硫灰的特性，可从以下几个方面进行综合利用：

（1）用作混凝土掺合料。脱硫灰含钙量很高，可用其来替代部分水泥用作混凝土掺合料，其使用性能优于普通粉煤灰，至于替代水泥的量，应根据具体应用场合，通过测定其抗压强度、抗折强度以及凝结时间来确定。

（2）用作水泥中的混合料。脱硫灰中的黏土质，可用来替代水泥中部分黏土和其他硅酸盐基材料，生产水泥熟料。但由于脱硫灰中含有一定量的 SO_2，因此对脱硫灰的掺量有一定的限量。

（3）用作路基材料。脱硫灰可替代粉煤灰用作石灰碎石路基材料。但也要考虑其所含的 SO_2 是否会对环境及地下水产生不良影响。

（4）制作人造砾石。人造砾石可用于结构填充，替代混凝土中的砾石，是一种相对简单的人造成型物。在脱硫灰中加入约 1/4 的水后，经成型机成型、干燥后即为人造砾石。这一加工过程能使脱硫灰中的一些可能影响环境的成分得到固化。

（5）用于土壤稳定。脱硫灰中的大量石灰可用来稳定塑性黏土质，而且不会像普通石灰那样会延缓稳定土强度的发展。由于土壤成分波动很大，脱硫灰与土的最佳配比应试验后确定，同时也要考虑所含 SO_2 对环境的影响问题。

（6）其他用途。脱硫灰还可用于制作混凝土砖、生产矿棉等。脱硫灰中掺入少量氧化铝粉、沙、石灰石及适量的水，在 35~38℃ 下蒸养成型可制作轻质建材。

（三）管道喷射烟气脱硫技术

1. 管道喷射烟气脱硫技术主要有哪些方式？

管道喷射脱硫工艺是在锅炉尾部的空气预热器和静电除尘器或布袋除尘器之间的烟气管道上喷入吸收剂，使吸收剂与烟气中的 SO_2 反应而达到脱硫的过程。常用管道喷射方式有：（1）喷干消石灰吸收剂，并增湿；（2）喷干钠基吸收剂，不增湿；（3）喷石灰浆或管内洗涤，不设单独的增湿系统。喷水增湿的目的有两个：一是增强吸收剂活性，提高脱硫率；二是调节粉尘的特性，以保持电除尘器的性能。

管道喷射工艺具有低投资、低能耗、占地面积小、安装简单及无废水排放等特点。同时也存在以下缺点：（1）由于飞灰中含有未反应的石灰，导致飞灰在加湿后硬化，增加了灰处理难度；（2）管壁沾污的可能性增加；（3）脱硫率不太高，期望的脱硫率为50%～70%，但通过喷射技术的发展，该工艺逐渐成熟，有的已可达到70%～95%的脱硫率。

2. 管道喷射烟气脱硫技术有哪些管道喷射方法？

管道喷射原理很简单，为了提高脱硫率及运行可靠性，开发出了多种类型的管道喷射方法，比较典型的有以下几种：

（1）E-SO$_x$工艺。这种工艺是将喷石灰浆的系统直接安装在静电除尘器之前，或安装在将所移去所空出的空间。石灰浆随烟气同时喷入，SO$_2$与Ca(OH)$_2$反应而后去除。这种配置可使吸收剂停留时间很短。

（2）ADVACATE工艺。该工艺高温下使石灰和飞灰在水中反应，使生成的水合硅酸钙作为吸附剂，将这种浆状吸附剂注入静电除尘器上部的烟道气中与SO$_2$发生反应。水合硅酸钙的比表面积一般大于$20m^2/g$，它的表面结构使其在含水分大于35%时仍像干物料那样能自由流动。与仅用石灰相比，由于其高比表面积及高持水特性使其极易与SO$_2$反应，成为干法烟气脱硫工艺中性能远优于消石灰的吸收剂。试验表明，当钙硫比为1.47时，SO$_2$去除率可高达89%。

（3）限制区分散工艺。该工艺是在烟道中间形成一个浆液滴湿润区，液滴被限制在湿润区和烟道壁之间的热烟气中。从喷射点开始，沿下游捕集反应产物和烟道气带走的飞灰。该工艺示范装置中，当烟道气温度为149～154℃、钙硫比为2～2.5时，SO$_2$的去除率为50%。

（4）冷凝吸附注入工艺。该工艺是向空气预热器的烟道气下游注入干的热石灰，然后用水喷雾加湿烟道气。由于烟道气湿度较高促进了吸收剂的效力，从而提高了脱硫率。该工艺的关键点是在空气预热器安装气液接触装置，使烟道气与水饱和，并去除掉更多飞灰。吸收剂在接触装置的下游注入高湿度烟道气中，在接近饱和点时，即使没有溶液滴，熟石灰也能十分有效地与SO$_2$反应，在烟道中将SO$_2$去除。在钙硫比为2的条件下，脱硫率可达70%。

3. 管道喷射烟气脱硫的基本原理是什么？

管道喷射烟气脱硫工艺所用的吸收剂有钙基和钠基两种类型。钙基吸收剂如CaO，其化学反应过程与炉内喷钙烟气脱硫技术相同。

采用钠基吸收剂，如 $NaHCO_3$ 时，当 $NaHCO_3$ 喷入管道后因受热分解生成 Na_2CO_3，Na_2CO_3 与烟气中的 SO_2 反应生成 $NaHSO_3$ 和 Na_2SO_3。在反应过程中由于孔的堵塞，会阻碍 SO_2 扩散，使吸收反应速率减慢。为了能使反应持续进行，吸收剂颗粒必须进一步分解，使放出的 CO_2 在颗粒内形成网状孔隙。这个过程可使吸收剂的比表面积比原先增大 5~20 倍，从而使 SO_2 可以扩散到颗粒内部进行反应，其主要反应如下：

$$2NaHCO_3 \longrightarrow Na_2CO_3 + CO_2 + H_2O$$

$$Na_2CO_3 + SO_2 \longrightarrow Na_2SO_3 + CO_2$$

$$Na_2CO_3 + SO_2 + \frac{1}{2}O_2 \longrightarrow Na_2SO_4 + CO_2$$

4. 影响管道喷射烟气脱硫效果的主要因素有哪些？

在管道喷射脱硫工艺中，通常发生的问题有管壁沉积和烟道的腐蚀问题，而对脱硫效率的影响因素主要有以下一些：

（1）钙硫比的影响。钙硫比是影响脱硫效率的重要因素。系统的脱硫效率通常随钙硫比的增大而增加。理论上讲，当钙硫比小于 1 时，提供的吸收剂不能满足吸收烟气中 SO_2 的需要，这时脱硫效率完全由吸收剂的量所决定；当钙硫比大于 1 时，脱硫效率会随钙硫比加大而逐渐增大，但增加量会随钙硫比增加而逐渐减少，而当钙硫比大于 2 时，脱硫效率几乎不增加，但吸收剂的利用率却显著下降。

（2）烟气入口 SO_2 浓度的影响。脱硫效率的变化与烟气入口 SO_2 浓度变化的趋势是相反的，也即脱硫效率随着 SO_2 入口浓度减少而呈增加的趋势。SO_2 浓度增加时，使得 SO_2 与吸收剂反应时的液膜传质阻力增大，引起总传质阻力的增加。因此，尽管 SO_2 浓度增加会提高烟气中 SO_2 气体的分压，SO_2 传质推动力也随之增加，但吸收速率增加的幅度必然要小于浓度值的增长比例。因此，脱硫率变化与 SO_2 浓度变化趋势并不成正比。

（3）趋近绝热饱和温度的影响。趋近绝热饱和温度 ΔT 是指系统烟气反应温度与绝热饱和温度的差值。ΔT 的大小直接决定了反应区温度的高低。从提高脱硫效率的角度出发，ΔT 应越小越好，此时液滴蒸发慢、气—液—固三相共存时间延长，SO_2 与吸收剂反应时间延长，脱硫效率提高。但 ΔT 过低时，则会引起管壁积垢，需引起注意。

（4）浆液喷射系统的影响。喷浆方式对脱硫效率有一定影响。例如，用雾化喷嘴将石灰浆喷入管道中部，在钙硫比为 2.5 时，最大脱硫率可达到 85%。又如采用分层喷浆的方式，可使系统平均反应温度降低，从而使 ΔT 降低，有利于脱硫反应的进行。

（5）生石灰加压消化的影响。生石灰加压消化比常压消化的脱硫效率明显提高，这是因为加压消化所得到的吸收剂的内部孔隙结构发生明显变化，使吸收剂的比表面积增大，有利于 SO_2 气体扩散，因而产生较好的脱硫效果。

（6）添加剂的影响。在管道喷射脱硫工艺中，经常使用添加剂来提高脱硫率，常用的添加剂有 NaOH、NaCl、$CaCl_2$ 等。加入添加剂可提高脱硫率的原因有两个：一是添加剂可提高吸收剂的活性；二是添加剂都具有高水溶性，可以明显降低蒸汽压力，以增加或保持吸收剂浆滴表面的水分，延长浆滴液相的停留时间，有利于脱硫反应的进行。

5. 管道喷射烟气脱硫技术中，吸收剂为什么要进行循环利用？

在管道喷射工艺中，吸收剂停留时间较短，如果反应后的吸收剂不进行再循环利用，其利用率会很低，一般只有 15% ~ 30% 的 $Ca(OH)_2$ 与 SO_2 发生反应，这就大大降低了该工艺运行的经济性。因此，更多的工艺采取了吸收剂再循环的措施。在再循环系统中，一部分反应后的固体返回到烟道中，使 $Ca(OH)_2$ 再与 SO_2 进行反应。再循环系统中的 $Ca(OH)_2$ 总量增加，而不需要提高新鲜石灰的加入量，在不增加吸收剂成本的基础上提高脱硫率。

例如，某电厂在吸收剂不进行再循环时的总脱硫率为 40%，其中烟道占 27%，电除尘器占 13%。加设再循环系统后，当循环比（再循环固体与新鲜石灰质量比）为 2 : 1 时，系统的总脱硫率可提高到 56%，其中烟道占 43%，电除尘器占 13%。可见，吸收剂循环显著提高了系统的脱硫率。

使用反应后吸收剂再循环的缺点是需另增加固体物处理系统，电除尘器的负荷也大大增大。

（四）荷电干式吸收剂喷射脱硫技术

1. 什么是荷电干式吸收剂喷射脱硫技术？其工艺流程是怎样的？

针对传统的干式吸收剂喷射脱硫技术由于气固接触时间长、反应速率慢，以及吸收剂在烟气中的分布不均匀致使烟气脱硫率较难提高的问题，美国阿兰柯环境资源公司于 20 世纪 90 年代开发出荷电干式吸收剂喷射脱硫（简称 CDSI）系统。

CDSI 系统的工艺流程如图 1-13 所示。它包括吸收剂（常用熟石灰）给料装置（料仓、料斗、风机和干粉给料机等）、高压电源和喷枪主体等。当吸收剂粉末以高速流过喷射主体产生的高压静电电晕充电区时，使吸收剂粒子都带上负电荷。当荷电吸收剂粉末通过喷枪的喷管被喷射到烟气流中后，由于吸收剂粒子都有同样电荷，因相互排斥很快在烟气中扩散，形成均匀的悬浮状态，使每个吸收剂粒子的表面都暴露在烟气中，增大了与 SO_2 反应的概率。此外，由于吸收剂粒子表面的电晕荷电，还显著提高了吸收剂的活性，降低了与 SO_2 反应所需的停留时间，一般 2s 左右即可完成反应，从而有效地提高了脱硫效率，而且当小颗粒粉尘吸附在荷电吸收剂粒子表面后，烟气中粉尘的平均粒径也会增大，从而使除尘设备的效应也相应提高。

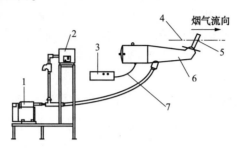

图 1-13　荷电干式吸收剂喷射系统图（CDSI）

1—反馈式鼓风机；2—干粉给料机；3—高压电源发生器；4—烟气管道
5—安装板；6—喷枪主体；7—高压包芯电缆

CDSI 系统的综合脱硫率一般为 70%～90%。后面的除尘器对脱硫率影响较大，采用电除尘器时，脱硫率为 70%～90%；采用布袋除尘器时，脱硫率为 80%～90%；采用湿式除尘器时，脱硫率可达 85%～90%。

2. 荷电干式吸收剂喷射脱硫技术的基本原理是什么？

CDSI 系统喷射用吸收剂通常用熟石灰 $Ca(OH)_2$。操作时，吸收剂与烟气中的 SO_2 反应生成 $CaSO_3$ 及少量 $CaSO_4$ 颗粒物质，然后被后部的除尘设备除去，其反应如下：

$$Ca(OH)_2 + SO_2 \longrightarrow CaSO_3 \cdot \frac{1}{2}H_2O + \frac{1}{2}H_2O$$

由于烟气中还含有少量氧气和水分，还可能发生以下反应：

$$2CaSO_3 \cdot \frac{1}{2}H_2O + O_2 + 3H_2O \longrightarrow 2CaSO_4 \cdot 2H_2O$$

脱硫后的生成物为干燥的 $CaSO_3$ 及少量 $CaSO_4$，其化学性质稳定，难溶于水，无二次污染问题。脱硫生成物与粉尘混合后可用作建筑材料，如制作墙体、免烧砖等。

3. 荷电干式吸收剂喷射脱硫技术的主要优缺点是什么？

CDSI 系统的主要优点是工艺简单、操作可靠、投资少、占地面积小、不增加烟气系统的阻力等，而且是纯干法脱硫，不会造成二次污染；CDSI 系统的主要缺点是对吸收剂粉末中 $Ca(OH)_2$ 的含量、粒度及含水率等都有较高要求。吸收剂应满足：$Ca(OH)_2$ 纯度 90%，粒径 50μm，含水量 1%，比

表面积 $15m^2/g\,Ca(OH)_2$。CDSI 技术特别适用于原有烟气系统考虑附加脱硫方案的情况。

（五）电子束辐照烟气脱硫技术

1. 电子束辐照烟气脱硫技术的基本过程是什么？

电子束辐射烟气脱硫技术简称 EBA-FGD，始于 20 世纪 70 年代的日本，现已在世界多个国家进行了工业化应用。

EBA-FGD 技术是一种烟气联合脱硫脱硝技术。该法利用高能电子束（电子能量为 $800\sim1000keV$）辐射，使烟气中的 N_2、O_2、水蒸气、CO_2 等成分发生辐射反应，生成大量的离子、自由基、原子、电子和各种激发态的原子、分子等活性物质，将烟气中的 SO_2 和 NO_2 转化成 H_2SO_4 和 HNO_3，生成的硫酸和硝酸再与事先注入反应器的氨发生反应，生成硫酸铵和硝酸铵等副产物。副产物由收集装置回收，经造粒后可用作肥料，净化后的烟气经烟囱排空。

图 1-14 为电子束辐照烟气脱硫工艺流程，主要由烟气冷却、加氨、电子束辐照、副产品收集等过程组成。锅炉排放的烟气，经电除尘器除尘后进入冷却塔，在冷却塔中通过喷射冷却水将烟气降低到适于脱硫脱硝的温度（65℃）。烟气露点通常为 50℃，所以冷却水在塔内被完全汽化，一般不会产生需进一步处

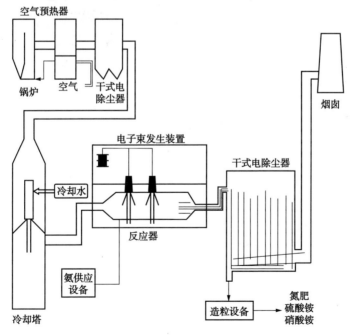

图 1-14 电子束辐照烟气脱硫工艺流程

理的废水。烟气在反应器中被电子束辐照而使 SO_2 和 NO_2 氧化，生成硫酸和硝酸。然后依据 SO_2 和 NO_2 浓度及所设定的脱硫率，向反应器注入一定化学计量的氨，经中和反应生成硫酸铵和硝酸铵。接着用干式电除尘器捕集副产品微粒，经造粒后可用作农用化肥，净化后的烟气由引风机升压排入烟囱。

2. 电子束辐照烟气脱硫脱硝的化学原理是怎样的?

燃煤烟气一般由 N_2、O_2、水蒸气、CO_2 等主要成分及 SO_2、NO_x 等微量成分组成。当受电子束辐照时，电子束能量大部分被 N、O、水蒸气等所吸收，生成大量反应性极强的各种自由基：

$$N_2、O_2、H_2O \longrightarrow \cdot OH、\cdot O、\cdot HO_2$$

烟气中的 SO_2、NO 被这些自由基氧化生成硫酸和硝酸：

$$SO_2 \begin{cases} \xrightarrow{\cdot OH} HSO_3^- \xrightarrow{\cdot O} H_2SO_4 \\ \xrightarrow{\cdot O} SO_3^{2-} \xrightarrow{H_2O} H_2SO_4 \end{cases}$$

$$NO \begin{cases} \xrightarrow{\cdot OH} HNO_2 \xrightarrow{\cdot O} HNO_3 \\ \xrightarrow{\cdot HO_2} NO_2 + OH^- \\ \xrightarrow{\cdot O} NO_2 \begin{cases} \xrightarrow{\cdot OH} HNO_3 \\ \longrightarrow NO_3^- \longrightarrow N_2O_5 \xrightarrow{H_2O} 2HNO_3 \end{cases} \end{cases}$$

所生成的硫酸和硝酸与事先注入的氨进行中和反应，生成硫酸铵和硝酸铵气溶胶粉体微粒。未反应的 SO_2 及 NH_3，则在粉体微粒表面继续进行热化学反应生成硫酸铵，其反应如下：

$$H_2SO_4 + 2NH_3 \longrightarrow (NH_4)_2SO_4$$

$$HNO_3 + NH_3 \longrightarrow NH_4NO_3$$

$$SO_2 + 2NH_3 + H_2O + \frac{1}{2}O_2 \longrightarrow (NH_4)_2SO_4$$

在电子束辐照烟气的过程中，在 SO_2 与自由基反应的同时，存在着一种与电子束辐照无关的反应——NH_3 和 SO_2 之间的"热反应"，即气态氨和 SO_2 之间的相互作用，这种反应有利于 SO_2 的脱除。如不存在 NH_3，热化学反应基本上不发生，当注入氨时，SO_2 的脱除较为彻底。

此外，NO 的存在也对 SO_2 的氧化反应起到催化作用，其反应机理可能如下：

$$2NO + O_2 \longrightarrow 2NO_2$$

$$2NO_2 + 2SO_2 \longrightarrow 2NO + 2SO_3$$

这些反应主要发生在电子束辐照反应室，持续时间极短，约为 1s。

3. 影响脱硫及脱硝率的主要因素有哪些？

影响电子束辐照烟气脱硫及脱硝率的因素较多，主要有烟气温度、烟气含水量、电子束投加剂量及氨投入量等因素。

（1）烟气温度的影响。在电子束辐照烟气脱硫过程中，SO_2 脱除效率与烟气温度变化关系密切。烟气温度升高，脱硫效率降低；烟气温度下降，SO_2 脱除效率上升，而当烟气温度下降至约 70℃ 时，SO_2 脱除效率上升趋势变为平缓，再降低烟气温度对 SO_2 脱除效率影响较小。

烟气温度对 NO_x 脱除效率的影响则是随着烟气温度的升高，NO_x 脱除效率先上升后下降，脱硫效率的峰值出现在 70~90℃ 之间，温度每变化 10℃，脱硫效率会变化 5% 左右。

（2）烟气含水量的影响。烟气含水量增加可显著提高 SO_2 脱除效率，特别是当烟气的湿度接近露点时，SO_2 脱除效率迅速提高，但烟气中含水量过高时，对 SO_2 脱除效率的影响趋于平缓。这是因为烟气中的水分子受电子束激发产生的 OH 和 HO_2 自由基对 SO_2 氧化起着主要作用。当烟气的湿度接近露点时，SO_2 脱除效率迅速提高，但当烟气结露后，过高的含水量并不能使 SO_2 的脱除效率继续提高。

烟气含水量提高也能提高 NO_x 脱除率，但其效果不如 SO_2 脱除效率。在较高温度下，随着烟气含水量提高，NO_x 脱除效率先增加后下降。

（3）电子束投加剂量的影响。电子束投加量是影响 SO_2、NO_x 脱除效率的重要因素。随着电子束投加剂量增加，SO_2 及 NO_x 脱除效率逐渐增加，但当电子束投加剂量增高至一定值时，SO_2、NO_x 的脱除效率逐渐变缓至不再增加。

（4）氨投加量的影响。氨的投加量增加，SO_2 脱除效率增长明显，而 NO_x 脱除效率随着氨的投加量增加，略有增加甚至会降低。通常，氨的投加量由氨与烟气中 SO_2、NO_x 量确定化学计量比控制，通常小于 1.0。

（5）氨注入位置的影响。氨的注入位置可以是反应器入口烟道、辐照区和反应器出口处。通常氨注入位置布置在前端时，SO_2、NO_x 脱除效率会高于后端注入氨的 10% 左右。

4. 电子束辐照烟气脱硫技术有哪些优缺点？

经过多年发展，电子束辐照烟气脱硫技术一般采用烟气降温增湿、加氨、电子束辐照和副产物收集的工艺流程。该工艺的主要优点如下：

（1）高效率同时脱硫脱硝，能脱除烟气中 90% 以上的 SO_2 和 80% 以上的 NO_x。

（2）是一种干法处理过程，不产生废水、废渣，无二次污染，也无温室效应气体（CO_2）产生。

（3）工艺流程简单、占地面积少，相对于湿法脱硫技术减少了污水处理设施。

（4）装置自动化程度高，运行操作简便，对烟气变化负荷的跟踪能力强，能做到与锅炉同步运行和检修。

（5）脱硫副产品为硫酸铵、硝酸铵及少量飞灰的混合物，含氮量约 19.7%，接近化肥硫酸铵标准，可用作化肥或用于生产复合肥料。

该法的主要问题是运行成本较高，由于此法是靠电子束加速器产生高能电子，需要大功率、长期连续稳定操作的电子枪。电子束加速器造价高、电子枪寿命短；X 射线需要防辐射屏蔽，系统运行及维护技术要求较高。

此外，副产品的吸湿特性和微小粒径使其容易从集尘设备上逃逸，影响有效捕集；烟气经脱硫装置后由风机送入烟囱时，烟气温度有可能降至露点以下，易造成风机及烟道的带水问题。

（六）脉冲电晕等离子体烟气脱硫技术

1. 脉冲电晕等离子体烟气脱硫技术的基本过程是怎样的？

脉冲电晕等离子体技术（简称 PPCP）是 1986 年日本专家增田闪一在电子束技术的基础上提出的。由于省去了昂贵的电子束加热器，避免了电子枪寿命短和 X 射线屏蔽等问题，因此该技术一经提出，受到各国专家的关注。

脉冲电晕等离子体烟气脱硫脱硝的技术原理与电子束辐照脱硫脱硝的基本原理相似。它是将脉冲电源产生的高电压脉冲加在反应器电极上，在反应器电极之间产生强电场，在强电场作用下部分烟气分子电离，电离出的电子在强电场加速下获得能量成为高能电子，高能电子可以裂解、电离其他烟气分子，产生多种活性粒子和自由基，如 OH 自由基、O 原子、O_3 等。在反应器里，烟气中的 SO_2 和 NO_x 被活性粒子和自由基氧化为高阶氧化物 SO_3、NO_2，与烟气中的水相遇后就形成 H_2SO_4 和 HNO_3。而在添加氨的情况下，则生成 $(NH_4)_2SO_4$、NH_4NO_3 的气溶胶。副产硫酸铵和硝酸铵可用于生产复合肥料。

2. 脉冲电晕等离子体烟气脱硫的化学原理是什么？

脉冲电晕等离子体烟气脱硫的主要工作原理是利用高压脉冲电源对反应器放电而提供高能电子（$5 \sim 20 \text{eV}$）。这些电子与中性的气体分子，如 O_2、H_2O、N_2 等发生非弹性碰撞，产生一些具有氧化性的自由基和活性分子，如 $\cdot O$、$\cdot OH$、O_3、N_2^+、$H\dot{O}_2$ 等。它们再与 SO_2 碰撞引发化学反应，在有 NH_3 存在时生成 $(NH_4)_2SO_4$，其可能的化学反应如下：

$$O_2、N_2、H_2O + e^- \longrightarrow \cdot O、\cdot OH、O_3、H\dot{O}_2、N_2^+$$

$$SO_2 + \cdot O \longrightarrow SO_3$$

$$SO_3 + \cdot OH \longrightarrow HSO_3$$

$$SO_2 + H\dot{O}_2 \longrightarrow SO_3 + \cdot OH$$

$$HSO_3 + O_2 \longrightarrow SO_3 + HO_2$$

$$SO_3 + H_2O \longrightarrow HSO_3 + \cdot OH$$

$$2NH_3 + SO_2 + H_2O \longrightarrow (NH_4)_2SO_3$$

$$2NH_3 + SO_3 + H_2O \longrightarrow (NH_4)_2SO_4$$

$(NH_4)_2SO_4$ 是固体颗粒物，可通过收集器捕集，从而达到烟气脱硫目的。

3. 影响脉冲电晕等离子体法脱硫效率的因素有哪些?

脉冲电晕等离子体法脱硫是利用高压脉冲电晕放电产生的高能电子使烟气中的 H_2O、O_2 等分子被激活、电离或裂解，影响脱硫效率的主要因素有以下一些：

（1）脉冲电功率的影响。当脉冲电源参数和放电回路参数一定时，大的脉冲电功率注入不仅可以提高 SO_2 脱除率，还可提高 $(NH_4)_2SO_4$ 比率，这是由于能量增加，使脉冲电晕产生自由基等活性物种增加，氧化 SO_2 分子数增加，导致脱硫率提高。但也要从经济角度考虑，将总功率限制在一定范围内。

（2）烟气流量的影响。在注入功率一定的条件下，SO_2 脱除率会随烟气流量增加而减少。这是因为烟气流量增加，烟气在反应器中的停留时间减少，SO_2 分子和自由基之间碰撞概率也会减少，从而导致脱硫率降低。

（3）烟气温度的影响。烟气温度升高，SO_2 脱除率降低。这是因为温度对脱硫反应及产物成分有影响，因此温度升高，对脱硫不利。降低烟气温度有利于提高脱硫率，但当温度低于露点时，会造成烟气中的水蒸气结露，造成设备腐蚀，所以应将进入反应器的烟气温度控制在略高于露点。

（4）烟气湿度的影响。适当提高烟气的湿度可以提高 SO_2 脱除率，但加入过多水蒸气，会在反应器内凝结，从而造成不良脱硫效果。

（5）氨硫比的影响。在相同条件下，增大注入反应器的氨量可提高 SO_2 脱除率。但过量的氨不能完全反应，使排空烟气中的氨含量过高，造成氨泄漏而产生二次污染。实际操作中，在保证脱硫效率的同时，应适当减少氨的注入量，一般取 NH_3 和 SO_2 的物质的量比不高于 2 ∶ 1，以提高氨的脱硫作用而又减少尾气中氨的排放量。

（6）飞灰的影响。飞灰在电场中会被荷电，它在电场中出现时必然要捕获高能电子，减少活性粒子浓度，使 SO_2 的氧化脱除量降低。

4. 脉冲电晕等离子体法脱硫有什么优缺点？

PPCP 的主要优点如下：

（1）PPCP 是靠脉冲高压电源在普通反应器中形成等离子体，产生高能电子（5~20eV），由于它只提高电子温度，而不是提高离子温度，因而能量效率比电子束辐照法（EBA 法）高两倍，投资是 EBA 法的 60%左右。它省掉了大功率、需长期稳定工作的昂贵电子枪，避免了电子枪寿命和 X 射线屏蔽问题，装置简单，操作简便。

（2）在一个干式脱硫过程中，可以实现同时脱硫脱硝及除尘。

（3）产生的最终产物易于处理和回收利用，可避免废液、废渣等二次污染。

（4）可以在发电厂现有的静电除尘器设备基础上改造而成，投资相对少些。

PPCP 是目前较受关注的烟气脱硫新技术，其主要问题有：

（1）该技术是否能工业化广泛应用的关键是在保证有良好脱硫率的前提下，能否大幅度降低系统的能耗。

（2）脉冲电源产生的脉冲电压波形与脉冲电晕场产生的非平衡等离子体形态密切相关，也直接影响脱硫效率和能耗高低。因此，需要开发和应用脉冲电压上升时间短、峰压高、宽度窄、频率又不太高且有直流基压的脉冲电源。

（3）烟气中大量存在的 CO_2 会消耗大量高能电子和电场能量，并使用于脱硫脱氮的高能电子数量减少。因此，要使 PPCP 技术实用化，必须考虑 CO_2 所带来的不利影响。

（4）PPCP 法对 SO_2 脱除率的作用机制十分复杂，至今还没有完整的反应机理模型，即使通过已建立的试验曲线也难以确定各因素之间的关系，而且运行过程中，工艺参数也会经常变化。脉冲电源和反应器的匹配、添加剂等方面还需进一步研究。

（5）静电除尘与脉冲电晕等离子体脱硫脱氮都是利用电晕放电，电极结构也相似，两者有结合的可能，但要综合考虑系统能耗、除尘效率及副产物品质及处理问题。

（七）活性炭烟气脱硫技术

1. 活性炭烟气脱硫的基本原理是什么？

活性炭干法烟气脱硫是以活性炭（也称作活性焦）或是负载了活性组分的活性炭作为脱硫吸附剂用于脱除烟气中的硫氧化物。其脱除 SO_2 的途径主要有两种：（1）活性炭作为吸附剂将 SO_2 物理吸附在其微孔内；（2）活性炭充当催化剂，将 SO_2、H_2O 和 O_2 催化氧化成硫酸储存在其微孔内。脱硫过程往往是吸附和催化氧化交织进行。

活性炭脱硫的优点是活性炭吸附容量大、吸附过程和催化转换的动力学过程快，对氧的反应性慢，活性炭可再生等。其脱硫机理大致如下：

$$SO_2 \xrightarrow{C} SO_2^*$$

$$O_2 \xrightarrow{C} 2O^*$$

$$H_2O \xrightarrow{C} H_2O^*$$

$$SO_2^* + O^* \xrightarrow{C} SO_3^*$$

$$SO_3^* + H_2O^* \xrightarrow{C} H_2SO_4^*$$

$$H_2SO_4^* + nH_2O^* \xrightarrow{C} (H_2SO_4 \cdot nH_2O)^*$$

式中，上标 * 表示吸附态。

O_2 和 SO_2 先被活性炭表面活性位吸附，SO_2 先被氧化成 SO_3，然后再与水反应生成 H_2SO_4。生成的 H_2SO_4 迁移至活性炭微孔内储存，释放出的活性吸附位继续吸附 SO_2。吸附饱和的活性炭则需要通过再生以释放硫的储存位。活性炭经再生可以获得硫酸、液体 SO_2、单质硫等产品。因此，活性炭烟气脱硫技术既可用以控制 SO_2 的排放，还可回收硫资源。

2. 用于烟气脱硫的活性炭的主要性能是什么？

用于烟气脱硫的活性炭称为活性焦，是一种低比表面积、高强度的煤质活性炭。它具有发达的孔隙结构，其孔隙中大孔、中孔、微孔并存的结构特点，使其具有广谱吸附性，对燃煤烟气中含有的多种有害物质，如 SO_2、NO_x、汞、二噁英、呋喃、重金属、挥发分有机物等都可同时进行吸附净化。

目前，国外已工业化应用的活性炭干法脱硫脱硝技术是由日本的三井矿山株式会社、住友公司和德国 BF 公司开发的。表 1-17 列出了 3 种工艺所采用的煤质活性炭的主要性能。

表 1-17 干法烟气脱硫脱硝用活性炭的主要性能

工艺名称 / 项目	三井-BF 工艺	GE-MITSUI-BF 工艺	住友 TOX-FREE 工艺
活性炭外形	$\phi 5 \sim 10mm$ 片剂型；13mm×11mm×8mm 杏核形	$\phi 10mm$ 圆柱形	$\phi 4 \sim 9mm$ 圆柱形
生产原粒	黏结性煤、黏合剂	烟煤、黏合剂	煤、黏合剂
成型方法	挤条并切片、干法碾压成型	挤条	挤条

续表

工艺名称 项目	三井-BF 工艺	GE-MITSUI-BF 工艺	住友 TOX-FREE 工艺
比表面积，m^2/g	150~300	150~250	150~300
孔体积，mL/g	—	—	0.05~0.1
孔直径，nm			1~100
转鼓强度，%	95	95	—
SO_2 吸附量，mg/g	45~110	60~120	—
脱 NO_x 性能，%	80~85	80~85	—

我国研发的用于烟气脱硫的活性焦主要性能见表 1-18。

表 1-18　烟气脱硫用活性焦主要性能

碘值，mg/g	燃点，℃	堆密度，g/L	转鼓强度，%	SO_2 吸附量，mg/g
400~500	>350	600~700	>99	40~180

活性焦的简要制备过程为：将褐煤粉碎后过筛、H_2SO_4 溶液浸泡、烘干、炭化、加入黏结剂（煤焦油）和金属氧化物后混合成型，再经干燥、活化、粉碎即制得改质活性焦。如制备过程不加入金属氧化物，所得制品则为纯活性焦。

3. 活性炭烟气脱硫主要工艺过程是什么？

活性炭烟气脱硫主要工艺过程由二氧化硫吸附脱除系统、活性炭再生系统、物料输送系统及烟气系统等组成，如图 1-15 所示。

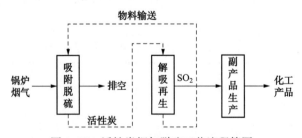

图 1-15　活性炭烟气脱硫工艺流程简图

SO_2 吸附脱除系统是脱硫装置的核心部件，主要设备为脱硫塔，其功能是通过活性炭的吸附和过滤作用脱除烟气中的 SO_2。

活性炭再生系统用于对脱硫塔排出的活性炭进行解吸再生，可使活性炭循环使用。

物料输送系统是将脱硫操作和再生操作过程连接起来使脱硫剂活性炭循环运转，重复使用，并补充脱硫过程中消耗的活性炭。

4. 活性炭烟气脱硫用吸附塔有哪些类型？

活性炭吸附脱硫塔有固定床、移动床、流化床、滴流床、旋转床等多种类型，而目前广为使用的是移动床及固定床脱硫吸附塔，其中又以移动床最为普遍。

移动床是固体与流体连续接触的一种床层，固体粒子从床层上部加入，靠本身重力向下移动，然后从底部排出。流体与固体的接触可以是逆流、并流或错流。活性炭脱硫用移动床可分为横截面为圆柱形和矩形的两种立式塔型。在脱硫吸附塔内，活性炭吸附层一般靠重力从上向下移动。含 SO_2 烟气横向或从下向上流动，与活性炭吸附剂呈错流或逆流接触，烟气中 SO_2 在活性炭吸附剂上发生吸附和液化反应，被吸附净化后的烟气从塔的上部排出。吸附饱和的活性炭继续向下移动，进入再生段进行再生。再生后的活性炭通过传输设备重新送到脱硫吸附塔塔顶，进行下一个吸附循环，解吸的 SO_2 得到浓集回收。活性炭再生通常在塔的下部进行。塔下部通常称为解吸塔或脱附塔，大多为多管式结构。有的移动床设备是将吸附塔和解吸塔分开，作为两个独立的设备，中间由输送设备连接。

固定床吸附塔分为立式和卧式两种类型。操作时，进入的含 SO_2 烟气先被活性炭吸附剂吸附，当吸附穿透曲线到达突破点时，开始切换设备，进行活性炭的再生，固定床吸附塔操作时，处理烟气量大时，会产生烟气分布不均匀、床层压降大、再生切换频繁等问题，从而影响脱硫效果。

5. 活性炭吸附剂怎样进行再生？

烟气脱硫用活性炭吸附剂常用的再生方法有加热再生法及水洗再生法两类。

（1）加热再生法。加热再生大多采用列管式轴向移动床，加热介质有热砂、过热蒸汽、热惰性气体等。再生温度均在300℃以上。用热砂可将活性炭加热到650℃，用过热蒸汽或热惰性气体可将活性炭加热至300~450℃。

图1-16为利用氮气作为加热介质的再生流程，其主要设备有再生塔、电加热器、再生气风机等，其中活性炭再生塔是再生系统的核心设备，它由上至下分为进料段、加热段、抽气段、冷却段和排料段。活性炭经再生、冷却后连续不断地由排料段排出。再生塔内活性炭在各段内的流动速度通过出料口的星形卸料器控制，与脱硫塔的脱硫效率联锁，加热活性炭的氮气由电加热器加热至高温后加入加热段、闭路循环使用。活性炭再生时放出的再生气由抽 SO_2 风机经抽气段设置的抽气管网抽出，送往硫酸净化工序。

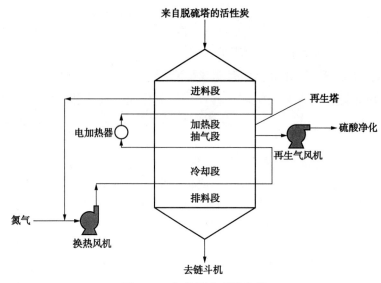

图 1-16　加热再生系统流程

（2）水洗再生法。水洗再生通常采用固定床，活性炭不动。采用水洗方式将活性炭中的硫酸洗出，操作时，先将经活性炭吸附净化后的气体排空。在活性炭固定床吸附塔中烟气连续流动的情况下，洗净水间歇地从吸附塔上方喷入，将活性炭内的硫分洗去，恢复其脱硫能力。由吸附塔中排出的水洗液中含 10%～15%的稀硫酸，此稀硫酸在文丘里洗涤器冷却尾气时，被蒸浓到 25%～30%，再经浸没式燃烧器等进一步提浓，最终可得到浓度为 70%的硫酸，可用于制造化肥。

6. 活性炭烟气脱硫技术有哪些特点？

活性炭烟气脱硫技术开发始于 20 世纪 60 年代，90 年代在德国、日本等工业发达国家开始推广应用，该技术主要特点如下：

（1）活性炭烟气脱硫技术脱硫效率高，最高可达 99%，而且可以同时脱除烟气中氮氧化物、重金属和有机污染物等，具有脱除多种污染物的净化功能。

（2）活性炭脱硫过程不消耗水，属于干法烟气脱硫技术，有利于水资源严重缺乏地区的电厂采用该技术。

（3）脱硫用活性炭吸附剂主要以煤为原料生产，我国是世界上最大的煤炭生产国和消费国，具有生产活性炭的优质煤炭资源，原料来源广泛，可显著降低活性炭烟气脱硫成本。

（4）环保性能好，不对环境造成二次污染。活性炭烟气脱硫技术没有水污染，不再生其他固体废弃物。操作过程中因机械磨损产生的粉状废料量很少，而且可用作燃料烧掉，不对环境造成新的污染。

（5）脱除的 SO_2 经处理可加工成多种化工产品。脱硫副产品是高浓度 SO_2 气体，可根据需要加工成液态二氧化硫、单质硫和硫酸等多种化工产品。因此，该技术具有较好的经济性能。

（6）与传统烟气脱硫工艺相比，具有投资省、工艺简单、占地面积小等特点。

由于烟气脱硫用活性炭是一种特殊的活性炭产品，对硫容、强度、粒度和抗氧化性等性能有特殊要求。一般活性炭产品难以满足这些特殊要求。因此，要使活性炭烟气脱硫技术具有良好的经济效益及市场前景，必须生产出高硫容、高强度、颗粒大、抗毒化能力强、抗氧化性能及再生性能好的活性炭吸附剂。

7. 影响活性炭脱硫效率的主要因素有哪些？

（1）活性炭类型的影响。活性炭材料品种很多，可由多种材料制得。普通活性炭吸附容量低、吸附速度慢、处理能力小。用聚丙烯纤维、沥青纤维、黏胶纤维等纤维原料经碳化、活化制得的活性碳纤维，由于微孔发达、比表面积大、孔径分布窄、有较多适于吸附 SO_2 的表面官能团，因而也可用于烟气脱硫。但由于电厂烟气量大，用于脱硫反应器的体积大，因此要求活性炭不仅脱硫性能好，而且要强度好、燃点高、透气性好，具有较好的抗氧化性能，并且可多次循环使用。目前，工业上大多以煤基活性炭用作烟气脱硫吸附剂，其主要性能指标可参见表1-17。

（2）温度的影响。以活性炭作吸附剂吸附 SO_2 时，有物理吸附及化学吸附之分，但吸附量均会受到温度的影响，随着温度升高，吸附量会下降。但在实际操作中，由于所使用的活性炭性能及工艺条件不同，实际操作的吸附温度也有低温（20~100℃）、中温（100~160℃）及高温（大于160℃）吸附等。

（3）烟气含氧量和水分的影响。烟气中氧和水分的存在可促使化学吸附的进行，使总吸附量显著增加。氧含量高于5%时，脱硫效率可明显提高。一般烟气中含氧量为5%~10%，能满足脱硫反应的要求。SO_2 脱硫率一般随烟气含水量的增加而提高，这是因为烟气中水分子产生的 OH 对 SO_2 的氧化有作用。但水蒸气的浓度会影响活性炭表面生成的稀硫酸的浓度。

（4）空速的影响。在一定温度下，每种活性炭吸附剂在吸附操作时都有一定的空速要求，空速过高会使脱硫效率下降。

8. 活性炭烟气脱硫技术在我国的发展前景如何？

我国是世界上最大的煤炭生产国和消费国，煤炭的大量开采和低效利用带来严重的环境污染，同时 SO_2 的大量排放也造成了硫资源的大量损失，由于我国大气污染主要是由燃煤所引起，因此，烟气净化技术是我国重点开发的洁净煤技术，为此国内引进了多种国外成熟的烟气脱硫技术，其中大部分是湿法脱硫技术。

我国是世界上水资源严重缺乏的国家之一，我国许多电厂不可能采用耗水量大的湿法技术，而国外现有干法脱硫技术由于成本高，难以在我国电厂推广应用。因此，开发适合我国国情的低成本干法烟气脱硫技术是目前我国烟气脱硫技术的研发重点之一。活性炭干法脱硫技术、催化脱除技术、等离子法脱除技术等都属于干法脱硫脱硝技术范畴。

我国早在 20 世纪 80 年代初就开始研究活性炭烟气脱硫技术，用活性炭作脱硫剂，水洗法再生制取硫酸，并连产氮磷复合肥，也在四川豆坝电厂建成中试试验装置，取得了较好的试验结果，但由于种种原因没有大面积推广。

我国具有生产活性炭吸附剂的丰富煤炭资源。在现有产品性能基础上进一步提高活性炭脱硫性能、抗碎裂性能及再生性能，研发出廉价、易工业化、低污染最好是零污染的再生工艺，适合我国国情的活性炭干法烟气脱硫技术，在我国是有良好的应用发展前景的。

（八）干式催化烟气脱硫技术

1. 干式催化烟气脱硫技术可分为哪些方法？

干式催化烟气脱硫技术可分为催化氧化法和催化还原法。催化氧化法是在催化剂作用下将烟气中的 SO_2 氧化为 SO_3，然后生成副产品硫酸；催化还原法是在催化剂存在下，用还原剂（如 CO、H_2）将 SO_2 还原为单质硫而加以回收。

2. 干式催化氧化烟气脱硫的基本原理是什么？

干式催化氧化法常用 V_2O_5 作催化剂。在钒催化剂上，SO_2 氧化为 SO_3 的反应式为：

$$SO_2+\frac{1}{2}O_2 \xrightarrow{V_2O_5} SO_3+Q$$

这是一个放热的可逆反应。当反应达到动态平衡时，其平衡常数 K_p 可用下式表示：

$$\lg K_p=\frac{5134}{T}-4.951$$

也即平衡常数 K_p 随反应温度 T 升高而下降。当反应达到动态平衡时，平衡常数 K_p 与反应物和反应产物的浓度之间存在以下关系：

$$K_p=\frac{[SO_3]}{[SO_2][O_2]^{\frac{1}{2}}}$$

如把氧化为 SO_3 的 SO_2 量与氧化的 SO_2 量之比称为 SO_2 的转化率 x，反应达到平衡时的 SO_2 转化率称为平衡转化率 x_T。当 SO_2 的起始浓度为 $a\%$（体积分数），O_2 的起始浓度为 $b\%$（体积分数）时，则存在以下关系：

$$x_T = \frac{K_p}{K_p + \sqrt{\dfrac{100-0.5ax_T}{p\,(b-0.5ax_T)}}}$$

式中，p 为混合气体的总压力。

由上式可知，平衡转化率与混合气体的总压力、混合气体的起始浓度有关。在常压下，SO_2 的氧化反应可得到较高转化率。因此，此反应常在常压下操作。常压下平衡转化率 x_T 主要与温度和气体组成有关。显然，SO_2 氧化反应的温度越低，平衡转化率就越大，但反应温度如低到催化剂能够促使 SO_2 氧化的最低温度（即起燃温度）以下时，催化剂便不起催化作用。常用钒催化剂的起燃温度为 400~420℃。实际操作中，在钒催化剂的活性温度（400~600℃）范围内，根据工艺及催化剂性能选择最佳反应温度。

3. 干式催化氧化烟气脱硫的工艺过程是怎样的？

干式催化氧化烟气脱硫的工艺过程如图 1-17 所示。锅炉烟气经高温电除尘器除尘后进入催化反应器，反应器内设置若干层钒催化剂，使烟气中 80%~90% 的 SO_2 被催化氧化为 SO_3。从反应器排出的烟气经节能器、空气预热器的冷却后，进入吸收塔冷凝成硫酸，可制得浓度为 80%~90% 的硫酸。冷凝过程中形成的酸雾由除雾器除去。影响催化氧化转化率的操作因素有反应温度、压力、空速及 SO_3 浓度（反应过程中应及时将生成的 SO_3 从反应体系中取出）。此法主要用于处理硫酸尾气、炼油厂尾气及电厂锅炉烟气。

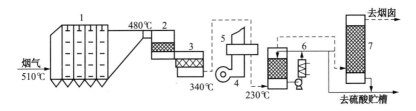

图 1-17 干式催化氧化脱硫工艺

1—除尘器；2—反应器；3—节能器；4—风机；5—空气预热器；6—吸收塔；7—除雾器

4. 用一氧化碳作还原剂进行烟气催化还原脱硫的基本原理是什么？

使用 CO 作还原剂，在催化剂作用下将烟气中 SO_2 直接催化还原为单质硫的主要反应如下：

$$2CO+SO_2 \longrightarrow 2CO_2+\frac{1}{n}S_n$$

$$CO+\frac{1}{n}S_n \longrightarrow COS$$

$$2COS+SO_n \longrightarrow 2CO_2+\frac{3}{n}S_n$$

其中，$n \geqslant 2$。高温下，通过反应产生的气态硫（主要是 S_2）可与 CO 作用生成羰基硫（COS）。COS 可再与 SO_2 反应生成 S。但因 COS 是一种比 CO 毒性更大的气体，因此反应应尽量减少 COS 的生成，减少其排放。

烟气中的水汽也可催化剂中毒，影响催化剂的活性及选择性，促进下述反应发生：

$$CO+H_2O \longrightarrow H_2+CO_2$$

$$COS+H_2O \longrightarrow H_2S+CO_2$$

$$H_2+ [S] \longrightarrow H_2S$$

$$\frac{3}{n}S_n+2H_2O \longrightarrow 2H_2S+SO_2$$

少量氧气的存在，也会影响催化剂的活性与选择性。氧气会促进氧化反应，抑制还原反应。因此，利用 CO 催化还原脱硫技术是否具有工业意义，关键是在于能否研发出具有抗 O_2、H_2O 中毒的催化剂。早期使用的负载型金属催化剂，由于会生成大量羰基硫，缺乏工业价值。目前，催化剂的研发主要在过渡金属硫化物或氧化物上。

5. 用氢作还原剂进行烟气催化还原脱硫的基本原理是什么？

用氢作还原剂进行烟气催化还原脱硫的催化剂主要有 V_2O_5、Ru/Al_2O_3、Co/Al_2O_3、$Co-Mo/Al_2O_3$、Ru/TiO_2 等负载型催化剂。例如，在经硫化的 $Co-Mo/Al_2O_3$ 催化剂上，SO_2 被 H_2 还原的反应过程大致如下：

金属硫化物表面： $\quad SO_2+3H_2 \longrightarrow H_2S+2H_2O$

Al_2O_3 表面： $\quad SO_2+2H_2S \longrightarrow 3S+2H_2O$

总反应： $\quad SO_2+2H_2 \longrightarrow S+2H_2O$

当进气中 $H_2:SO_2=3$（体积比）、反应温度为 300℃ 时，单质硫的产率可大于 80%。而且催化剂经含有 10% 的 H_2S 气体预硫化后会具有较高的活性及稳定性，并有一定抗水蒸气中毒能力。

目前，能用于氢还原法的催化剂品种较多，但要获得工业应用，除了选择活性组分外，催化剂载体的选择不容忽视。如活性组分为 Ni 的催化剂，负载在 $\gamma-Al_2O_3$、TiO_2、SiO_2、CeO_2 等不同载体上，会具有不同的脱硫活性。

第二章　工业脱硝

一、一般知识

1. 什么是氮氧化物？

氮氧化物是氮的氧化物的总称，为 1~5 价的氧化物。主要有六种氧化物：一氧化二氮（N_2O）、一氧化氮（NO）、二氧化氮（NO_2）、三氧化二氮（N_2O_3）、四氧化二氮（N_2O_4）、五氧化二氮（N_2O_5）。除 NO_2 以外，其他氮氧化物均极不稳定，遇光、湿或热变成 NO_2 及 NO，NO 又变成 NO_2。

氮氧化物是非可燃性物质，但均能助燃，如 N_2O、NO_2 及 N_2O_5 遇高温或可燃性物质能引起爆炸。在通常条件下，除 N_2O_5 为固体外，其余均为气体，其中 N_2O_4 是 NO_2 二聚体，常与 NO_2 混合存在构成一种平衡态混合物。NO 和 NO_2 的混合物又称硝气（硝烟）。

大气中除 NO_2 较稳定，NO 稍稳定外，其他都不稳定，且浓度很低。因此，通常所称的氮氧化物主要是指 NO_2 和 NO 的混合物，并用 NO_x 来表示。

2. 一氧化氮有哪些主要性质？

一氧化氮（NO）为无色、无臭气体，在空气中易被氧化成红棕色的 NO_2，并散发出红棕色烟雾。相对密度 1.04（空气为 1）。液态为蓝色液体，相对密度 1.269（－150.2℃），熔点－163.6℃，沸点－151.8℃。蒸气压 $1.01 \times 10^3 Pa$（－151.8℃）。蒸气相对密度 1.34。微溶于水，但在硝酸水溶液中溶解度比在水中溶解度大得多。可溶于硫酸、乙醇、硫酸亚铁及二硫化铁等。

NO 是一种奇电子数化合物，反应活性较低。能将硝酸分解，本身被氧化成 NO_2，高温时能将硝酸盐还原成亚硝酸盐并放出 NO_2。与稀碱溶液不反应。700℃时分解为氮和氧，1200℃时分解剧烈。

锅炉排出的烟气，机动车、飞机、轮船排出的废气中，均含有大量的 NO。硝酸生产排出的含氮氧化物废气中，NO 约占一半。NO 进入大气后，易氧化成 NO_2，是参与光化学烟雾反应的重要中间体。

在人体中，NO 能容易地穿过生物膜，氧化外来物质。在受控的小剂量下，却是对人体有益成分。过量吸入则会引起中毒，但发作缓慢，严重时会窒息。

3. 一氧化二氮有哪些主要性质？大气中 N_2O 主要来自哪里？

一氧化二氮（N_2O）又称氧化亚氮、笑气，是一种无色、无臭、微有甜味的气体。液化后成为无色液体，低温时为无色立方晶系结晶。气体相对密度 1.52（空气为 1），液体相对密度 1.22（-89℃）。熔点-90.8℃，沸点-88.5℃。稍溶于水，溶于乙醇、乙醚、浓硫酸。不与水、酸、碱反应，也不被氧气氧化，加热至 500℃ 时明显分解成氮和氧。900℃ 时完全分解。为强氧化剂，可氧化有机物，加热其与氢、氨、CO 或某些易燃物质的混合物可发生爆炸。有麻醉作用，人吸入后可引起兴奋并发笑，故称笑气。长期吸入高浓度的 N_2O 气体有窒息危险。

依据《京都议定书》及我国《温室气体防治法》草案所指的温室气体包括 CO_2、CH_4、N_2O、氢氟碳化合物（HFCs）、全氟化碳（PFCs）、六氟化硫（SF_6）6 种气体。其中，前 3 种是最主要的温室气体，以 CO_2 的排放总量最大，N_2O 对温室效应的贡献率为 5% 左右。

大气中 N_2O 主要来自土壤中硝酸盐的细菌分解及施用氮肥，雷电也可以产生。此外，海洋涌升也会形成。N_2O 的排放量与气温呈正相关。温度每升高 2℃，农田 N_2O 的排放就增加 7.9%。如不使用氮肥或氮肥量减少一半，农田土壤 N_2O 排放量可分别减少 39% 和 22% 左右。施肥量增加一倍，N_2O 排放增加 55%。水分也是影响土壤中 N_2O 生成和大气传送的重要因素，长期水淹有利于 N_2O 排放。

煤燃烧过程中排放的 N_2O 相对较少，它主要来源于挥发分氮 HCN、NH_3 的氧化过程，其中又以 HCN 的氧化是主要来源。燃烧过程 NO_x 的分解以及脱硝技术的使用也会生成部分 N_2O。N_2O 主要在低温下形成，温度范围在 1000～1200K 之间，超过 1200K 以后很少生成。因此，提高燃烧温度和降低氧浓度可以降低 N_2O 的排放。

4. 二氧化氮有哪些主要性质？大气中 NO_2 主要来自哪里？

二氧化氮（NO_2）在常温下是黄色至黄褐色气体，并与两个分子二氧化氮结合成的四氧化二氮混合存在，具有强刺激性。相对密度 1.58（空气为 1）。易液化，液化后呈暗褐色液体。液体相对密度 1.446，熔点-11.2℃，沸点 21.2℃。低温时为无色固体（-11.2℃）。溶于浓硫酸、硝酸、碱、二硫化碳及氯仿，在水中会分解成硝酸及 NO。溶有 NO_2 的硝酸称作发烟硝酸，NO_2 气体为强氧化剂。本身不燃，但与氨混合即使在-80℃ 时也能发生爆炸。与空气混合能形成爆炸性气体。遇有机物、氯代烃等猛烈反应引起爆炸。

NO_2 有毒，毒性为 NO 的 4～5 倍。对眼睛、呼吸道有严重的刺激及烧灼作用。吸入时可潜入到肺脏深处及肺毛细管引起肺水肿。慢性作用表现为神经衰弱综合征及慢性呼吸道炎症。

NO_2 是污染大气的氮氧化物的主要有害成分，它来自汽车排放尾气、化石燃料燃烧、含硝酸盐催化剂产生的废气以及硝酸厂排出的废气等。大气中 NO_2 污染主要表现在两个方面，一是 NO_2 溶于大气水汽中，并氧化成硝酸，这是造成环境酸化或形成酸雨的来源之一；二是 NO_2 在阳光紫外线作用下会发生光解产生臭氧，由此会与碳氢化合物引发一系列的链反应而形成光化学烟雾。

5. 大气中氮氧化物对人体及环境有哪些危害？

氮气（N_2）是大气中最多的组分，是一种惰性气体，而氮（N）作为单个游离原子有很高的反应活性。由氮和氧结合的氮氧化合物，如 N_2O、NO、NO_2、N_2O_4、N_2O_5 等，对人体健康及环境会产生多种危害。

（1）对人体健康的危害。

氮氧化物中对人体健康危害最大的是 NO_2，主要是破坏呼吸系统。吸入 NO_2 时，可直接累及肺内末梢气道，当其浓度为 $0.205 \sim 5.134 mg/m^3$ 时，会危害人体的肺功能，引起支气管炎和肺气肿。人在 $100 mg/L$ NO_2 的大气中停留 1h 或在 $400 mg/L$ NO_2 的大气中停留 5min 就会死亡。NO_2 与 SO_2、臭氧、飘尘等叠合作用，可造成复合污染，使支气管炎患病率显著增多。

NO 对血红蛋白的亲和力是 CO 的 1400 倍，氧的 30×10^4 倍。吸入较高浓度的 NO 时，它可与血液中血红蛋白结合成亚硝酸基血红蛋白，从而降低血液输氧能力，引起组织缺氧，损害中枢神经系统。

N_2O_4 是强氧化剂，有强腐蚀性，能腐蚀人的皮肤黏膜、牙釉质和眼，引起局部化学性烧伤。N_2O_4 与 NO_2 都能与呼吸道黏膜的水分生成亚硝酸及硝酸，对肺组织产生刺激和腐蚀。

氮氧化物可通过各种途径进入人体，造成机体缺氧和心肌收缩力下降。经常吸入氮氧化物，可使支气管上皮纤毛脱落、黏液分泌减少，呼吸道慢性感染发病率显著增加。动物实验表明，NO_2 可能有促癌及致癌作用，氮氧化物对人体产生危害作用的阈浓度为 $0.31 \sim 0.62 mg/m^3$。

（2）对环境的危害。

大气中的氮氧化物和挥发性有机物达到一定浓度后，在太阳光照射下，经过一系列复杂的光化学氧化反应，生成含有臭氧、过氧乙酸硝酸酯、丙烯醛及甲醛等醛类、硝酸酯类化合物的"光化学烟雾"。光化学烟雾是一种有强刺激性的淡蓝色烟雾，会刺激人的眼、鼻、气管和肺等器官，使人出现眼红流泪、咳嗽、头晕恶心等症状；光化学烟雾还会加速橡胶制品老化，腐蚀建筑物和衣物，使农作物减产，并使大气能见度降低。

6. 煤中氮的赋存形态主要有哪些?

煤是一种含有大量 C、H、O 和少量 S、N 等有机物和部分无机物的沉积岩,由于成煤地质条件和形成年代的差异,这些物质的含量和结构差异很大。煤在燃烧过程中,首先是含有这些有机元素的挥发分的析出燃烧和其余固体残余物的燃烧。氮氧化物(NO_x)的生成和消减与煤中挥发分的析出成分以及残余焦炭表面的反应都有关系。

煤中氮化合物的存在形式和氮的含量与煤的种类有关,不同产地的同类型的煤中含氮量也有相当大的差别。通常,煤中的氮含量在 0.5%~3.5% 之间,主要来源于形成煤的植物中的蛋白质、叶绿素、纤维素、氨基酸等含氮成分。煤中的有机氮原子都存在于煤的芳香环结构中,其主要的赋存形态为吡啶氮、吡咯氮和少量的季铵氮。吡咯氮是煤中氮的主要存在形式,占总量的 50%~80%;吡啶氮含量在 0~20% 之间;季铵氮含量在 0~13% 之间。由于煤中氮的化合结合形式(吡啶氮、吡咯氮、季铵氮)不同,它们在燃烧时的分解特性也不同,直接决定了 NO_x 的氧化还原反应过程和最终的 NO_x 生成量。

7. 煤燃烧时氮的分解—释放特性是怎样的?

煤的燃烧过程包括初期挥发分的热解析出和剩余固体物的燃烧。挥发分主要包括碳氢化合物气体、CO、CO_2、H_2、H_2O、HCN、SO_2、焦油等。煤中的氮在燃烧热解的转化中随挥发分释放主要转化为 NH_3、HCN 和少量 HNCO 等气态 NO_x 的前驱物、N_2、焦油氮和焦炭氮,它们在后续的燃烧中转化为不同形态的氮氧化物。燃烧过程 NO_x 的总排放量和其主要前驱物 NH_3、HCN 的释放量有很大关系。

煤在燃烧过程中,随着小分子挥发分的析出,燃料氮被分解为挥发分氮和焦油氮,之后经一系列复杂的氧化还原反应,最终以 NO_x 和 N_2 的形式释放,这种转化过程可用图 2-1 表示。

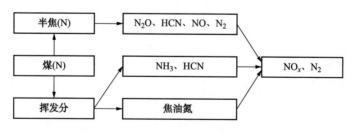

图 2-1　煤中氮的转化过程

煤的实际热解释放挥发分过程十分复杂,HCN 和 NH_3 既有直接挥发生成的,也有二次反应生成的。一般来说,NH_3 是慢速加热的产物,慢速加热过程的主要

挥发分氮是 NH_3，而且 NH_3 的生成量随温度的升高而增加，在 800℃ NH_3 生成量达到最大值后，随温度升高而又减少；HCN 是快速加热的产物，随煤热解温度升高而增加，当温度超过 1000K 时，HCN 是主要的气相含氮化合物。

8. 燃料燃烧生成的 NO_x 有哪些类型?

一般情况下，燃料燃烧过程中产生的氮氧化物主要是 NO 和 NO_2，这两者统称为 NO_x，在低温条件下燃烧还会产生一定量的 N_2O。燃烧过程中生成的 NO_x 类型和数量除了与燃料品种和性质相关外，还与燃烧温度和过量空气系数等燃烧条件密切相关。

在通常的燃烧温度下，煤燃烧产生的 NO_x 中 NO 占 90% 以上，NO_2 占 5% ~ 10%，N_2O 占 1% 左右。

燃烧过程中 NO_x 的产生有以下三种途径：（1）在高温燃烧条件下，空气中的 N_2 和 O_2 相互反应生成 NO_x，这种类型的 NO_x 称其为热力型 NO_x；（2）燃烧过程中，空气中的 N_2 和燃料中的碳氢基团（CH）反应生成 HCN、CN·等 NO 的前驱物，这些前驱物又被氧化成 NO_x，这种类型的 NO_x 也称为快速型 NO_x；（3）燃料中的氮在燃烧过程中被氧化成为 NO_x，这部分 NO_x 被称为燃料型 NO_x。

9. 热力型 NO_x 的生成机理是怎样的?

热力型 NO_x 的生成机理又称为捷里德维奇（Zeldovich）机理。按照这一机理，空气中的氮气在高温下氧化，是通过一组不分支的链式反应进行的：

$$N_2+O· \Longrightarrow N·+NO$$
$$O_2+N· \Longrightarrow NO+O·$$

后来，费尼莫尔（Fenimore）发现在富燃料火焰中存在下列反应：

$$N·+OH \Longrightarrow NO+H·$$

以上 3 个反应式被认为是热力型 NO_x 生成的反应机理。其中，第一个反应是控制步骤，因为它需要高的活化能。由于原子氧（O）和氮分子（N_2）反应的活化能很大，反应较难进行；而原子氧和燃料中可燃成分反应的活化能很小，它们之间的反应更易进行。因此，在火焰中不会生成大量的 NO，NO 的生成反应基本上是在燃料燃烧完之后才进行，即 NO 是在火焰的下游区域生成的。

热力型 NO_x 的生成量主要受温度、过剩空气系数及气体在高温区的停留时间等因素影响。

燃烧温度低于 1500℃ 时，热力型 NO_x 生成量极少，当温度高于 1500℃ 时，反应逐渐明显。NO_x 的生成量随温度的升高而急剧升高，实际燃烧过程中由于燃烧室内的温度分布是不均匀的，在局部高温区会生成较多的 NO_x。它可能对整个

燃烧室内的 NO_x 生成起着重要作用。

过剩空气系数增加，一方面增加了氧浓度，另一方面会使火焰温度降低。氧浓度增加可使热力型 NO_x 生成量增加。通常，随着过剩空气系数的增加，NO_x 生成量先增加，达到一个极限值后会下降。气体在高温区的停留时间增长会有利于热力型 NO_x 的生成。

热力型 NO_x 是在高温燃烧条件下燃烧过程中 NO_x 的主要来源之一，也是清洁燃料（如天然气、液化天然气）燃烧产生 NO_x 的主要途径。根据以上生成机理，控制热力型 NO_x 生成量的方法主要有：（1）降低燃烧温度；（2）降低氧气浓度；（3）使燃料在远离理论空气比的条件下运行；（4）缩短在高温区的停留时间。

10. 快速型 NO_x 的生成机理是怎样的？

当碳氢化合物燃料燃烧时，在富燃料区碳氢化合物分解生成的 CH、CH_2、CH_3、C、C_2 等基团会与空气中的 N_2 反应生成 CN·、HCN，然后 CN·、HCN 再被火焰中的 O·氧化生成 NO_x。这样 NO_x 的生成速度快，在火焰上面，故称为快速型 NO_x。其主要反应如下：

$$CH+N_2 \Longleftrightarrow HCN+N·$$
$$CH_2+N_2 \Longleftrightarrow HCN+NH·$$
$$CH_3+N_2 \Longleftrightarrow H_2CN+NH·$$
$$C+N_2 \Longleftrightarrow CN·+N·$$

上述反应的生成物又继续与 O·反应生成 NO：

$$HCN+O· \longrightarrow NO+CN·$$
$$NH·+O· \longrightarrow NO+H·$$

实际上，快速型 NO_x 的生成机理十分复杂，中间反应过程存在时间也十分短暂。

快速型 NO_x 只是在富燃料情况下，即碳氢化合物较多、氧气浓度相对较低时才发生，多发生在内燃机的燃烧过程中。燃煤过程中生成的 NO_x 主要是燃料型 NO_x，由于煤燃烧时先是挥发分的析出，挥发分中的 N 主要以 HCN、NH_3 等形式存在。因此，在挥发分的燃烧过程中将产生快速型 NO_x，但其量不大，一般在 5% 以下。

要降低快速型 NO_x 生成只要供给足够的氧气，减少燃烧时中间产物 HCN、NH 等的产生，就可降低快速型 NO_x 生成。理论上讲，纯氧燃烧时由于没有 N_2，不会生成 NO_x；快速型 NO_x 对温度的依赖性很弱，一般情况下，对不含氮的碳氢燃料在较低温度燃烧时才重点考虑快速型 NO_x。

11. 燃料型 NO_x 的生成机理是怎样的？

燃料型 NO_x 是燃料中的 N 在燃烧过程中经过一系列的氧化还原反应而生成

的 NO_x。对于不含 N 的清洁燃料，在燃烧过程中则不会产生燃料型 NO_x。一些燃料中 N 的含量见表 2-1。

表 2-1　一些燃料的 N 含量

燃料	N 含量,% （质量分数）	燃料	N 含量,% （质量分数）
原油	0.05～0.4	石油焦炭	1.3～3.0
减压渣油（沥青）	0.2～0.4	奥里乳化油	0.6～0.8
汽油	0.012～0.013	油母页岩	0.43～0.58
煤油	<0.0001	页岩油	0.4～1.2
煤（褐煤、无烟煤）	0.4～2.9	沥青砂	0.4

煤、焦炭和煤气是广泛使用的燃料，煤中 N 含量一般为 0.4%～2.9%。煤中的 N 与碳氢化合物结合成含氮的杂环芳香族化合物或链状化合物。煤中氮有机化合物的 C—N 结合键能为 253～630kJ/mol，比空气中氮分子的 N—N 键能 941kJ/mol 要小得多。因此，从氮氧化物生成的角度看，氧首先容易破坏 C—N 键而与其中的 N 原子生成 NO_x。

实际上，燃料生成氮氧化物的过程十分复杂，涉及在高温下的许多自由基，包括 OH·、O·、H·、NH·、NH_2·、NCO·及 CH·、CH_2·等，挥发分 HCN 和 NH_3 等可能参与 NO_x 生成反应。

此外，空气带入的 N 被氧化时也会生成 NO 及 NO_2。

不同燃料燃烧时，3 种 NO_x 类型（热力型、快速型、燃料型）的形成机制是不同的。当燃料中 N 含量超过 0.1%（质量分数）时，化学结合在燃料中的 N 转化成 NO_x 的量就越来越占主要地位。煤、重油和其他高氮燃料，如煤基燃料和页岩油，燃料型 NO_x 的形成是主要的，煤燃烧时 70%～90% 的 NO_x 来自燃料型 NO_x。燃料型 NO_x 的生成量不但受煤种、煤颗粒大小、燃烧温度、过量空气系数等条件的影响，也受燃烧过程中燃料—空气混合条件影响。目前，燃料型 NO_x 的控制技术主要分为两类：一是通过改变燃烧条件减少 NO_x 生成量，即燃烧过程中 NO_x 的脱除；二是减少燃烧后烟气的 NO_x 量，即燃烧后 NO_x 的脱除。

12. 怎样估算氮氧化物的排放量?

与二氧化硫估算一样，对氮氧化物的排放量计算也是进行大气污染控制的基础，对 NO_x 的排放量估算也可分为有组织排放的一般估算方法及无组织排放的估算方法。其估算方法可参照"第一章一、21. 怎样估算二氧化硫的排放量"相关内容。

13. 怎样测定环境大气中的氮氧化物浓度？

能连续自动测定环境大气中氮氧化物浓度的仪器，从原理上可分为分光光度法（比色法）、电量法（库仑法）、化学发光法、红外光谱法和紫外光谱法等。

目前国际上比较成熟的监测 NO_x 的方法主要有札尔兹曼（Saltzman）法和化学发光法。我国《环境空气质量标准》（GB 3095—2012）中规定的 NO_x 监测方法就是这两种方法。

札尔兹曼法为湿法，它首先需要将大气中的 NO 氧化为 NO_2，NO_2 与溶液中的试剂发生化学反应，生成偶氮染料，之后用比色法进行测定。

例如，酸性高锰酸钾溶液氧化法测定氮氧化物是我国《环境空气质量标准》中规定的监测方法之一，其测定 NO_x 的基本原理是：空气中的 NO_2 被测定仪器中串联的第一支吸收瓶中的吸收液氧化生成偶氮染料；空气中的 NO 不与吸收液反应，通过氧化管被氧化为 NO_2 后，被串联的第二支吸收瓶中的吸收液吸收生成粉红色偶氮染料。然后，于波长 540~545nm 之间测量吸光度。当采样体积为 4~24L 时，此法适用于测定 NO_x 的浓度范围为 $0.15~2.0mg/m^3$。

比色法相对比较成熟，从 1950 年以来美国一直用这种方法监测大气中的 NO_x。

化学发光法为干法，它是通过检测 NO 在臭氧的氧化作用下转化而成的 NO_2 在近红外区的发光率来检测大气中的 NO_x。在使用该法之前，必须先把 NO_2 还原为 NO。而测定 NO_2 浓度时，可把 NO_2、NO 测出的总浓度减去未把 NO_2 还原为 NO 时的浓度进行计算，当大气中的 NO 浓度为 $1~1000mg/m^3$ 时，此法具有较好的线性关系。化学发光法的灵敏度很高，超过一般的检测方法，其不足之处在于选择性较差，因此常与分离工具结合才能发挥很好的作用。

14. 氮氧化物控制技术主要有哪几类？

目前降低氮氧化物排放技术主要可分为低 NO_x 燃烧技术和烟气脱硝技术两大类。

通过 NO_x 的生成机理可以发现，燃烧条件对 NO_x 的生成和排放有很大影响，适当调整燃烧条件，就有可能减少 NO_x 的生成和排放。通过改变燃烧条件来控制 NO_x 生成的技术就称为低 NO_x 燃烧技术。

采用低 NO_x 燃烧技术控制 NO_x 的效果较好，并且投资费用和运行费用较低，但 NO_x 降低率不高，一般不超过 75%，因此，要进一步降低 NO_x 的排放，就必须采用烟气脱硝技术。烟气脱硝技术按照脱除原理，可以分为催化分解、催化还原、非催化还原、吸收法、吸附法、电子束法等；按照工作介质，可以分为干法和湿法两种。

二、低 NO_x 燃烧技术

（一）低氧燃烧技术

1. 什么是低 NO_x 燃烧技术？有哪些方法？

从 NO_x 的生成机理可知，燃料燃烧过程中影响 NO_x 生成的主要因素有：（1）燃料特性，如煤的含氮量、挥发分含量、燃料中固定碳与挥发分之比以及挥发分含氢量与含氮量之比等；（2）燃烧区域的温度峰值；（3）反应区中 $O\cdot$、$N\cdot$、$CO\cdot$ 和 $OH\cdot$ 等的含量；（4）可燃物在反应区中的停留时间。因此，燃烧条件对 NO_x 的生成和排放有很大影响。低 NO_x 燃烧技术就是通过燃烧条件来控制 NO_x 生成的技术。相应地，低 NO_x 燃烧技术所采用的方法主要如下：

（1）减少燃料周围的氧浓度。包括减少炉内过剩空气系数以减少炉内空气总量，或减少一次风量和减少挥发分燃尽前燃料与二次风的混合，以减少着火区域的氧浓度。

（2）在氧浓度较低的条件下，保持足够的停留时间，使燃料中的 N 不易生成 NO_x。而且使已经生成的 NO_x 经过均相或多相反应而被还原分解。

（3）在过剩空气的条件下，降低燃烧温度峰值，以减少热力型 NO_x 的生成，如降低热风温度和烟气再循环等。

（4）在炉中加入还原剂，使还原剂生成 CO、NH_3、HCN 等，它们可将 NO 还原分解。

上述方法在实际应用中可以以下多种工艺方式来实现，如低氧燃烧、空气分级燃烧、燃料再燃、浓淡偏差燃烧、烟气再循环、低 NO_x 燃烧器、炉内喷射脱硝等。

低 NO_x 燃烧技术只有初期投资而没有运行费用，是一种较经济的控制 NO_x 方法。采用该技术能使 NO_x 的生成量显著降低，但希望达到更高的 NO_x 排放标准的要求时，则需与燃烧后烟气脱硝技术相结合，以降低燃烧后烟气脱硝的难度和成本。

2. 什么是低氧燃烧技术？其主要原理是什么？

低氧燃烧又称低过剩空气燃烧，其主要原理是降低燃烧过程中氧的浓度，也即使燃烧过程尽可能地在接近理论空气量的条件下进行。降低氧浓度有助于控制 NO_x 生成，而且低过剩空气燃烧运行的重要意义在于，从能量守恒的观点出发，在低剩空气范围的条件下运行，可使用较少的燃料，降低锅炉的排烟热损失，提高锅炉热效率。因此，低氧燃烧运行可以作为减少 NO_x 形成和降低燃料消耗量的基本改进燃烧方法之一。但在锅炉设计和运行时，必须全面规划，选取最合理的运行条件，避免出现为降低 NO_x 的排放而引起诸如降低燃烧效率，引起炉膛结渣和腐蚀等其他问题。

3. 低氧燃烧降低 NO_x 的影响因素主要有哪些？

采用低氧燃烧方式，不仅可以降低 NO_x 排放，也可提高锅炉热效率。但如果氧气浓度过低，排烟中 CO、C_mH_n 和烟黑等有害物质也相应增加，大大增加未完全燃烧，同时飞灰含碳量增加，导致机械不完全损失，燃烧效率降低。对于每台锅炉，运行条件不同，对 NO_x 的影响程度是不同的，其主要影响因素如下：

（1）过剩空气系数 a 的影响。锅炉运行时，燃料燃烧与空气的混合不可能达到完全燃烧，为了保证燃料能够充分燃烧，实际供给燃料的空气量要多一些。实际空气量与完全燃烧时所需的理论空气量之比，称为过剩空气系数 a，或称过量空气系数 a。一般情况下，燃料燃烧时，当过剩空气系数 a 在 1.2~1.3 之间时，热力型 NO_x 的排放量最大，而燃料型 NO_x 则随着 a 的增大而增大。但是当 a 由 1.1~1.2 降到 1.05~1.02 时，无论燃料型 NO_x 和热力型 NO_x 都会降低。也即采用低氧燃烧有利于降低 NO_x 排放，一般情况下，低氧燃烧可以降低 NO_x 排放 15%~20%。

（2）燃烧条件的影响。对于每台锅炉，由于燃烧及运行条件不同，因此过剩空气系数 a 对 NO_x 的影响程度是不可能相同的。因此，在采用低氧燃烧后，NO_x 降低的程度也会不同。例如，燃用同一燃料时，由于燃烧器的布置方式不同，其过剩空气系数 a 对 NO_x 的影响也有差别。当燃烧器四角布置时，由于炉内气流旋转，燃料与空气混合均匀，避免了局部过量空气过多，因而过量空气系数 a 对 NO_x 的影响较小；而当燃烧器前墙布置时，情况则相反。因此，应通过试验来确定低氧燃烧的效果。

（3）燃烧效率的影响。低氧燃烧对降低 NO_x 有利，但如炉内氧的浓度低于 3% 时，会造成 CO 浓度急剧增加，显著增加化学未完全燃烧热损失，使燃烧效率降低。这时，燃烧效率就成为降低 NO_x 的制约因素。因此，确定低 a 范围时，必须兼顾燃烧效率、锅炉效率和降低 NO_x 的要求。同时要准确控制各燃烧器的燃料与空气均匀分配，使炉内燃料和空气平衡。

（二）空气分级燃烧技术

1. 空气分级燃烧的基本原理是什么？

空气分级燃烧技术是美国在 20 世纪 50 年代首先发展起来的，它是目前使用最为普遍的低 NO_x 燃烧技术之一。其基本原理为：将燃烧所需的空气量分为两级送入，使第一级燃烧区内过量空气系数在 0.8 左右，燃料先在缺氧的条件下燃烧，使得燃烧速度和温度降低，因而抑制了热力型 NO_x 的生成，同时，燃烧生成的 NO 和 CO 进行还原反应，以及燃料 N 分解成中间产物（如 NH、CN、HCN、NH_3 等）相互作用与 NO 还原分解，抑制了燃料型 NO_x 的生成，其主要反应如下：

$$2CO+2NO \longrightarrow 2CO_2+N_2$$
$$NH \cdot +NH \cdot \longrightarrow N_2+H_2$$
$$NH \cdot +NO \cdot \longrightarrow N_2+OH \cdot$$

在二级燃烧区内，将燃烧用空气的剩余部分以二次空气输入，成为富氧燃烧区，此时空气量增多，一些中间产物被氧化生成 NO_x，如下述反应：

$$CN+O_2 \longrightarrow NO \cdot +CO \cdot$$

采用空气分级燃烧后，火焰温度峰值明显比不采用空气分级燃烧时降低，故热力型 NO_x 生成量减少，因而总的 NO_x 生成量降低，最终可使 NO_x 生成量降低 30%~40%。

2. 空气分级燃烧分为哪些类型？

空气分级燃烧可分成两类：一类是在燃烧室（炉内）中的分级燃烧，另一类是单个燃烧器的分级燃烧。

（1）燃烧器中的分级燃烧。这是在主燃烧器上部装设空气喷口，形成所谓的"火上风"（也称燃尽风）。目前已实现商业应用的方法是将燃烧用的空气分为两部分：在主燃烧区送入大约 80% 的燃烧空气量，使主燃烧器区处于富燃料状态；剩下的空气则从"火上风"喷口送入，使可燃物燃尽。这样在燃烧室内沿高度分成两个区域，即主燃烧区的富燃料区和"火上风"喷口附近的燃烧区。这种"火上风"喷口的燃烧系统已在大容量煤粉锅炉上得到广泛应用。

（2）单个燃烧器的分级燃烧。它又可分为内分级混合的方式和外分级混合的方式，如图 2-2 所示。内分级混合分级燃烧的一、二次风均从燃烧器喷口送入，但二次风被分成两股送入，由内通道送入的称二次风，而由外通道送入的称外二次风；外分级混合燃烧的部分二次风是从主火嘴周围的一些空气喷口送入，在上述两种方式下，二次风都是逐渐送入，因而首先在燃烧器出口附近形成富氧区，抑制了燃料型 NO_x 的生成。然后二次风逐渐全部混入，使燃料燃尽，形成了燃尽区，由于二次风延迟与燃料混合，燃烧速度降低，使火焰温度降低，因而也抑制了热力型 NO_x 的生成。基于这种单个燃烧器的分级燃烧技术，许多企业开发了多种低 NO_x 燃烧器。

3. 采用空气分级燃烧时影响 NO_x 排放浓度的因素有哪些？

空气分级燃烧时影响 NO_x 排放浓度的主要因素如下：

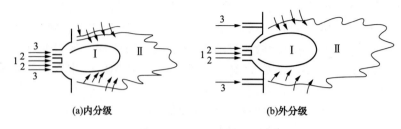

图 2-2 内、外分级混合分级燃烧示意图
1——次风；2—内二次风；3—外二次风；
Ⅰ—富燃区；Ⅱ—燃尽区

（1）一级燃烧区内的过剩空气系数的影响。在空气分级燃烧时，要正确选择一级燃烧区内的过剩空气系数，以保证在一区内形成"富燃料燃烧"（贫氧状态），尽可能地减少 NO_x 的生成，并使燃烧工况稳定。一般在一级燃烧区内的过剩空气系数不宜低于 0.7，但对具体的燃烧设备和煤种，最佳的过剩空气系数应由试验确定。

（2）温度的影响。热力型 NO_x 的生成随温度的升高而剧增，同时各种生成和还原的反应也均受温度的影响。因此，在实施空气分级燃烧时，要根据不同煤种的特性，通过试验将一级燃烧区的温度控制在有利于降低 NO_x 排放浓度的范围内。

（3）二次风喷口位置的影响。无论使用贫煤还是烟煤，采用空气分级燃烧都能显著降低 NO_x 的排放浓度。二次风一般是在第一级燃烧基本完成时送入，大致位置在分级燃烧时的火焰尾部附近。

（4）烟气停留时间的影响。采用空气分级燃烧时，烟气停留时间增加，NO_x 排放量明显降低，但停留时间达到一定程度后，NO_x 排放浓度的降低就不太显著，甚至还会增加。而且对于不同煤种，这种趋势也会有所不同。

（5）煤粉细度的影响。在空气不分级燃烧的情况下，无论烟煤还是贫煤，其细煤粉的 NO_x 排放浓度均高于粗煤粉，在分级燃烧时，采用细煤粉则能显著降低 NO_x 排放量。因此，采用细煤粉分级燃烧可达到降低 NO_x 排放浓度的目的。

除了上述因素外，燃烧器结构、二次风风量等因素也会对 NO_x 排放浓度产生影响。

（三）燃料分级燃烧技术

1. 什么是燃料分级燃烧？

燃料分级燃烧又称燃料再燃技术。该技术是将锅炉的燃烧分为两个区域，将 80%~85%的燃料（称为一次燃料）送入第一级燃烧区（主燃烧区），在过量空气系数大于 1 的条件下进行富氧燃烧并生成大量的 NO_x；其余 15%~20% 的燃料（称为二次燃料或再燃燃料）则在主燃料区的上部送入第二级燃烧区（再燃区），在过剩空气系数小于 1 的条件下进行缺氧燃烧，在第二燃烧区中有很强的还原性气氛，使得主燃料区生成的 NO_x 被还原成氮分子（N_2）。再燃区中不仅能使已生成的 NO_x 得到还原，同时还抑制了新的 NO_x 生成，可使 NO_x 的排放浓度进一步降低。此外，再燃区的上面布置有"火上风"喷口以形成第三燃烧区（即燃尽区），以保证在再燃区中生成的未完全燃烧产物燃尽。因此，这种再燃法又称作三级燃烧技术。

2. 燃料分级燃烧技术的基本原理是什么？

早在一个世纪以前，有些研究者发现，利用碳氢化合物可以降低 NO 的排放。例如，将甲烷（CH_4）在锅炉主燃烧区的下游（紧贴主燃烧区的地方）作为燃料喷入的话，可以使 NO 的排放降低 50%。基于这一现象，燃料分级燃烧技术的基本原理是：燃料燃烧时已生成的 NO 在遇到烃类和未完全燃烧产物 CO、H_2、C 与 C_nH_m 时会发生 NO 还原反应，这些反应的总反应方程式如下：

$$4NO+CH_4 \longrightarrow 2N_2+CO_2+2H_2O$$

$$2NO+2C_nH_m+\left(2n+\frac{m}{2}-1\right)O_2 \longrightarrow N_2+2nCO_2+mH_2O$$

$$2NO+2CO \longrightarrow N_2+2CO_2$$

$$2NO+2C \longrightarrow N_2+2CO$$

$$2NO+2H_2 \longrightarrow N_2+2H_2O$$

燃料分级燃烧技术就是利用上述 NO 破坏原理来降低 NO_x 的排放，具体做法就是将燃料分级送入炉膛，在燃烧区火焰的上方喷入另外的碳氢燃料，以建立一个富燃料区使生成的 NO_x 转化为 HCN，并最终转化为无害的 N_2。

3. 再燃区中影响 NO_x 浓度值的因素有哪些？

采用燃料分级燃烧时，为了有效降低 NO_x 的排放浓度，再燃区是关键，在再燃区中影响 NO_x 浓度值的因素主要有以下一些：

（1）二次燃料种类的影响。燃料分级燃烧时在再燃烧区喷入的二次燃料可以用同一煤种，也可用其他煤种、油或气体燃料。煤粉炉常用碳氢类气体或液体燃料作为二次燃料，如天然气因热值高，易着火燃烧，能使 NO_x 排放量降低 50% 以上。如采用同一煤种的煤粉，则需把煤粉磨得更细，否则会因焦炭燃不尽而增大飞灰含碳量。

（2）二次燃料比例的影响。为保证在再燃区内对 NO_x 的还原效果，必须送入再燃区足够数量的二次燃料。一般情况下，二次燃料的比例在 10%~20% 之间，但对某种二次燃料而言，其合适比例要由试验确定。

（3）主燃区 NO_x 量的影响。当主燃区 NO_x 量较高时，再燃区 NO_x 的转换率随主燃区 NO_x 量的增加而增加，不过用煤、油和掺有氨的天然气作为再燃燃料时，当主燃区 NO_x 超过一定值（如 600mg/L），而再燃区的 NO_x 降低到 50% 时，这时 NO_x 的再降低与再燃燃料的类型无关。此外，主燃区 NO_x 量对再燃区 NO_x 的影响还与温度有关。

（4）再燃区内过量空气系数的影响。再燃区过量空气系数对 NO_x 的再燃过程有较大影响。在一定温度和停留时间下，存在一个最佳的过量空气系数，这时 NO_x 的浓度最低。但对不同燃煤设备、煤种、二次燃料及温度等操作参数，最佳的过量空气系数应由试验确定。

（5）再燃区温度的影响。再燃区温度对 NO_x 的还原率影响很大，如以 CH_4 为再燃燃料时，最佳的再燃温度为 1150~1200℃，在此温度下 NO_x 的还原率将达到最大值。

（6）再燃燃料混合的影响。为了使 NO_x 排放量最低，再燃区 NO_x 和再燃燃料必须快速而强烈地混合，良好的混合可通过增加再燃燃料的动量来实现，如用循环烟气作为再燃燃料的输送介质可以强化再燃燃料扩散性能。

4. 天然气用作再燃燃料有哪些特点？

天然气具有使用方便、经济、热值高、污染少等优点，是一种在技术上已经得到证实的优质清洁燃料。对于采用燃料分级燃烧技术的电站锅炉，以天然气为再燃燃料时，对 NO_x 的排放可获得 50%~74% 的脱硝效果，将天然气作为再燃燃料具有以下特点：（1）天然气主要成分是气体烃类，其中主要成分是甲烷。只含极少量氮和硫、灰等物质，因此不会增加额外的污染物排放和在锅炉中生成腐蚀性物质；（2）天然气与烟气是同相混合，混合及反应速率快，燃尽性能好，而反应温度要求不高；（3）使用天然气作再燃燃料时可省去磨煤机等设备，也不需要进行预热，可降低再燃系统的投资及运行费用。

影响天然气再燃效果的因素有再燃区过量空气系数和再燃区停留时间、温度、再燃燃料量等，这些影响因素的具体数值与锅炉类型及燃烧方式有关，需要经过试验确认。此外，天然气价格也是决定天然气再燃技术应用的重要因素。

5. 使用煤粉及超细煤粉作再燃燃料有什么特点？

煤粉用作再燃燃料是由于这种燃料的经济性和在燃煤锅炉上应用的便捷性。虽然以煤粉作为再燃燃料时，对 NO_x 的还原率会随挥发分含量的不同而有些差异，但其效果还是十分显著的。在一定条件下可以实现类似甚至高于天然气的再燃效果，其脱硝率一般在 36%~60% 之间。

将煤粉作为再燃燃料，包括挥发分对 NO_x 的均相再燃和煤焦对 NO_x 的异相再燃两种机制。褐煤的异相机制在一定条件下可超过均相机制，可获得优于天然气的再燃效果；由于煤粉存在含氮组分，无论均相还是异相再燃中，在再燃区内除了实现气体再燃时的 CH·对 NO_x 的还原外，还可实现含氮组分在氧气不足的情况下发生如 $RNi+NO \longrightarrow N_2+\cdots$ 的反应，从而能有效地还原 NO_x。

与气体燃料相比，用煤粉作再燃燃料时，煤灰中的金属氧化物在再燃反应时起催化剂的作用，可增强脱硝效果。但使用煤粉作再燃燃料也存在着飞灰含碳量高、着火和反应性能差、增大锅炉不完全燃烧损失、降低锅炉等问题。因此，人们开始转向用超细煤粉来替代常规煤粉作再燃燃料。与常规煤粉相比，超细煤粉具有着火性能好、燃烧效率高、NO_x 排放量低以及综合经济性高等优点，而且其飞灰含碳量也远小于常规煤粉。所用超细煤粉的标准一般为 80% 的煤粉粒径小于 $43\mu m$。

6. 能用作再燃燃料的其他燃料有哪些？

除天然气、煤粉（超细煤粉）较多用作再燃燃料外，水煤浆再燃技术也已进入工业应用，水煤浆用作再燃燃料的优点之一在于其廉价性，使用成本相对较低。与代油燃烧的水煤浆相比，用于再燃的水煤浆制备可以不加添加剂，表观黏度及稳定性等要求不是太严格，对煤中挥发分含量也没有特殊要求。水煤浆本身是一种低污染燃料，可减少燃尽区污染物的再次生成。再燃时产生的水蒸气可作为一种活化剂提高煤炭活性。水分蒸发后的煤浆团内部呈多孔结构，增大了反应比表面积，促进反应进行，水煤浆再燃效果与锅炉燃烧方式、再燃燃料量、温度、过量空气系数及炉内停留时间等参数有关，条件控制适当可获得良好的脱硝效果。

此外，生物质、沥青质矿物和废弃轮胎等也可用作再燃燃料。生物质是可再生的清洁能源，含污染物少，在我国来源广泛，用作再燃燃料可实现生物能的合理利用，而且烟气中 CO_2 和 SO_2 含量可明显减少；沥青质矿物的价格与煤接近，但灰分含量比煤少且不含硫，也是一种经济有效的再燃燃料；将废旧汽车轮胎粉碎制得的细粉用作再燃燃料，也是对这类废弃物进行处理的有效途径。

7. 什么是高级再燃技术？主要原理是什么？

所谓高级再燃技术是指再燃烧技术与氮催化射入技术相结合的一种 NO_x 控制技术，是由燃料再燃技术发展而来的更有效的 NO_x 控制技术。这种技术是将氨水或尿素作为氮催化剂加入再燃烧区或燃尽区，以进一步降低 NO_x 排放。如果将无机盐（尤其是碱金属）的催化剂通过某种方式一起加入，将更有利于 NO_x 的还原。

在实施高级再燃技术时，位于再燃区后部的再燃燃料量已较少，其中 C—N 和 N—H 等化合物的浓度较低，当将氨水或尿素喷入再燃区后部燃尽区时，它们会迅速与一些活性基团发生如下反应：

$$OH \cdot + NH_3 \longrightarrow H_2O + NH_2 \cdot$$

$$H \cdot + NH_3 \longrightarrow H_2 + NH_2 \cdot$$

$NH_2 \cdot$ 与 NO 会发生以下反应：

$$NH_2 \cdot + NO \cdot \longrightarrow N_2 + H_2O$$

$$NH_2 \cdot + NO \cdot \longrightarrow NNH \cdot + OH \cdot$$

由于 NNH 最终能够形成 N_2 和活性基团，因此上述反应形成链式反应，降低 NO_x 的浓度，从而进一步加强了 NO_x 的还原反应。

如果在氨或尿素中加入无机盐（如碱金属），就会有更高的 NO_x 还原能力。如加入钠无机盐后，在高温下会转化成 NaOH，并缓慢地释放出 Na 原子和 OH 离子，Na 原子又会与水形成 NaOH：

$$NaOH + M \longrightarrow Na + OH + M$$

$$Na + H_2O \longrightarrow NaOH + H$$

其总的反应式为：

$$H_2O \longrightarrow H + OH$$

反应中所形成的活性基团（OH、H）通过上述反应形成 NH_2，NH_2 又和 NO 反应降低 NO_x 的浓度。由此可见，当再燃燃料含有较高的氮挥发分和碱金属时，可以大大增强 NO_x 的还原反应。采用高级再燃烧技术可降低 NO_x 排放 85% 以上。

（四）浓淡偏差燃烧技术

1. 什么是浓淡偏差燃烧？

浓淡偏差燃烧又称偏差燃烧。此法是对装有两个燃烧器以上的锅炉，使部分燃烧器供应较多的空气（呈贫燃料区），即燃料过淡燃烧；另使部分燃烧器供应较少的空气（呈富燃料区），即燃料过浓燃烧。但无论是过淡还是过浓燃烧，燃烧时过量空气系数 a 都不等于 1，前者 $a<1$，后者 $a>1$。因此，该方法又称作非化学计量数配比燃烧。燃烧过浓部分因氧气不足，燃烧温度不高，所以燃料型 NO_x 和热力型 NO_x 都很低；燃料过淡部分，因空气量很大，燃烧温度降低，使热力型 NO_x 降低。

2. 怎样实现浓淡偏差燃烧？

实现浓淡偏差燃烧技术可以从两方面着手：一是在总进风量不变的状况下，调节上、下燃烧器喷口的燃料与空气的比例，使其实现偏差燃烧；二是采用宽调节比燃烧器。当煤粉气流进入燃烧器前的管道转变处时，由于离心力的作用，煤粉会浓缩到弯头的外侧，并进入上侧富燃料喷口。内侧则为淡粉流，并进入下面的贫燃料喷口，从而实现浓淡偏差燃烧，可以使 NO_x 降低。因此，为了实现浓淡燃烧，已开发出各种类型的浓淡转换装置及浓淡燃烧器。

浓淡偏差燃烧技术可用于燃烧器多层布置的电站锅炉，在保持总进风量不变的条件下，调整各层燃烧器喷口的燃料与空气的比例，然后保证浓淡两部分燃气充分混合好并燃尽。这种方法实施比较简单，NO_x 排放能明显降低。

（五）烟气再循环燃烧技术

1. 什么是烟气再循环燃烧技术？

烟气再循环燃烧技术是在锅炉的空气预热器前抽取一部分低温烟气直接送入炉内，或者与一次风或二次风混合后送入炉内。这样不但可以降低燃烧温度，而且也降低了氧气浓度，因而可以降低 NO_x 的排放浓度。该技术的核心在于利用烟气所具有的低氧及温度较低的特点，将部分烟气再循环喷入炉膛合适的位置，以降低局部温度及形成局部还原性气氛，从而抑制 NO_x 的生成。

2. 烟气再循环技术适用于哪些燃料？

烟气再循环燃烧技术特别适用于含氮量少的燃料。对于燃气锅炉，NO_x 的降低最为显著，NO_x 可减少 20%～70%；对于燃用重油的锅炉，NO_x 排放可降低 10%～50%；液态排渣的煤粉炉，NO_x 排放可降低 10%～25%。对于固态排渣的煤粉炉，有 80% 的 NO_x 是燃料型 NO_x，因此采用烟气再循环方式对降低 NO_x 作用有限，NO_x 降低量在 15% 以下。对于燃烧无烟煤等难燃煤种以及煤质不是很稳定的电站锅炉，由于受炉温和燃烧稳定性降低的限制，则不宜采用烟气再循环技术。

将再循环烟气送入炉内的方法很多，如通过专门的喷口送入炉内，但更有效的方法是采用空气烟气混合器，把烟气掺混到燃烧空气中去。

3. 烟气再循环率 r 应取什么比例为合适？

采用烟气再循环技术降低 NO_x 排放的效果与燃料种类及烟气再循环率有关。烟气再循环率 r 是再循环烟气量与不采用烟气再循环时的烟气量的比值。一般当 r 增加时，NO_x 减少，其减少程度与炉型有关。r 太大，炉温降低太多，燃烧不稳定，化学与机械燃烧热损失增加。因此，烟气再循环率 r 一般不超过 30%，对大型锅炉，r 限制在 10%～20% 之间，这时 NO_x 可降低 25%～35%。

4. 烟气再循环技术存在哪些缺点？

烟气再循环技术可以在一台锅炉上单独使用，也可和其他低 NO_x 燃烧技术配合使用，它可以用来降低主燃烧器的空气浓度，也可以用来输送二次燃料。该法的主要缺点是由于大量烟气流过炉膛，缩短了烟气在炉内的停留时间，并使电耗增大。

（六）低 NO_x 燃烧器

1. 什么是低 NO_x 燃烧器？

燃烧器是锅炉设备的重要部件，它保证燃料稳定着火、燃烧和燃料烧尽等过程。而从 NO_x 的生成机理来看，占 NO_x 绝大部分的燃料型 NO_x 是在煤粉的着火阶段生成的。因此，通过特殊设计的燃烧器结构，以及通过改变燃烧器的风煤比例，可以将其他降低 NO_x 的原理用于燃烧器，以尽可能地降低着火区氧的浓度，适当降低着火区的温度，达到最大限度抑制 NO_x 生成的目的。具有这种功能的燃烧器就是低 NO_x 燃烧器。

低 NO_x 燃烧器不仅能保证煤粉着火和燃烧的需要，并且能有效抑制 NO_x 的生成。因此，低 NO_x 燃烧器得到了广泛的开发和应用，世界各国的大锅炉公司，为使其锅炉能满足日益严格的 NO_x 排放标准的要求，分别研发出不同类型的低 NO_x 燃烧器。

例如，日本研制的 FDI 型燃烧器，适于使用高温预热空气的低 NO_x 喷嘴。其特点是 80%的燃料由喷头的轴向喷出，20%由径向喷出，其抑制 NO_x 的原理是利用气体自由射流作用实现燃气再循环，以降低火焰温度。当空气流速由 55m/s 增加到 127m/s，可使 NO_x 降低 20%~25%。

2. 不同类型低 NO_x 燃烧器降低 NO_x 的效果如何？

低燃烧器的类型很多，根据所采取措施不同，可以达到的 NO_x 降低率一般为 20%~80%，表 2-2 列出了不同类型燃烧器降低 NO_x 效果。

表 2-2　不同类型低 NO_x 燃烧器降低 NO_x 效果

低 NO_x 燃烧器类型	NO_x 还原率,%
空气分级燃烧器	25~35
燃料分级燃烧器	45~50
低过量空气系数燃烧器	20~25
烟气外循环燃烧器	50~60
烟气内循环燃烧器	40~50
空气分级或燃料分级烟气内循环燃烧器	55~75
空气分级或燃料分级外循环燃烧器	60~80

三、燃煤锅炉的低 NO_x 运行技术

（一）煤粉炉的低 NO_x 运行技术

1. 为什么要开发低 NO_x 运行技术？

不同的燃煤锅炉，由于锅炉容量、煤种特性、燃烧方式及其他具体条件的不同，在使用上述低 NO_x 燃烧技术时，必须根据具体的条件进行技术经济比较，使所选用的低 NO_x 燃烧技术和锅炉的具体运行条件相适应，不仅要考虑锅炉降低 NO_x 的效果，而且还要考虑在采用低燃烧技术后，对火焰的稳定性、燃烧效率、过热蒸汽温度的控制、受热面的结渣和腐蚀等可能带来的影响。因此，为了更好地降低 NO_x 排放量和提高锅炉效率，很多公司在实际的燃烧系统中，往往是多种低 NO_x 燃烧技术组合在一起使用，构成一个低 NO_x 燃烧系统进行运行。

2. 什么是带"火上风"喷嘴的角置直流低 NO_x 燃烧系统？

"火上风"（也称燃尽风）喷口燃烧系统（参见"空气分级燃烧技术"的内容）开发于 20 世纪 70 年代中后期，现已广泛用于大容量煤粉锅炉上，这种燃烧系统在炉内沿高度方向采用空气分级燃烧，具有明显降低 NO_x 排放的功能。

"火上风"方法应用于现有锅炉改造时，从对锅炉改动最小的角度考虑，让多层燃烧器中最上排的燃烧器不提供燃料，只提供空气，而下排的燃烧器则在富燃料状态下运行，对新设计的锅炉和有选择性的改型锅炉，"火上风"布置在最上排燃烧器的上面，燃烧器和主燃烧区在富燃料状态下运行。

如以华能福州电厂 350MW 机组锅炉的燃烧系统为例，在进行燃烧优化调整后，NO_x 排放量可以控制在 $700mg/m^3$（标况）左右，比燃用相同煤种的传统燃烧器低 $150 \sim 200mg/m^3$（标况）。

3. 带同向偏置二次风的同轴燃烧系统有什么特点？

带同向偏置二次风的同轴燃烧系统开发于 20 世纪 80 年代初。该系统的二次风射流轴线向水冷壁方向偏转了 $25°$，在炉内形成了一次风在内、二次风在外的同轴双切圆。二次风射流偏置后，推迟了二次风与一次风的混合，有效地减少了着火段的供氧量，从而抑制了 NO_x 的生成。其降低 NO_x 排放的原理同样为空气分级燃烧，但这种燃烧系统的分级送风方式是燃烧器出口水平方向的空气分级，有别于"火上风"的炉膛内的空气分级。

此外，这种燃烧系统的一次风喷口采用了 WR 型燃烧器，该燃烧器的煤粉喷嘴由 $90°$ 喷头、带水平导流板的喷嘴体和带波纹型钝体的喷嘴组成，煤粉气流经

过 90°弯头后，由于离心作用，煤粉气流分离成上浓下淡两段，60%~70%的煤粉进入上部区域，其余 30%~40%的煤粉进入下部区域进行燃烧，因而 NO_x 生成量也有所减少。采用带同向偏置二次风的同轴燃烧系统的锅炉，其 NO_x 排放总量随负荷的增高而增大，满负荷时的排放量也仅为 630mg/m³（标况），处于较低的水平。

4. 一次风反切的低 NO_x 同轴燃烧系统有什么特点？

一次风反切的低 NO_x 同轴燃烧系统是带同向偏置二次风的同轴燃烧系统的改进形式。后者的主要特点为采用同向偏置的二次风，而前者则是采用反向的一次风。一次风反切的低 NO_x 同轴燃烧系统的主要特征是一次风射流形成与二次风切圆转向相反的小切圆，即形成一次风切圆在内、二次风切圆在外的双切圆燃烧方式。这种燃烧方式的好处是提高了一次风煤粉气流在炉内的穿透能力，并使其远离下方水冷壁，从而可减轻炉内的结焦与积灰。此外，由于一次风、二次风切圆方向相反，使炉内煤粉与空气的混合极为强烈，煤粉离开炉膛的燃尽程度增加，因而过量空气系数可以降低。但多数情况下，一次风反切的低 NO_x 同轴燃烧系统均和"火上风"以及低 NO_x 燃烧器配合使用，以取得更好的 NO_x 排放效果。

5. 燃用低挥发分煤种的低 NO_x 同轴燃烧系统有什么特点？

这种燃烧系统各燃烧器喷口的布置具有以下特点：（1）炉膛四周的四组燃烧器的大部分喷嘴均与水冷壁呈 45°对称布置，这些喷嘴的出口射流近于对冲。（2）炉内气流的旋转完全依靠一次风喷嘴之间与一次风射流呈 20°夹角的两层二次风射流来实现。它们的主要作用是在燃烧起始区域形成足够的炉内气流旋转强度，以便与传统的切圆燃烧一样，利用已着火燃烧的上游邻角气流放出的热量来加热和引燃煤粉气流。此外，它还有助于把传统的一次风相对集中布置与一次风间隔布置结合起来。这是因为处于两层一次风中间的二次风向水冷壁偏转后，其上下一次风射流在离开喷口一定距离后相互靠拢，构成了两组与相对集中相似的气流，使局部区域煤粉浓度增高，有利于加速着火，还有利于降低 NO_x 排放和防止炉膛内的结焦和腐蚀。（3）在两层三次风喷口上部布置了一层与气流旋转方向相反的燃尽风，它除了通常的燃尽作用外，还有利于减弱炉膛出口处气流的旋转，从而改善水平烟道的气流分布。（4）一次风喷嘴也采用 WR 型燃烧器。

以陕西渭河电厂的 300MW 机组锅炉为例，该设计燃用铜川贫煤和焦平烟煤 4:1 的比例混合而成的混煤，采用该燃烧系统后，在满负荷下运行时的 NO_x 排放量约为 650mg/m³（标况），比燃用同煤种的常规切圆燃烧器低 200~250mg/m³（标况）。

（二）层烧炉降低 NO_x 排放技术

1. 链条炉 NO_x 的排放量一般是多少？

我国燃煤工业锅炉中使用最普遍的层烧炉是链条炉。链条炉上的燃烧过程如图2-3所示。煤进入炉膛后，受到炉膛火焰和炉拱的热辐射，先经历加热干燥阶段，煤中的水分析出，然后进入着火阶段，煤中的可燃气体——挥发分开始析出，并着火燃烧。接着煤中的焦炭开始燃烧，最后为燃尽段，炉渣中的残炭在此阶段燃烧。由于燃料层的燃烧过程是分阶段进行，因此燃料层上各种气体浓度的分布是不均匀的。在炉排的前后两区段，燃料层上方的气体中氧气量有富余（过量空气系数 $a>1$），而中间部分氧气不足（$a<1$），不完全燃烧产物 CO、H_2、CH_4 等还原性气体浓度很高，因此不仅在燃料层中存在还原区，而且燃料层上方的炉膛空间也存在一个还原性气氛的区域，这就使链条炉燃料层燃烧过程本身具有类似于空气分级燃烧的特点。因此，一般情况下，链条炉的 NO_x 排放量在 $350\sim450mg/m^3$（标况）之间，比煤粉炉排放要低许多。

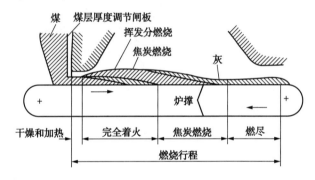

图2-3　链条炉炉排上煤层燃烧分布

2. 为什么优化配风可以降低链条炉 NO_x 的排放量？

传统的链条炉配风方法是尽早配风法，它是根据燃料层的空气消耗能力尽早送风，也即燃料层一有空气消耗能力就开始送风。并且随着燃料层温度提高和燃烧加强，尽可能加大送风，直至燃尽。尽早配风法的缺点主要是前期送风过多，燃烧过强，导致后期燃烧过弱、温度过低，以致难以维持焦炭燃尽而使燃烧过早地中止。这种燃烧格局会引起一系列问题，如前拱区容易产生结渣、拱间区飞灰较多、后部弱燃区面积又较大，往往占总炉排有效面积的1/3以上。这不仅使锅炉的出力不易保证、炉渣含碳量较高，而且那里的空气利用率很低，形成的炉内过剩空气（二级空气）相对较多。另外，又因炉内前部的送风量已经富足而无法将其输送到前面再次利用，因而总的过量空气系数较大。

为了解决尽早配风法产生的问题，采用对链条炉进行优化配风。这种新的配风方法称为推迟配风法，其特点是故意大幅度压缩第二风室配风量，使那里燃料层的燃烧率明显减少，导致强烈的煤气化，结果使相应的炉膛空间中充满着煤气，形成一个缺氧的高燃料空间，随时等待二级空气的到来。通过这部分煤气的空间燃烧，既可以大量消耗掉来自炉排后段的过量空气（二级空气），有效地降低了总的过量空气系数，而且又可提高那里的空间温度，使配风推迟但不推迟着火。由于当燃烧层进入后拱后才送以强风，因而必然在那里形成一个强燃区，即形成一个以高温烟气、炉拱和燃烧面为载体的强大热源，此热源向前通过对流和辐射促进引燃，向后则通过辐射加热维持燃尽区的高温，从而促进了焦炭燃尽。

推迟配风法的突出优点是能够最大限度地二次利用空气，也即能将炉膛后部已经用过一次的二级空气送到炉膛前部空间来燃尽那里的未燃煤气，能够使链条炉处于低过量空气系数燃烧状态，可以降低 NO_x 排放约 20%。

3. 进一步降低链条炉 NO_x 排放量可采取哪些措施？

如要进一步降低链条炉的 NO_x 排放量，上述煤粉炉的低 NO_x 运行技术也可以用于链条炉，如采用低过量空气运行，最低可降低 NO_x 排放量 20%；在除尘器后将再循环烟气引入炉膛内，以降低炉膛中氧的浓度和燃烧温度，可降低 NO_x 的排放量 20%；链条炉采用燃料分级燃烧时，可降低 NO_x 排放量 50%。

对于抛煤机炉，特别是工业炉中常用的倒转炉排风力机械抛煤机炉，其大颗粒的煤粒被抛撒在燃料层上，随着炉排向前移动，沿炉排长度燃烧也分区进行。这与上述的普通链条炉相似，对于抛撒在炉膛空间的细颗粒燃料，则类似于煤粉炉的悬浮燃烧。因此，这种抛煤机炉的燃烧工况兼有链条炉和煤粉炉的特点。因而其 NO_x 的排放量也介于固态排渣煤粉炉和链条炉之间，比链条炉要高，为 $450\sim750mg/m^3$（标况）。抛煤机炉也可以采用空气分级燃烧和烟气再循环等方法进一步降低 NO_x 的排放。

（三）流化床锅炉降低 NO_x 排放技术

1. 不同流化床锅炉的 NO_x 排放状况有什么区别？

流化床锅炉又称沸腾床锅炉，是应用流化床燃烧技术的锅炉，流化床燃烧是高效少污染的燃烧技术。这种燃烧方式由于形成湍流条件，燃烧效率高，可大大减少 SO_2 排放；由于燃烧温度低，可显著减少 NO_x 的生成。流化床锅炉有常压和加压两类，常压又可分为鼓泡流化床和循环流化床两种。

鼓泡流化床燃烧过程分为空隙率小、氧浓度低的密相区燃烧和氧浓度高的悬浮段燃烧两个阶段。投入的煤炭在密相区便开始分解，煤炭中的氮化合物以 HCN 和 NH_3 的形式迅速释放出来。挥发分在贫氧的密相区缓慢地燃烧，然后在悬浮段进行激烈的氧化反应。挥发分释放后的焦炭颗粒主要在密相区燃烧。在 1023K 以下低温燃烧时热力型 NO_x 的发生量很少。挥发分中的 HCN 和 NH_3 被空气氧化后转化为 NO，沿着床层的高度 NO 逐渐减少。在悬浮段，燃烧高挥发分的褐煤和烟煤时，由床层进入悬浮段未燃的挥发分成分会进一步还原 NO 而使 NO_x 降低。但燃烧低挥发分的无烟煤或石油焦时，NO_x 在悬浮段的降低率则很小。

循环流化床锅炉是新一代高效、低污染的清洁燃烧技术，其特点在于燃料及脱硫剂经多次循环，反复地进行低温燃烧和脱硫反应，炉内湍流运动强烈，具有污染物排放低、燃料适应性广、负荷调节性能好等特点。由于循环流化床锅炉一般均设计成空气分级燃烧方式，因此可以有效控制 NO_x 的生成，如选择合适的床温、分级送风、选择性还原还可进一步降低 NO_x 排放量。

增压流化床锅炉的特点是炉内的压力控制在 $0.6\sim2.0MPa$，利用排气的余压、余热驱动燃气轮机。现在开发的加压流化床锅炉主要采用鼓泡型，炉内的脱硝机理和常压流化床锅炉类似，但由于床层较高，密相区的气体停留时间长。又由于加压，挥发分的释放速度比较慢，NO 在 CO 浓度较高的焦炭颗粒周围进一步分解，所以比常压鼓泡流化床的 NO_x 排放量要少。

流化床锅炉虽然 NO_x 排放量低，但近年来发现其 N_2O 的排放量比煤粉炉、层烧炉等燃烧方式高得多，而且 NO 随床温的提高而增加，而 N_2O 则相反，随床温的提高而逐渐减少。N_2O 主要由 HCN 经氧化变成 NCO，然后再与 NO 反应转化而来，燃烧过程中焦炭对氮的直接氧化也会生成 N_2O。通过辅助燃料的燃烧形成高温燃烧区域使 N_2O 分解或者添加一些对 N_2O 分解有催化作用的固体颗粒等措施可以降低 NO_x。

2. 影响鼓泡流化床锅炉 NO_x 排放的因素有哪些？

（1）煤种的影响。煤种不同，其燃料氮向 NO_x 和 N_2O 的转化率有很大区别。这种转化率的差异是由于其含氮量和含碳量有所不同，含氮及含碳量高的煤种，由于氰基（—CN）较多，而氰基对 NO_x 和 N_2O 的生成有极为重要的作用。

（2）温度的影响。煤中氮向 NO_x 的转化率随床温升高而增多，而向 N_2O 的转化率则随床温升高而降低。产生这一现象的主要原因有：①挥发分中的含氮物质（HCN、NH_3 等）在较高温度下向 NO_x 的转化率升高，而向 N_2O 的转化率降低；②温度升高时，床层中碳负荷减少，导致 NO 由 C 及 CO 的还原反应减弱，因而 NO 浓度会升高；③N_2O 分解速率会随温度升高而加速，从而使 N_2O 浓度降低。

（3）过量氧率的影响。过量氧率增大，NO_x 和 N_2O 的生成率均会升高，这是因为氧量增大时，氮的转化率会增大，故引起煤中氮转化率增加。某些煤当氧量很低时，NO_x 和 N_2O 的排放量均很小，表明减小氧量可同时减少 NO_x 和 N_2O 的排放。

（4）流化速度的影响。提高流化速度可使燃料中的氮转化为 NO_x 和 N_2O 的转化率增大。流化速度增加能提高氮转化率的原因是由于气体停留时间变短，使得 NO_x 和 N_2O 的还原率减少。此外，流化速度提高时，床层过量氧率增加使得氮转化率增大。

（5）脱硫剂的影响。流化床脱硫过程常加入石灰石水脱硫剂。一般来说，随钙硫比增大，NO_x 浓度会略有增大，而 N_2O 浓度与 SO_2 浓度均会下降。其原因是：①在石灰石的催化作用下，挥发分含氮物质（HCN、NH_3）的氧化趋向于生成 NO_x，而生成 N_2O 的趋势降低；②N_2O 会因石灰石的催化作用而加速分解；③随着 HCN 向 NH_3 的转化反应，NH_3 氧化的主要产物是 NO，从而使 NO_x 浓度增加而 N_2O 浓度减少。

3. 循环流化床锅炉降低 NO_x 排放量可采取哪些措施？

循环流化床锅炉的 NO_x 排放量最主要的特征是其对燃料性质、空气量及床温的敏感性。在实际运行过程中，还会受到设计和操作因素的影响。此外，由于装置结构、容量等不同，即使燃用同一种煤，NO_x 的排放量也会有所差别，循环流化床锅炉降低 NO_x 排放量的方法有以下几种：

（1）采取分级送风。降低过量空气系数可有限地控制 NO_x 的排放量，与此同时，如采用分级送风，适当地降低一次风率，增大二次风率可大大降低 NO_x 的排放量。例如，当将约 1/3 的燃烧空气作为二次风送入密相区上方一定距离处时，NO_x 排放量可望达到最低水平。但是，锅炉结构不同，可能会使最佳的一、二次风配比在某种范围内有所变化。

（2）选择合适的床温。降低循环流化床锅炉床温不仅可有效降低 NO_x 排放水平，而且还有利于脱硫，但会使 N_2O 排放量上升，而且 CO 浓度会增加，燃烧效率会下降。综合考虑各方面影响因素，循环流化床床温以 850~900℃ 为宜。在此温度下，热力型 NO_x 可不计，燃料氮形成的 NO_x 也随之降低。

（3）采用选择性还原。在循环流化床锅炉的悬浮段或分离器区域注入液氨或尿素可有效还原 NO_x 气体，降低 NO_x 排放量。如对于 NH_3，其还原反应为：

$$4NH_3+4NO+O_2 \longrightarrow 4N_2+6H_2O$$
$$4NH_3+2NO_2+O_2 \longrightarrow 3N_2+6H_2O$$

但在采用上述措施时需要限制还原反应温度，注氨时的反应温度一般为 810℃，注尿素时的温度为 890℃，而且该区的氧浓度不宜过高。

（4）采用天然气再燃技术。在密相区上方注入天然气可使 NO_x 失氧还原为 N_2，同时产生 CO。为了提高燃烧效率，可在天然气注入口上方再注入补燃空气，这样既可以控制 NO_x 的排放水平，又可以保证较高的燃烧效率。

（5）使用飞灰再循环。循环流化床锅炉采用飞灰再循环燃料，使床内含碳量很高，能显著降低 NO_x 排放量，这是由于在高负荷高床料含碳量下，可发生以下反应：

$$NO+C \longrightarrow \frac{1}{2}N_2+CO$$

$$2NO+C \longrightarrow N_2+CO_2$$

因此，可使 NO 的排放量下降。

4. 影响增压流化床锅炉 NO、N_2O 排放的因素有哪些？

增压流化床锅炉是采用增压流化床燃烧技术的锅炉，是增压流化床联合循环电站的关键设备。它具有能实现联合循环发电，提高发电效率，易于实现低 SO_x、NO_x 污染排放等特点。增压流化床燃烧过程中，影响 NO、N_2O 排放的主要因素有以下一些：

（1）床温的影响。增压流化床床温对 N_2O 的排放量影响很大。当床温增加时，N_2O 的排放量减少得很快。当床温达到 900℃时，N_2O 的排放浓度更低。对于增压流化床燃烧来说，如能将燃烧室温度提高到 900℃左右，不仅能改善燃烧性能，而且能降低 N_2O 排放量，但不会增加 NO、SO_2 等的排放量。

（2）过量空气系数的影响。过量空气量增加时，N_2O 的排放量也随之增大，但其增幅不如 NO。当床温一定时，燃料氮转化为 NO 的转化率基本上与床内的氧浓度成正比。过量空气系数较低时，床内焦炭越多，CO 浓度越高。这时，NO 分解剧烈，使 NO 排放量进一步降低。当过量空气系数增加时，床层中氢基浓度降低，N_2O 的分解反应减弱，致使 N_2O 排放量增加。

（3）床层压力的影响。床层压力增高可使 NO 的排放量显著降低。在床内过量空气系数较低的条件下，床层压力越高，NO 的降低幅度也越高，在相同的氧分压条件下，燃料氮向 NO 的转化率随着压力的增加而显著衰减。随着床层压力的增加，NO 和 CO 的分压也随之增大，CO 对 NO 的还原反应作用显著增强，最终使得 NO 排放量大幅度减少。另外，增压燃烧可使单位容积热负荷增高，使得床内焦炭的浓度增加，NO 与床内焦炭还原反应增强，因而 NO 排放量大大降低。

压力对 N_2O 排放的影响则正好相反，N_2O 的排放量随压力的增加而增加。其原因与增压流化床的燃烧条件密切相关，在燃烧过程中，因燃料氮较多地向焦炭氮转移，焦炭氮不仅可以直接燃烧氧化生成 N_2O，而且 NO 在无氧情况下在焦炭

氮表面还原生成 N_2O，尤其在供氧量较大的条件下，NO 与焦炭氮的反应能量产生大量的 N_2O。因而，压力越高，N_2O 排放量增大。

四、烟气脱硝技术的分类

1. 为什么烟气脱硝是控制 NO_x 污染的主要方法？

人类活动排放的 NO_x 绝大部分来自燃料燃烧过程，如各种锅炉、焙烧炉和燃烧炉的燃烧过程；机动车和柴油车排气；硝酸生产和各种硝化过程；冶金工业中的炼焦、冶炼等高温过程和金属表面的硝酸处理等。

由于 NO_x 的水溶性和反应活性较差，治理比较困难，技术要求高。迄今为止，世界各国开发的控制 NO_x 的技术种类较多，主要有：（1）改革燃烧方式和生产工艺，如采用低 NO_x 燃烧技术；（2）采用高烟囱扩散稀释；（3）烟气脱硝。

采用低 NO_x 燃烧技术降低燃煤锅炉的 NO_x 排放量，也是一种比较经济的技术措施。但在一般情况下，低 NO_x 燃烧技术只能降低 NO_x 排放值的 50% 左右，而国内外对 NO_x 排放的限制越来越严格，因此要进一步降低 NO_x 的排放，必须采用烟气脱硝技术，也即烟气脱硝仍是控制 NO_x 污染的主要方法。

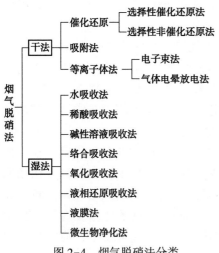

图 2-4　烟气脱硝法分类

2. 烟气脱硝技术分为哪些类型？

烟气脱硝技术是对燃烧后的烟气中的 NO_x 进行治理，净化处理烟气中 NO_x 的方法。按其作用原理，可分为催化还原、吸收和吸附三类，按照工作介质的不同，可分为干法和湿法两类，如图 2-4 所示。

3. 为什么说烟气脱硝技术中干法脱硝占有主导地位？

干法烟气脱硝可分为催化还原、吸附法、等离子体法等技术，在应用上，目前干法烟气脱硝占有主流地位，其原因是与 SO_2 相比，NO_x 缺乏化学活性，难以被水溶液吸收；NO_x 经还原后成为无毒的 N_2 和 O_2，脱硝的副产品便于处理；以 NH_3 为主的氨基还原剂对烟气中的 NO 可选择性吸收。湿法与干法相比，主要缺点是装置较复杂庞大，排水要处理，设备会受腐蚀，副产品处理难度较大，能耗相对较高等。

4. 湿法烟气脱硝的特点是什么？

湿法烟气脱硝是利用液体吸收剂洗涤烟气以除去 NO_x 的技术。它大致分为两大类：一类是利用燃煤锅炉已装有烟气洗涤脱硫装置的，只要对脱硫装置进行适当改造，或通过调整运行条件，就可将烟气中的 NO_x 在洗涤过程中除去；另一类是单纯的湿法洗涤脱硝，这种方法是将烟气中的 NO 氧化为 NO_2 后用水或酸碱吸收。

单纯的湿法洗涤脱硝技术最大的障碍是 NO 很难溶于水，为此一般先把 NO 通过氧化，或用 O_3、$KMnO_4$、ClO_2 等氧化剂将 NO 氧化成 NO_2，然后用水、酸或碱性溶液吸收而脱硝。按照吸收剂的种类不同，可分为水吸收法、酸吸收法、碱吸收法、氧化吸收法、吸收还原法、络合吸收法等。这种湿法脱硝技术，脱硝效率高，但用水量大，吸收处理后的水应回收其有用物质再重复使用。目前，在燃煤锅炉上较少采用此法，但在工业窑炉及催化剂焙烧产生的 NO_x 处理上，采用湿法洗涤具有设备简单、脱硝效率高、经济实用的特点。在燃煤锅炉上只有络合吸收法比较适合于烟气脱 NO_x。

5. 什么是催化还原法？

利用还原剂 CO、H_2、CH_4、NH_3 等，在一定温度和催化剂的作用下将 NO_x 还原为 N_2，这种方法称为催化还原法。在 NO_x 还原过程中，根据还原剂是否与 O_2 反应，催化还原又可分为非选择性还原和选择性还原。如果还原剂在与 NO 发生反应的同时还与 O_2 发生反应，这种还原过程称为非选择性还原；如果催化剂在催化剂的作用下只与 NO 发生还原反应（或者与 O_2 的反应很少），这种反应过程称为选择性催化还原。

非选择性催化还原法（NSCR）是在一定的温度下，在 Pt、Pd 等贵金属催化剂的作用下，废气中的 NO_2 和 NO 被还原剂（H_2、CO、CH_4 等）还原为 N_2，同时还原剂还与废气中的 O_2 发生反应生成 N_2O 和 CO_2，并放出大量的热。该法还原剂使用量大，需使用贵金属催化剂，还需要热回收装置，投资大、运行费用高，使用较少。

选择性催化还原法（SCR）通常用 NH_3 作还原剂，在 Pt 或非贵金属催化剂的作用下，在较低温度条件下，NH_3 有选择地将废气中的 NO_x 还原为 N_2，但基本上不与 O_2 发生反应，从而避免了非选择性催化还原法的一些技术问题。不仅使用的催化剂易得，选择余地大，而且还原剂的起燃温度低，床温低，有利于延长催化剂寿命。该技术较成熟，可用于硝酸生产、硝化过程，金属表面的硝酸处理、催化剂制造等非燃烧过程产生的 NO_x 废气净化处理，也可用于净化燃烧烟气中的 NO_x，是目前较为可靠的脱硝技术。

五、干法烟气脱硝技术

(一) 选择性催化还原法

1. 什么是选择性催化还原烟气脱硝技术?

选择性催化还原法简称 SCR,是指在氧气和多相催化剂存在条件下,用还原剂 NH_3 将烟气中的 NO 还原为无害的氮气和水的工艺。

SCR 技术最早是在 1950 年由美国人首先提出,美国 Eegelhard 公司于 1959 年申请了该法的发明专利。1972 年,日本开始研究和开发,并于 1978 年实现工业化。1979 年,工业规模的烟气脱硝装置在日本发电厂率先运行。继日本之后,德国于 20 世纪 80 年代引进了 SCR 技术。美国在 1990 年空气净化修正案的推动下,也对 SCR 技术进行大力开发和推广应用,并于 1993 年在新泽西州热电厂建成首套燃煤系统 SCR 装置。目前,SCR 技术是应用最广的一种脱硝技术,可应用于电站锅炉、工业锅炉、燃气锅炉、工业窑炉、化工厂、钢铁冶炼厂等的烟气脱硝工程,可使 NO_x 脱除率达 90% 以上。该技术既能单独使用,也能与其他 NO_x 控制技术联合使用。

2. 选择性催化还原烟气脱硝的化学原理是什么?

工业烟气脱硝的还原剂主要是氨,将液氨或氨水由蒸发器蒸发后喷入系统中,在催化剂作用下,氨气将烟气中的氮氧化物还原为氮气和水。由于燃烧过程中氮氧化物 95% 以上是 NO,其化学反应如下:

$$4NO+4NH_3+O_2 \xrightarrow{\text{催化剂}} 6H_2O+4N_2$$

$$6NO+4NH_3 \xrightarrow{\text{催化剂}} 6H_2O+5N_2$$

对燃烧过程中少量 NO_2,其化学反应为:

$$6NO_2+8NH_3 \xrightarrow{\text{催化剂}} 7N_2+12H_2O$$

$$2NO_2+4NH_3+O_2 \longrightarrow 3N_2+6H_2O$$

上面第一个反应是最主要的反应。

在没有催化剂存在下,NO 与 NH_3 的反应须在 900~1100℃ 进行。使用催化剂可使反应温度大大降低,上述反应可在 300~450℃ 进行。在有过量 O_2 存在的条件下,NH_3 与 NO 物质的量比为 1 时脱硝效率可以达到 90%。

3. 烟气脱硝过程中催化剂的作用原理是怎样的?

选择性催化还原烟气脱硝是一种气固催化反应,使用多相催化剂。催化剂作用原理如图 2-5 所示。

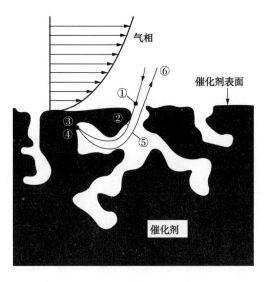

图 2-5　催化剂作用原理

（1）烟气中的反应物 NO_x、NH_3、O_2 等通过外扩散到达催化剂外表面；

（2）反应物 NO_x、NH_3 和 O_2 进一步通过内扩散进至催化剂内部孔道的微孔表面；

（3）吸附的反应物分子发生表面反应；

（4）反应物在催化剂表面活性中心反应，NO 与 NH_3 反应生成 N_2、H_2O 等；

（5）反应生成物 N_2、H_2O 从催化剂内表面解吸或脱附；

（6）脱附出来的 N_2、H_2O 从微孔内向外扩散到催化剂外表面，然后再从催化剂外表面扩散到主流气体中。

以上作用过程与催化剂表面结构、组成及反应工艺条件等因素有关，其中吸附是多相催化的基本步骤，而起主要作用的是化学吸附，它能使被吸附分子的化学键和电子分布发生变化，有利于在表面上发生化学反应，但化学吸附强度必须适中，吸附太强会使催化剂中毒，吸附太弱反应物未能被活化，催化活性也就不高，不能达到预期转化率。

4. 选择性催化还原烟气脱硝所用催化剂有哪些类型？

SCR 反应主要在催化剂作用下进行，因此选择合适的催化剂是 SCR 技术获得成功应用的关键。用于 NO_x 催化还原或催化分解的催化剂种类很多，根据其所含活性组分的不同，可分为以下几类：

（1）金属氧化物催化剂。这类催化剂主要是 V_2O_5、WO_3、MoO_3、CuO、Cr_2O_3 等金属氧化物负载在 Al_2O_3、SiO_2、TiO_2、$Al_2O_3\text{-}SiO_2$ 等载体上制成。其中，又以 V_2O_5 为最重要的活性组分，具有较高的脱硝率。

（2）贵金属催化剂。典型的贵金属催化剂是用 Pt 或 Pd 作活性组分，以 Al_2O_3 为载体。操作温度在 175~290℃之间，属于低温催化剂。20 世纪 70 年代，贵金属催化剂最先被用于 SCR 脱硝系统。这种催化剂还原 NO_x 的活性好，如含 Pt 0.5%的催化剂在 190~300℃时，NO_x 转化率可达 90%以上，但选择性不太高，NH_3 容易直接被空气中的氧氧化。由于这些原因，传统的 SCR 系统中，贵金属催化剂大多被金属氧化物催化剂所替代。

（3）碳基催化剂。活性炭（或活性焦）用于发电厂烟气同时脱硫脱硝的技术已在某些国家得到开发和应用。活性炭特殊的孔结构和大的比表面积使其成为一种优良的固体吸附剂。它也可在 SCR 技术中用作催化剂，在低温（90~200℃）和 NH_3、CO 或 H_2 的存在下选择还原 NO_x；没有催化剂时，它可作还原剂，在 400℃以上使 NO_x 还原为 N_2，自身转化为 CO_2。因此，活性炭在固定源 NO_x 的治理中有较高应用价值。而且来源丰富、价格低廉、易于再生。但只用活性炭作催化剂时其活性很低，实际应用时，常需经过预活化处理，或负载一些金属活性组分改善其催化性能。

（4）钙钛矿复合氧化物催化剂。这类催化剂主要为 ABO_3 型（A 为稀土元素、B 为过渡金属元素），以 CO 为还原剂，可催化还原 NO。其优点是热稳定性好且在反应温度下易吸附氧。由此可将稳定性差而活性高的贵金属与稳定性好的钙钛矿氧化物相组合而制取优良的新催化剂，并用于汽车尾气净化处理，但存在 H_2O 和 SO_2 中毒等问题。对于固定源 NO_x 的治理，目前还不具有应用价值。

5. 发电厂装配的烟气净化系统，为什么大多采用 V_2O_5/Al_2O_3 催化剂？

20 世纪 60 年代就已发现在 SCR 反应中钒是一种活性元素。使用 V_2O_5 作催化剂的优点在于：表面呈酸性，容易将碱性的 NH_3 捕捉到催化剂表面进行反应；其特定的氧化能力利于将 NH_3 和 NO_x 转化为 N_2 和 H_2O；抗 SO_2 中毒能力较强；工作温度较低，为 350~450℃；适用于富氧环境。

以 V_2O_5 为活性组分的催化剂，常使用锐钛矿型 TiO_2 作为催化剂载体，其主要原因是：（1）一般烟气中会含有 SO_2、O_2，SO_2 与 O_2 反应生成的 SO_3 能与金属氧化物生成金属硫化物。在 SCR 反应条件下，TiO_2 不易发生硫化反应。而且 TiO_2 的硫化反应具有可逆性，与其他金属氧化物（如 Al_2O_3、ZrO_2）相比，TiO_2 的硫化反应产物的稳定性最差。因此，TiO_2 为载体的催化剂在 SCR 反应中仅部分表面会被硫化，而且这种硫化还会增强催化剂的活性。（2）与其他载体相比，V_2O_5 负载在钛的表面表现出更高的活性和稳定性。因此，锐钛矿型 TiO_2 是一种有活性的载体，能够增强催化剂的抗硫化性能，甚至在硫化后有增强催化剂活性的作用。这就是商用的 V_2O_5 催化剂大多负载于 TiO_2 上的原因。此外，为了提高

V_2O_5/Al_2O_3 催化剂的反应活性，常加入 WO_3、MoO_3 作助催化剂。WO_3 或 MoO_3 的加入可以减少催化剂因烧结而损失比表面积，而且还能抑制烟气中 SO_2 被氧化为 SO_3。因此，$V_2O_5-WO_3/TiO_2$ 或 $V_2O_5-MoO_3/TiO_2$ 催化剂的活性和选择性均优于 V_2O_5/Al_2O_3 催化剂。

在一定条件下，脱硝效率会随催化剂中 V_2O_5 含量增多而增加，但当 V_2O_5 达到 6.6% 时，脱硝效率不升反降，这主要是由于 V_2O_5 在 TiO_2 载体上的分布不均造成的。工业应用的催化剂中 V_2O_5 含量为 0.3%~1.5%，为保证催化效果，通常加入助催化剂 WO_3 和 MoO_3，其中 WO_3 的用量较大（约 10%）。

6. 选择性催化还原烟气脱硝催化剂有哪些几何外形及结构特性？

催化剂外观类型很多，有球形、条状、环状及异形催化剂等，球形、条状、环形的 SCR 催化剂大多应用于燃烧天然气的锅炉，所用反应器是固定式填充床。而用于燃油或燃煤锅炉的 SCR 设备必须要能承受烟道气流中颗粒物（飞灰）的摩擦作用。对于这类应用，最好使用有平行流道的催化剂，使烟气能直接通过开口的通道，并平行接触催化剂表面，气体中的颗粒物可被气流带走，而 NO_x 靠紊流迁移和扩散，到达催化剂表面。

平行通道式催化剂有蜂窝式、平板式和波纹板式 3 种类型。这 3 种催化剂的结构性能对比见表 2-3。平行流道式催化剂一般制成一个集束式单元结构，所用材料可以是均相材料，也可以是由活性物质涂覆在金属或陶瓷载体的表面上制成。其中，又以蜂窝式催化剂使用较广，它不仅机械强度好，而且容易清理，如断面尺寸为 150mm×150mm、长度为 400~1000mm 的蜂窝式催化剂，可用几个单元叠合成一个组合体装入反应器中。

表 2-3　3 种类型催化剂的结构性能比较

项目	催化剂类型		
	蜂窝式	平板式	波纹板式
结构形式	蜂窝网眼型	折板型	波纹板
加工工艺	陶瓷挤压成型、整体内外材料均匀，均有活性	用网状金属为载体，表面涂有活性组分	用纤维做载体，表面涂有活性组分
比表面积	大	小	中
同等烟气条件下需要体积	小	大	大
压力损失	一般	小	小
抗中毒、失活性能	相同	相同	相同
高灰分烟气适应性	一般	强	强

续表

项目	催化剂类型		
	蜂窝式	平板式	波纹板式
抗堵塞性	一般	强	强
操作性能	不能叠放	可以叠放	可以叠放
抗磨损性	相同	相同	相同
抗腐蚀性	相同	相同	相同
对烟温的适应性	290~420℃	290~420℃	290~420℃

7. 选择性催化还原烟气脱硝系统的工艺流程是怎样的?

利用液氨作为还原剂的 SCR 脱硝系统由催化反应器、氨贮存及供应系统、氨喷射系统、空气供应及相关的检测控制系统等组成。图 2-6 是福建后石电厂的 SCR 脱硝工艺流程。

来自液氨贮槽的液氨在蒸发器内蒸发为氨气后送至氨气缓冲罐,经调压后与稀释风机送来的空气混合成氨气体积分数为 5% 的混合气体,再通过喷氨格栅的喷嘴喷入烟气中。在催化反应器中,氨气在催化剂作用下与烟气中的 NO_x 发生反应,NO 被还原为 N_2。脱硝后的烟气经空气预热器回收热量后进入除尘器。SCR 反应器采用固定床平行通道形式,所用催化剂为平板式。催化剂元件以不锈钢板为主体,再喷上一层 TiO_2 作为催化剂活性元素。

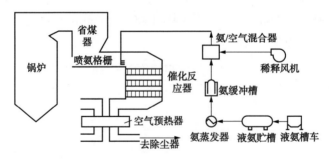

图 2-6 液氨为还原剂的 SCR 脱硝工艺流程

8. 选择性催化还原法净化一般含氮氧化物废气的工艺流程是怎样的?

用 SCR 法净化一般含 NO_x 废气的工艺流程如图 2-7 所示。含 NO_x 的废气经除尘、脱硫、干燥后,进行预热,然后和净化的 NH_3 以一定比例混合后进入装有催化剂的反应器内反应。反应后的气体经分离除去催化剂粉尘、用膨胀器回收能量后排空。根据处理废气性质及处理量不同,可选用适当的催化剂和工艺条件。如使用贵金属铂催化剂时,反应温度为 220~270℃;使用非贵金属铜铬催化剂时，反应温度为 250~300℃。当要求有很高的净化效率时，选用较小的空速和投入较多的还原剂。如用铜铬催化剂，空速为 2300~2500h^{-1}，NH$_3$/NO$_x$（物质的量比）为 1.5 时，NO$_x$ 转化率可大于 90%。

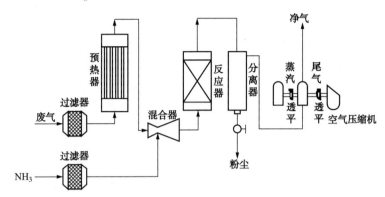

图 2-7　选择性还原法净化一般含 NO$_x$ 废气的工艺流程

9. 制备氨的脱硝还原剂有哪些？

选择性催化还原是在氧气和多相催化剂存在下，用还原剂 NH$_3$ 将烟气中的 NO 还原为无毒的 N$_2$ 和 H$_2$O 的工艺。制备 NH$_3$ 的脱硝还原剂主要有液氨、氨水及尿素 3 种。不同还原剂在一次投资、运行费和危险性等方面有较大差异，表 2-4 示出了它们的综合对比。

表 2-4　液氨、氨水、尿素综合对比

项目	液氨	氨水	尿素
贮存设备的安全防护	国标及法规要求	需要	不需要
设备初期投资	较低	高	高
贮存条件	高压	低压	常压、干燥
贮存方式	压力容器（液态）	压力容器（液态）	料仓（固体颗粒）
NH$_3$ 浓度	99.6% 以上	20%~30%	需水解或热解
还原剂费用	较高	较低	稍高
还原剂对人体影响	有毒	有害	无害
运输费用	低	高	低
还原剂运输路线	可能规定路线	可能规定路线	无
运行费用	单价高，总量便宜	单价便宜，总量高	单价便宜，总量高
卸料操作人员	需特殊培训，持证上岗	需特殊培训，持证上岗	一般

10. 影响选择性催化还原烟气脱硝效率的主要因素有哪些？

（1）催化剂的影响。SCR 技术的关键是选择优良的催化剂。催化剂主要分为贵金属催化剂及金属氧化物催化剂。金属氧化物催化剂应用较广，其中又以含 V_2O_5 的催化剂的活性好、NO_x 脱除效率高。催化剂的组成、孔结构、比表面积及表面酸性等参数都会对脱硝效率产生影响。

（2）反应温度的影响。反应温度低于或高于催化剂所要求的反应温度都会降低催化剂的活性。温度过低有可能使喷入的 NH_3 与烟气中的 SO_x 发生反应生成 $(NH_4)_2SO_4$，它会吸附在催化剂表面降低催化剂的有效吸附面积；温度过高，NH_3 会与 O_2 反应生成 NO，造成烟气中 NO_x 含量又重新增加。综合催化剂的适应温度范围，目前 SCR 系统的反应温度一般为 $320 \sim 420℃$。

（3）NH_3/NO（物质的量比）的影响。理论上，SCR 反应过程中还原 1mol 的 NO 需要 $1mol\ NH_3$。当 NH_3/NO 小于 1 时，NH_3 量不足导致 NO 的还原率随之下降。而当 NH_3/NO 大于 1 时，NH_3 过量会导致 NH_3 氧化等副反应的反应速率将增大，从而降低了脱硝效率，同时也增加了净化气体中未转化 NH_3 的排放浓度，造成二次污染。在 SCR 工艺中，一般控制 NH_3/NO 在 1.2 以下。

（4）空速的影响。一般催化剂的用量用每立方米的催化剂能处理多少烟气流量来表示，这实际上是一个空间速度（简称空速）SV，SV 的单位是 $(m^3/h)\ /m^3 = h^{-1}$；SV 越大，表示单位体积的催化剂能处理的烟气量越多。因此，希望 SV 越大越好。但在实际操作中，SV 过大会降低催化剂的反应率。一般将 SV 控制在 $7000h^{-1}$ 以下来估算催化剂的用量，对燃煤电厂，常取 $SV = 1000 \sim 3000h^{-1}$。

（5）烟气中 SO_2 的影响。当烟气中含有 SO_2 时，SO_2 会被氧化为 SO_3，SO_3 又会与 NH_3 反应生成硫铵盐（如 NH_4HSO_4），它会沉积在催化剂表面，降低催化剂的活性。这些硫铵盐还会对下游的空气预热器造成腐蚀，并引起系统阻力增加。因此，SCR 工艺所用催化剂应对 SO_2 的氧化有很高的选择性。

11. 引起脱硝催化剂活性下降的原因有哪些？

在 SCR 系统运行过程中，多种因素会引起脱硝催化剂的活性降低，或引起催化剂钝化。催化剂的活性降低是逐渐发生的，它会使脱硝效率下降，缩短催化剂使用寿命。引起催化剂活性下降的主要因素有以下一些：

（1）热烧结。长时间暴露于 450℃ 以上的高温环境中可引起催化剂活性位烧结，使比表面积减小、催化剂结晶粒子变大，从而导致催化剂活性下降。在正常的 SCR 运行温度下，催化剂发生烧结的现象较少。

（2）碱金属中毒。Na、K 等碱金属如与催化剂表面接触时，会使催化剂活性降低，其原因是催化剂活性位会与碱金属发生反应而失去活性。对于燃煤锅炉，烟气中 Na、K 含量很少；燃油及燃用生物质燃料（如麦秆、木材等）的锅炉，烟气中 Na、K 含量较高，对催化剂的毒害较严重。

（3）砷中毒。As 是催化剂的毒物。烟气中含 As_2O_3 时，As_2O_3 会扩散进入催化剂表面及堆积在催化剂小孔中，毒害活性中心，引起催化剂活性降低。在干法排渣锅炉中，催化剂砷中毒不太严重。在液态排渣锅炉中，造成催化剂砷中毒则是较为严重的问题。

（4）孔堵塞。飞灰中游离的 CaO 和 SO_3 反应，可吸附在催化剂表面形成 $CaSO_4$，它可附着在催化剂表面，阻止反应物向催化剂表面扩散及进入催化剂内部，从而使催化剂活性降低。此外，烟气中的铁盐及飞灰细颗粒也会沉积在催化剂孔隙中，阻碍 NO_x、NH_3、O_2 到达催化剂表面，引起催化剂钝化。

（5）磨蚀。催化剂受飞灰不断撞击会引起催化剂磨蚀。磨蚀强度与气流速度、飞灰特性、撞击角度及催化剂本身特性有关。磨蚀会引起催化剂粉化，系统压强增大，影响 SCR 系统正常运行。

引起催化剂活性下降的机理十分复杂，一般情况下，催化剂突变失效比较少见，造成催化剂性能突然永久性失去的原因，可能与灰集结点燃相关，强烈的炉火热量会不可逆转地损坏 SCR 系统的催化剂。

12. 选择性催化还原脱硝系统有哪些布置方式？

理论上，SCR 脱硝装置可以布置在水平烟道或垂直烟道中，但对于燃煤锅炉，一般应布置在垂直烟道中，这是因为烟气中含有大量粉尘，布置在水平烟道中易引起脱硝装置的堵塞。SCR 脱硝系统主要由催化反应器、催化剂和氨储存及喷射系统组成，SCR 反应器在锅炉尾部烟道中布置的位置，有以下三种方式：

（1）布置在空气预热器之前、温度为 350℃ 左右的位置，如图 2-8（a）所示。这种方式的优点是进入反应器的烟气温度在 300~400℃ 之间，多数催化剂在此温度范围有较高的活性，烟气不需要加热即可获得好的脱硝效果。缺点是催化剂处于高尘烟气中，催化剂的使用寿命受到飞灰及钾、钙、砷等有害物质的不利影响。采用这种布置方式必须选择能耐受污染的催化剂，反应器要有足够的空间以防堵塞。

（2）布置在静电除尘器和空气预热器之间，如图 2-8（b）所示。这时温度为 300~400℃ 的烟气先经过电除尘器后再进入催化反应器，以防止烟气中的飞灰对催化剂的污染或堵塞反应器，但烟气中的 SO_2 始终存在，SO_2 会与 NH_3 反应生成（NH_4）$_2SO_4$ 而造成反应器堵塞或使催化剂钝化。而且最大的问题是静电除尘器无法在 300~400℃ 下正常运行，因此，这种布置方式很少采用。

（3）布置在湿法烟气脱硫装置（FGD）之后，如图 2-8（c）所示。这种布置方式，催化剂不会受飞灰和 SO_2 等影响，不存在催化剂受污染和中毒等问题，因此可以采用高活性催化剂，并使反应器布置紧凑，催化剂使用寿命长。主要存在的问题是，由于在湿式 FGD 后时，排烟温度只有 50～60℃。为使烟气在进入反应器之前达到催化剂所需要的反应温度，需要对烟气进行再加热，从而增加了能源消耗和运行费用，所以这一布置方式一般也不采用。

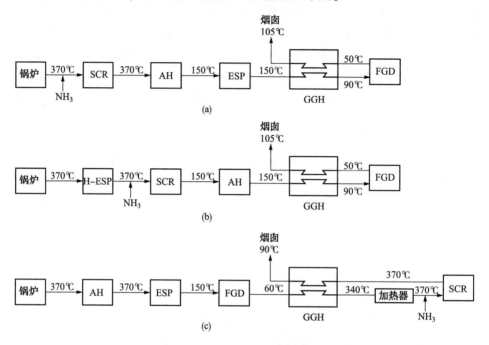

图 2-8　脱硝系统布置图

AH—空气预热器；ESP—电除尘器；H-ESP—高温电除尘器；GGH—换热器；FGD—烟气脱硫装置

综合 3 种布置方式的利弊，目前工业上大多采用第一种布置方式。

（二）选择性非催化还原法

1. 什么是选择性非催化还原烟气脱硝技术？

选择性非催化还原脱硝技术简称 SNCR，又称热力脱硝。它是向烟气中喷入氨或尿素等含有氨基的还原剂，在高温（900～1100℃）和没有催化剂的情况下，通过烟道气流中产生的氨自由基与 NO_x 反应，把 NO_x 还原成 N_2 和 H_2O。该方法可以锅炉炉膛为反应器，通过对锅炉进行改造实现。因此，投资相对较低，施工期短。在炉膛内不同的高度上布置还原剂喷射口，在不同的锅炉负载下把还原剂喷射到具有合适温度的炉膛区域内。

SNCR 技术在 20 世纪 70 年代最先工业应用于日本的一些燃油、燃气电厂烟气脱硝；80 年代末，欧盟国家的燃煤电厂也开始应用。目前，全世界已有数百套 SNCR 装置应用于电站锅炉、工业锅炉、垃圾焚烧炉等的烟气脱硝。

SNCR 技术不用催化剂，反应温度较高，脱硝效率可达 75%。实际应用中，考虑到 NH_3 耗等问题，SNCR 设计效率为 30%~50%。而与低 NO_x 燃烧技术结合时，其效率可达 65%。

2. 选择性非催化还原烟气脱硝的化学原理是什么？

SNCR 工艺是在没有催化剂存在下，利用还原剂将烟气中的 NO_x 还原为无害的 N_2 和 H_2O 的一种脱硝方法。该工艺的主要反应如下：

以 NH_3 为还原剂时：

$$4NH_3+6NO \longrightarrow 5N_2+6H_2O$$

该反应主要发生在 850~1100℃ 的温度范围内，当温度更高时，则可发生竞争反应：

$$4NH_3+5O_2 \longrightarrow 4NO+6H_2O$$

此时 NH_3 会被氧化成 NO，反而增加 NO_x 排放量，而当温度低于 870℃ 时，反应不完全，氨逃逸率增大，造成新的污染。由此可见，温度过高或过低都不利于污染物的排放控制，适宜的温度区间也称作操作温度窗口。

当用尿素代替 NH_3 作为还原剂可以使操作系统更为完全，不必担心因 NH_3 的泄漏而造成新的污染。尿素 $[(NH_2)_2CO]$ 作还原剂时发生的反应如下：

$$(NH_4)_2CO \longrightarrow 2NH_3+CO$$

$$NH_3+NO \longrightarrow N_2+H_2O$$

$$2CO+2NO \longrightarrow N_2+2CO_2$$

3. 选择性非催化还原脱硝技术与选择性催化还原脱硝技术相比有哪些不同？

SNCR 和 SCR 脱硝技术相比主要有以下差别：

（1）SNCR 法不使用催化剂，因此，脱硝还原反应的温度较高。而当烟气温度大于 1050℃ 时，氨就会开始被氧化为 NO_x，到 1100℃，氧化速度明显加快，不仅降低了脱硝效率，也增加了还原剂的用量和成本。而当烟气温度低于 870℃ 时，脱硝反应速率也大幅降低。为了满足反应温度的要求，喷氨控制技术要求很高。

（2）SNCR 法漏氨率一般控制在 5~10μL/L，而 SCR 法控制在 2~5μL/L，有时为了控制氨的泄漏量，脱硝效率达不到 50%，脱硝效率远低于 SCR 法。

（3）SNCR 法参加反应的还原剂除使用氨以外，更常使用的是尿素，而 SCR 法烟气温度比较低，尿素必须制成 NH_3 后才能喷入烟气中。

（4）SNCR 法系统简单、投资少。由于系统简单以及运行中不需要昂贵的催化剂，更适用于不需要快速高效脱硝的工业锅炉和城市焚烧炉，可以直接使用尿素，且不存在 SO_2 转化成 SO_3 的问题。主要缺点是脱硝效率低，运行可靠性差。

4. 选择性非催化还原烟气脱硝的工艺系统是怎样的？

SNCR 脱硝工艺通过对锅炉进行改造，在炉膛内部实现 NO_x 的还原。为了满足在不同的锅炉负荷下把还原剂喷射到合适温度窗口，图 2-9 示出了 SNCR 工艺系统的简单示意图，炉膛壁面上安装有还原剂喷嘴，还原剂通过喷嘴喷入烟气中，并与烟气混合，反应后的烟气流出锅炉。整个系统由还原剂贮槽、还原剂喷入装置和相关控制系统构成，还原剂的喷入系统必须将还原剂喷到锅炉内炉膛上部温度适宜还原反应的区域。氨以气态形式喷入炉膛，而尿素以液态喷入，两者在设计和运行上均有差别。尿素相对氨而言易于在烟气中分散，对于大型锅炉，还原剂以使用尿素更为普遍。

当氨与 NO_x 反应不完全时，未反应的氨将从 SNCR 系统逸出。反应不完全的原因有：一是反应温度低，影响了氨与 NO_x 的反应；二是喷入的还原剂与烟气混合不均。因此，还原剂必须喷入锅炉内有效部位，以与烟气充分混合。

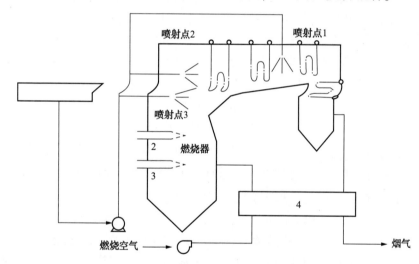

图 2-9　SNCR 工艺流程示意图

1—氨或尿素贮槽；2—燃烧器；3—锅炉；4—空气加热器

5. 影响选择性非催化还原烟气脱硝效率的主要因素有哪些？

（1）反应温度的影响。NO_x 还原只有在特定温度下才能有效进行。在 SNCR 工艺中，不论选用的还原剂是氨还是尿素，均存在最佳温度区。尿素和氨水最佳反应温度分别为 800~1100℃ 和 850~1250℃，低于其下限温度，反应不完全，氨逃逸率高；高于其上限温度，氨气被氧化成 NO，反而造成 NO_x 浓度增大。

（2）NH_3/NO_x（物质的量比）的影响。按照化学反应方程式，NH_3/NO_x 应该为 1，但实际上大于 1 才能取得较高的脱硝率，要达到较高的脱硝效率，NH_3/NO_x

控制在 1.1~1.2，最大不超过 2.5。如 NH_3/NO_x 过大，虽然有助于提高还原率，但氨逃逸又变成新的问题，同时会增加运行费用。

（3）还原剂停留时间的影响。任何反应都需要时间，所以还原剂需在合理温度范围内有足够的停留时间，才能保证烟气中的脱硝率。如反应窗口温度较低，要求有较长的停留时间，可在 0.001~10s 范围内波动，但为获得较好的 NO_x 去除率，要求最低的停留时间为 0.5s。

（4）还原剂与烟气混合程度的影响。烟气与还原剂的充分均匀混合也是保证较高脱硝率的关键，两者混合不好会使 NO_x 还原反应效率下降。采用以下措施可以改善混合程度：①增加传给液滴的能量；②增加喷嘴数目；③增加喷射区的数量；④改进雾化喷嘴的设计及改善液滴的大小、分布、雾化角等。

（5）NO_x 初始浓度的影响。入口 NO_x 的含量少会导致反应动力减少。在较低的反应物浓度条件下，最佳反应温度下降，导致反应效率有所降低。

（6）添加剂的影响。还原剂中加入 H_2、CH_4、CO、钠的化合物、含氮物质（如胺、羟胺、蛋白质、吡啶等）等会对 NO_x 脱除率及反应温度产生不同程度的影响。如还原剂中加入少量 H_2 可使 NO_x 脱除率增加，同时减少 NH_3 的泄漏；加入 CH_4 可降低有效温度区的温度；加入钠的化合物（如碳酸钠）也能有效提高 NO_x 脱除率。

6. 选择性非催化还原烟气脱硝工艺运行时为什么会生成 N_2O？采用什么措施可以控制 N_2O？

N_2O 不仅是一种温室气体，也对臭氧层有破坏作用。N_2O 在大气中很稳定，滞留时间长达 20~100 年。SNCR 技术能够有效地降低烟气中 NO 浓度，但也会产生一定量的 N_2O。这是因为用 SNCR 法还原 NO 的同时，也会有以下反应发生，而将 NO 转化为 N_2O：

$$(NH_2)_2CO \longrightarrow NH_3 + HNCO$$
$$HNCO + OH \longrightarrow NCO + H_2O$$
$$NCO + NO \longrightarrow N_2O + CO$$
$$NH_3 + 2OH \longrightarrow NH + 2H_2O$$
$$NH + NO \longrightarrow N_2O + H$$

从上述反应可以看出，以尿素为还原剂时，NCO 与 NO 反应可生成 N_2O；用氨作还原剂时，也可能生成 N_2O，但使用尿素比使用氨时产生的 N_2O 浓度高。

在 SNCR 工艺运行过程中，采取下述措施可以控制 N_2O 的排放：（1）脱硝反应温度越高、反应时间足够长、还原剂用量越少，N_2O 的排放浓度越低；（2）在相同条件下，尿素-SNCR 反应较氨-SNCR 反应慢，N_2O 生成反应持续时间长，N_2O 排放浓度高于氨-SNCR；（3）N_2O 浓度随 SNCR 反应时间呈先增后减的变化。氨-SNCR 过程中，N_2O 在 NO 还原反应平衡时达到最大生成量，提高 SNCR 反应温度，能缩短 NO 还原反应平衡时间，提前 N_2O 分解反应开始时间。

7. 使用尿素作还原剂有哪些特性？

尿素分子式是 $(NH_2)_2CO$。含氮量通常大于 46%，为白色或浅黄色的结晶体。易溶于水，吸湿性较强，因在尿素生产中加入石蜡等疏水物质，其吸湿性大大下降。

与使用无水氨及氨水作还原剂相比，尿素是无毒、无害的化学品，也不会发生爆炸，在运输、贮存过程中也不存在危险性。使用尿素取代液氨用于脱硝过程可获得较好的安全环境。因为尿素是在喷进燃烧室之后转化成氨，从而实现还原反应的。

SNCR 脱硝工艺使用尿素作还原剂时，该系统主要由尿素贮存、尿素溶液制备系统、尿素溶液传输模块及尿素溶液喷射系统等组成。操作时，固体尿素先被溶解制备成浓度为 10% 的尿素溶液。尿素溶液经尿素输送泵输送，在喷入炉膛之前，再经过计量分配装置的精确计量分配至每个喷枪，然后经喷枪喷入炉膛，进行脱氮反应，而喷入点必须保证使还原剂进入炉膛内适宜反应的温度区间，当温度超过 1100℃时，NH_3 会被氧化成 NO_x，而温度低于 900℃时，反应会不完全。

8. 选择性非催化还原烟气脱硝技术与选择性催化还原脱硝技术联用有什么特点？

由于电站锅炉炉膛尺寸大及负荷变化，单独使用 SNCR 的脱硝效率较低（小于 50%），而氨的逃逸却较高（大于 3.8mg/L），使单独使用 SNCR 技术受到了一定限制。因此，对 SNCR 的利用除了进一步提高其效率和安全性之外，另一方面就是将 SNCR 技术与其他脱硝技术联用，如 SNCR 与 SCR 工艺联用。

SNCR 与 SCR 混合烟气脱硝技术是把 SNCR 工艺的还原剂喷入炉膛技术，与 SCR 工艺利用逃逸氨进行催化反应的技术结合起来，进一步脱除 NO_x。

SNCR 与 SCR 工艺联用具有两个反应区，通过布置在锅炉炉墙上的喷射系统，首先将还原剂喷入第一个反应区——炉膛，在高温下，还原剂与烟气中 NO_x 发生非催化还原反应，实现初步脱硝。然后，未反应完的还原剂进入联用工艺的第二反应区——催化反应器，进一步脱硝。SNCR-SCR 联用最主要的改进就是省去了 SCR 设置在烟道里的复杂氨喷射系统，并减少了催化剂的用量。该工艺可以达到 40%~80% 的脱硝效率。

SNCR-SCR 联用工艺的特点是：脱氮效率高，催化剂用量小，反应器体积小，空间适应性强，脱硝系统阻力小，腐蚀危害性低，还原剂喷射系统简单，可方便地使用尿素作还原剂等。

（三）吸附法脱硝技术

1. 吸附法脱硝技术有什么特点？

吸附法脱硝技术是利用吸附剂对 NO_x 的吸附量随温度或压力变化而变化，通过周期性地改变操作温度或压力控制 NO_x 的吸附和解吸，使 NO_x 从气体中分离出来。

影响吸附法脱硝的主要因素是操作条件及吸附剂的性质。操作条件主要是指温度、压力、气体流速等。

衡量吸附剂吸附能力的一个重要概念是"有效表面积"，即吸附质分子能进入的表面积，被吸附气体的总量随吸附剂表面积的增加而增加。吸附剂的孔隙率、孔径、颗粒度等均会影响比表面积的大小。选用吸附剂的基本要求是：（1）大的比表面积和孔隙率；（2）良好的选择性，即对 NO_x 分子有优先吸附的能力；（3）易于再生后重复使用；（4）机械强度高、化学稳定性及热稳定性好；（5）价格低廉、来源广泛。吸附剂品种很多，可用作 NO_x 吸附剂的主要有活性炭、沸石、沸石分子筛等。

吸附法脱硝的优点是：（1）脱硝效率高；（2）能回收有用组分；（3）工艺流程简单、设备投资少，易于实现自动控制；（4）腐蚀性小，一般不会造成二次污染。

2. 分子筛吸附脱硝的基本原理是什么？

沸石分子筛实际上是一种人工合成的泡沸石，是具有微孔结构的结晶硅铝酸盐，它具有微孔丰富、孔径均一、吸附容量大的特点，而且具有较强的吸附选择性，对一些极性分子在较高温度和较低分压下也有很强的吸附能力。

可用作吸附剂的分子筛品种较多，有氢型丝光沸石、脱铝丝光沸石、13 X 分子筛等。常用作脱硝吸附剂的是丝光沸石，其比表面积为 $500 \sim 1000 m^2/g$，内表面丰富且高度极化，微孔单一、均匀，大小接近一般分子，当 NO_x 通过分子筛床层时，由于 H_2O 和 NO_2 分子的极性较强，因此能选择性地被吸附在表面上生成 HNO_3，放出 NO：

$$3NO_2 + H_2O \longrightarrow 2HNO_3 + NO$$

放出的 NO 与烟气中的 O_2 作用生成 NO_2，再被另一分子筛床吸附。如此反复进行，吸附剂达到饱和吸附后，即可用蒸汽加热进行再生处理。解吸后得到的高浓度 NO_x 可用于制造硝酸，分子筛则重复使用。脱硝一般采用两个或三个吸附剂交替吸附和再生。

3. 活性炭吸附脱硝有哪些特点？

活性炭是由石墨微晶和无定形碳组成的固体，是一种环境友好材料。它具有发达的微孔结构和丰富的表面积及表面基团，还具有优良的负载和还原性能力。活性炭的微孔约占总表面积的 95%，是决定吸附性能高低的主要因素，而其孔结构可以通过选材、活化条件和物理改性等方法进行控制和调整。活性炭对 NO_x 的吸附能力一般高于分子筛和硅胶。采用某种特殊处理的活性炭作为吸附剂时，部分炭可直接参与还原反应，生成 N_2：

$$2C+2NO_x \longrightarrow N_2+2CO_x（CO/CO_2）$$

活性炭的内、外表面原子具有不饱和性，往往与环境中的 H、O 元素作用形成含氧基团，从而决定其表面的酸碱性和亲水或疏水程度，酸性基团是 NH_3 的吸附活性位；碱性基团是 NO_x 的吸附活性位。活性炭应用于烟气脱硝，主要通过催化还原和催化氧化两个途径实现。活性炭能在较低温度下完成催化还原反应，但活性不高。经 HNO_3 或 H_2SO_4 处理的活性炭能大大增加表面含氧基团的数量，因而有利于提高吸附性能和脱硝率。

例如，将含 NO_x 尾气与喷淋过水或稀硝酸的活性炭相接触，尾气中的 NO_x 被吸附，其中 NO 与尾气中的 O_2 在活性炭表面经催化氧化为 NO_2，进而再与 H_2O 反应生成稀硝酸，该法能脱除 80% 以上的 NO_x。又如，一种由酚醛树脂制成的吸附 NO 的活性炭吸附剂，它可以直接吸附达吸附剂质量 1% 左右的 NO，无须将 NO 氧化为 NO_2，再生在 150℃ 左右，特别适合处理低浓度 NO（如 $5×10^{-6}$），NO 脱除率可达 90% 左右。

采用活性炭吸附净化 NO_x 具有工艺简单、净化效率高、设备简单、操作方便，并具有能同时脱除 SO_2 等优点。但由于吸附容量有限，需要的吸附剂用量大，因此设备庞大，而且由于烟气中往往有氧存在，300℃ 以上活性炭会有自燃的可能，给吸附和再生造成相当大的困难，也使得活性炭吸附脱硝技术的应用受到一定限制。

4. 活性焦烟气脱硝的应用情况如何?

用于烟气脱硫的活性炭称为活性焦，是一种低比表面积、高强度的煤质活性炭。其比表面积一般为 $150～400m^2/g$，燃点大于 400℃，堆密度 $0.6～0.7g/mL$。与常规活性炭不同，活性焦是一种综合强度（耐压、耐磨损、耐冲击）比活性炭高、比表面积比活性炭小的新型吸附材料，与活性炭相比，活性焦具有更好的脱硫、脱硝性能，且在使用过程中，加热再生相当于对活性焦进行再次活化，其脱硫、脱硝性能还会有所增加。

活性焦脱除 SO_2 的原理是将烟气中的 SO_2、O_2 和 H_2O 吸附后，在活性焦表面反应生成硫酸，从而达到吹除的目的。

活性焦烟气脱硝则是通过活性焦表面的活性中心催化 NO_x 与还原剂（多采用 NH_3）及烟气中的 O_2 反应，生成对环境无害的 N_2 和 H_2O，其总反应式为：

$$4NO+4NH_3+O_2 \longrightarrow 4N_2+6H_2O$$

目前，活性焦烟气净化工艺中，脱除装置主要为固定床和移动床，再生方法则有水洗和加热两种方式。其中，以固定床操作简单、脱除效率高，但设备庞大，连续性较差；移动床反应器占地空间少，连续性好，但结构相对复杂，吸附剂移动过程中会造成一定机械磨损，需要连续补给新鲜吸附剂。

日本是最早将活性焦脱硫脱硝技术推向工业应用的国家，首套工业装置于1984年用于处理燃煤锅炉烟气，烟气处理量为$30000m^3/h$（标况），SO_2和NO_x脱除率可分别达到98%和80%左右。以后又将该技术用于炼油、石化、垃圾焚烧及钢厂等的烟气处理。

5. 还有哪些其他吸附剂可用于烟气脱硝？

硅胶是用硅酸钠与酸反应生成硅酸凝胶（$SiO_2 \cdot nH_2O$），然后在$110\sim130℃$下烘干、破碎、筛分而制成各种粒度的产品，硅胶有很好的亲水性及较大的比表面积，工业上常用于气体干燥及废气净化处理。

以硅胶作脱硝吸附剂时，应先将NO氧化为NO_2后再加以吸附，吸附到一定程度后可加热脱附再生。硅胶对NO_x的吸附量随NO_x的分压增大而增加，随温度的升高而降低。吸附温度一般在$30℃$以下，当NO_2的浓度高于0.1%，而NO的浓度高于1%~1.5%时，脱硝效果较好。烟气中含有粉尘时，因粉尘会堵塞吸附剂的孔隙及使床层阻力增加，会对硅胶吸附NO_x产生影响，因而需先将粉尘除去。此外，硅胶在温度超过$200℃$时会发生干裂，这也限制了硅胶的应用范围。

利用某些地方天然的泥煤、褐煤和风化煤作吸附剂净化含NO_x废气，也是一种因地制宜的廉价净化方法。泥煤、褐煤和风化煤中含有大量的腐殖酸。腐殖酸是一种无定形高分子化合物，通常呈黑色或棕色胶体状态，具有弱酸性、亲水性、络合性、分散性及离子交换性。腐殖酸也有很大的内表面积及相当强的吸附能力。经过氨化的泥煤、褐煤和风化煤用作吸附剂吸附NO_x，可得到硝基腐殖酸铵，这是一种优质的有机肥料。

（四）其他干法烟气脱硝技术

1. 电子束法NO_x治理技术的基本原理是什么？

电子束辐照烟气脱硝技术是利用高能电子加速器产生的电子束（$500\sim800keV$）辐照处理烟气或工业废气，发生辐射化学变化，从而将NO_x除去，同时也可除去SO_2。

目前，电子束烟气净化技术所用装置的基本原理都相同，主要为干法路线，其脱硝的基本反应过程为：

（1）生成自由基：

$$N_2, O_2, H_2O \xrightarrow{e^-} HO\cdot, O\cdot, N\cdot, H\dot{O}_2$$

（2）氧化：

$$NO \xrightarrow{O\cdot} NO_2 \xrightarrow{H_2O} HNO_3$$

$$NO \xrightarrow{H\dot{O}_2} NO_2 \xrightarrow{H_2O} HNO_3$$

（3）酸与 NH_3 反应：

$$HNO_3 + NH_3 \longrightarrow NH_4NO_3$$

采用电子束辐照烟气脱硫技术能同时脱硫脱硝，可达到90%以上的脱硫率和80%以上的脱硝率，而且不产生废水和废渣，副产品可以用作化肥，系统操作方便，运行可靠，无腐蚀和泄漏等问题，占地面积也小，可广泛应用于燃煤电站、化工、冶金等企业。处理后烟气无须加热可直接排放，对环境无二次污染。

电子束法的主要缺点是能耗高，尤其对烟气中含量最高的 N_2、CO_2 等气体分子的分解和电离化耗费许多能量。此外，所采用的电子枪价格昂贵、使用寿命短、设备结构复杂，还存在 X 射线的屏蔽与防护等问题。这些因素都在一定程度上限制了其实际应用和推广。

2. 脉冲电晕等离子体烟气脱硝的基本原理是什么？有什么特点？

脉冲电晕等离子体烟气脱硝法的基本原理与电子束法 NO_x 治理技术相似，都是利用高能电子使烟气中的气体分子被激活、电离或裂解而产生强氧化性的自由基，对 NO_x 进行等离子体催化氧化而生成相应的酸，再与加入的氨作用生成相应的盐而沉降下来。

利用高压脉冲电晕放电，产生的活化电子与气体分子碰撞产生 OH、N、O 等自由电子和 O_3 等，如果忽略某些次要反应，得到与 NO_x 有关的主要反应为：

$$O + NO \longrightarrow NO_2$$

$$NO + O_3 \longrightarrow NO_2 + O_2$$

$$NO + HO_2 \longrightarrow NO_2 + OH$$

$$NO + OH + N_2 \longrightarrow HNO_2 + N_2$$

$$NO_2 + OH + N_2 \longrightarrow HNO_3 + N_2$$

在有氨注入的情况下，HNO_3 可与 NH_3 反应进一步生成硝铵细粒气溶胶，经静电除尘器或布袋收集后，即可与气相分离。副产物可用作化肥，洁净的烟气从烟囱排出。

虽然脉冲电晕等离子体技术的机理与电子束法相似，都是利用电子的作用使气体分子激发、电离，但前者产生电子的方式与后者具有本质区别，它是利用气体放电过程产生大量电子，电子能量等级仅在 $5\sim20eV$ 范围内，比电子束法能量等级要小得多。

由于脉冲电晕等离子体技术所用设备简单，可以由常用静电除尘设备适当改造而成，并集脱硫脱硝和除尘为一体，从而大大节省了投资和占地面积。与电子束辐射法相比，该法避免了电子加速器的使用，也无须辐射屏蔽，增强了技术的安全性和实用性，能耗和成本都比电子束法低，因而成为很具吸引力的烟气治理方法。

3. 什么是碳质固体还原脱硝法？

碳质固体还原脱硝法是以碳为还原剂对烟气中的 NO_x 进行还原脱除的方法。所用碳质材料可以是果壳活性炭、煤基活性炭及焦炭等。利用碳质固体还原 NO_x 是基于在高温下碳会与氮氧化物发生以下反应：

$$C+2NO \longrightarrow CO_2+N_2$$
$$2C+2NO \longrightarrow 2CO+N_2$$
$$2C+2NO_2 \longrightarrow 2CO_2+N_2$$
$$4C+2NO_2 \longrightarrow 4CO+N_2$$

当烟气中有 O_2 时，O_2 与碳反应生成 CO，CO 也能还原 NO_x：

$$2C+O_2 \longrightarrow 2CO$$
$$2CO+2NO \longrightarrow 2CO_2+N_2$$
$$2CO+2NO_2 \longrightarrow 2CO_2+O_2+N_2$$

如在温度为 $650\sim850℃$ 时，NO_x 能被果壳炭或焦炭等还原。在 NO_x 浓度为 $1771\sim12962mg/L$ 时，还原率达 99% 左右。NO_2 在 $350℃$ 以上开始分解为 NO 和 O_2，$450\sim600℃$ 时已基本分解完毕，因此在 $600℃$ 以上时，NO_x 主要以 NO 形式与 C 反应。温度较低时，气速对还原率的影响较大。

碳质固体还原法属于无催化剂非选择性还原法，与以燃料气为还原剂的选择性非催化还原法相比，不需要价格昂贵的贵金属催化剂；与 NH_3 选择性催化还原法相比，碳价格便宜，来源广泛。当烟气中 O_2 含量较高时，碳消耗量很大，但 O_2 和 NO_x 与 C 的反应都是放热反应，消耗定量的碳所放出的热量与普通燃烧过程基本相同，这部分反应热可以回收利用。

4. 一氧化氮直接催化分解有什么难度？

从净化 NO_x 的观点来看，最好是将 NO_x 直接分解成 N_2 和 O_2，这在热力学上是可行的。理论上，NO 分解成 N_2 和 O_2 是热力学上有利的反应：

$$NO（气） \longrightarrow \frac{1}{2}N_2+\frac{1}{2}O_2, \quad \Delta G° = -20.7kal/mol（25℃）$$

该反应的活化能高达 $364kJ/mol$，需要使用合适的催化剂来降低活化能，从而在动力学上达到较快的反应速率，才能实现分解反应。但 NO 的直接分解在低温时受到热力学限制，其反应速率十分缓慢，需要有特殊功能的催化剂。

目前发现，所有对 NO 有分解能力的催化剂，其催化活性都或多或少地会被氧气所抑制。这种抑制作用是因为氧占据了催化剂能够发生 NO 化学吸附的活性中心，而 NO 的化学吸附正是分解过程的控制步骤。这意味着 NO 的分解既不能在富氧环境下进行，而且自身分解产生的氧气又会使催化剂失活，因此阻碍了这些催化剂的实际应用。此外，由于烟气中 NO_x 含量与水蒸气相比是很低的，而且气流速度又很快，大多数催化剂的活性都会下降。而 SO_2 共存时对催化剂的中毒问题也不容忽视。

目前，针对 NO 分解的催化剂体系主要有贵金属（Pt、Pd）催化剂、金属氧化物催化剂（Co、Ni、Mn、Cu、V 等金属氧化物）、钙钛矿型复合氧化物催化剂及金属离子交换的分子筛等。其中，有些催化剂的 NO 分解效率高但活性不能持久，主要原因是 NO_x 分解后产生的氧不易从催化剂载体上脱除，易使催化剂失活。

催化直接分解 NO_x 的方法具有工艺简单、产物可以直接排入大气、不产生二次污染等特点，因而被认为是 NO_x 催化脱除法的最优选择，是最有前景的脱氮方法，但因催化剂需经受苛刻的工作条件，目前还未有催化剂处于工业化阶段。

5. 生物法脱硝的原理是什么？

烟气的生物净化是利用微生物的生命活动将烟气中的有害物质转化为简单而无害的无机物和微生物的细胞质。生物净化 NO 的基本原理是：利用反硝化细菌的生命活动去除 NO。在反硝化过程中，NO 通过反硝化细菌的同化反硝化（合成代谢）还原成有机氮化合物，成为细菌的一部分；然后通过异化反硝化（分解代谢），最终转化为 N_2。

NO_x 主要指 NO 和 NO_2，二者溶于水的能力差异较大，其净化机理也不同。NO 不与水发生化学反应，在水中的溶解度较小。其净化途径主要有：一是 NO 溶解于水；二是被反硝化细菌及固相载体吸附，然后在反硝化细菌中氧化氮还原酶的作用下还原为 N_2：

$$NO \xrightarrow[\text{+e}]{\text{氧化氮还原酶}} N_2$$

NO_2 会与水发生化学反应：

$$2NO_2 + H_2O \longrightarrow HNO_3 + HNO_2$$

$$3HNO_2 \longrightarrow HNO_3 + 2NO + H_2O$$

溶于水的 NO_2 转化为 NO_3^-、NO_2^- 和 NO，然后通过下列反应生成 N_2：

$$NO_3^- \xrightarrow[\text{+e}]{\text{硝酸还原酶}} NO_2^-$$

$$NO_2^- \xrightarrow[+e]{\text{亚硝酸还原酶}} NO$$

$$NO \xrightarrow[+e]{\text{氧化氮还原酶}} N_2$$

在烟气的生物处理过程中，微生物的存在形式可分为悬浮生长系统和附着生长系统两种，悬浮生长系统即微生物及其营养物配料存在于液相中，烟气中的污染物通过与悬浮物接触后转移到液相中被微生物净化。其形式有喷淋塔、鼓泡塔等生物洗涤器；附着生长系统是烟气在增湿后进入生物滤层时，污染物从烟气中转移到生物膜表面并被微生物净化。以上两种生长系统在净化 NO_x 方面各具有优势，但在悬浮生长系统中，微生物的环境条件及操作条件较易控制。但因 NO_x 中的 NO 占有较大的比例，而 NO 又不易溶于水，因此使得此法的 NO 净化率不是太高。

六、湿法烟气脱硝技术

（一）水吸收法脱硝

1. 水吸收法脱硝主要用于哪些场合？

水是最廉价的吸收剂，具有稳定性好、腐蚀性小、无毒性、不燃及黏性小等特点。利用水吸收烟气或废气中 NO_x 的方法，是基于水和 NO_2 反应生成硝酸和亚硝酸。亚硝酸在通常情况下不稳定，很快发生分解生成硝酸、NO 和 H_2O，即

$$3HNO_3 \longrightarrow HNO_3 + 2NO + H_2O$$

NO 不与水发生化学反应，在水中的溶解度很小，并且在水吸收 NO_2 时，还放出部分 NO，因而水吸收法脱硝的净化效率不高，很少用于含大量 NO 的烟气净化。由于水的价格低、来源方便，可用于净化以 NO_2 为主的窑炉废气等。

2. 怎样用水吸收法吸收含 NO 尾气？

燃料燃烧过程中产生的 NO_x 主要是 NO 和 NO_2，其中 NO 占 90% 左右。NO 不溶于水，难以用水直接吸收，但 NO 在空气中易被氧化成红棕色的 NO_2 气体。因此在用水吸收含 NO_x 尾气时可采用以下方法：（1）使窑炉排出的尾气通过高温空气氧化，使 NO 转化为 NO_2，以便于用水吸收；（2）通过增加压力强化吸收过程；（3）采用特殊设计的吸收设备，提高气液传质能力及吸收效率；（4）与酸吸收法或碱吸收法等联合使用，实现 NO_x 高效吸收。

例如，对硝酸工厂、染料厂及催化剂焙烧过程等排放的大量 NO_x 气体进行处理时，所采用的"强化吸收"或"延长吸收"法的实质也是水吸收法，该法不仅能回收 NO_x 生成硝酸，还可使出口尾气浓度达到排放标准，是一种经济实用的

脱硝方法。

(二) 酸吸收法脱硝

1. 稀硝酸吸收净化 NO_x 的原理是什么?

NO 在水中的溶解度很低,0℃时 100g 水可溶解 7.54mL NO,而在 100℃下则完全不能溶解。因此,单纯用水吸收 NO 的效率很低。相对而言,NO 在稀硝酸中的溶解度要大得多,表 2-5 为 25℃时 NO 在硝酸中的溶解度系数与硝酸浓度的关系。NO 在 12%以上硝酸中的溶解度比在水中大 100 倍以上,因此可用稀硝酸溶液净化含氮氧化物的废气。特别是采用气液强制混合的设备,可以达到较高的脱硝效率。

表 2-5　25℃时 NO 在硝酸中的溶解度系数与硝酸浓度的关系

硝酸浓度,%	0	0.5	1.0	2	4	6	12	65	99
溶解度系数	0.041	0.7	1.0	1.48	2.16	3.19	4.20	9.22	12.5

注:溶解度系数是表示气体溶解度定量关系的系数,此系数可以是单位体积、单位压力和摩尔数。

2. 用稀硝酸吸收净化含 NO_x 废气的工艺流程是怎样的?

用稀硝酸吸收净化含 NO_x 废气可以采用多种工艺流程,图 2-10 是净化含 NO_x 尾气的一种工艺流程。用作吸收剂的硝酸先用空气将其中溶解的 NO_x 吹除,脱除 NO_x 的硝酸也称为"漂白硝酸"。从硝酸吸收塔中出来的 NO_x 尾气由吸收塔下部进入,与吸收液(漂白硝酸为 15%~30%)逆流接触,进行物理吸收,经过净化的尾气进入尾气预热器,回收能量后排空。吸收了 NO_x 的硝酸经加热后进入漂白塔,利用二次空气进行漂白,再经冷却器降温至 20℃循环使用,漂白出来的 NO_x 返回原有硝酸吸收塔回收利用。

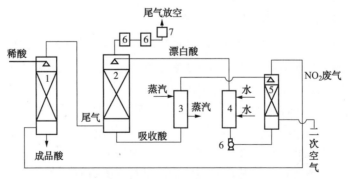

图 2-10　稀硝酸吸收法净化含 NO_x 尾气的工艺流程

1—硝酸吸收塔;2—尾气吸收塔;3—加热器;4—冷却器;5—漂白塔;6—尾气预热器;7—尾气膨胀机

对于工业窑炉所产生的含 NO_x 废气，如含硝酸盐催化剂分解产生的含 NO_x 废气处理工艺流程则比上述流程要简单些，只需要将窑炉含 NO_x 尾气不经冷却（150~300℃）直接与稀硝酸（5%~12%）进行强制混合吸收，即可脱除大部分 NO_x，但脱硝率与混合器的结构有很大关系。

3. 影响稀硝酸吸收法吸收效率的因素有哪些?

用稀硝酸吸收 NO_x 的过程以物理吸收为主，影响吸收效率的主要因素有以下一些：

（1）温度的影响。温度升高，硝酸对 NO_x 的吸收效率会下降，10~20℃时，吸收效率可达 80% 以上。因此，吸收塔或吸收罐体积大、吸收液循环，使吸收温度不至于太高，有利于 NO_x 吸收。

（2）压力的影响。压力提高有利于硝酸对 NO_x 的吸收。例如，吸收压力从 1.85×10^5Pa 降至 0.098×10^5Pa 时，吸收效率可从 77.5% 降至 4.3%。因此，提高吸收系统的压力有利于提高脱硝率。

（3）硝酸浓度的影响。不同硝酸浓度对 NO_x 的吸收效率是不同的。一般来说，硝酸浓度为 12%~30% 时，对 NO_x 的吸收效果较好。但它与系统的温度、压力及气液混合程度等参数相关联，最佳浓度应由实验确定。

（4）气液混合程度的影响。含 NO_x 废气与硝酸吸收液的混合接触程度对 NO_x 脱除率的影响也很大。工业上使用的气液反应器有填料塔、鼓泡塔、搅拌反应器及冲击式吸收器等。采用不同吸收反应器，其脱硝率会有所不同。因此，在 NO_x 废气处理中，提出了超重力反应器、高冲击式湍流反应器等设计，以强化气液传质过程。

稀硝酸吸收法具有工艺流程简单、操作方便、设备投资少、易于控制、可以回收 NO_x 等优点，但也存在酸循环量较大、能耗较高等缺点。

4. 硫酸可用于吸收氮氧化物吗?

硫酸具有强氧化性，浓硫酸吸收 NO_x 可以生成亚硝基硫酸（H_2SO_4NO）和混合硫酸，反应如下：

$$NO+NO_2+H_2SO_4 \longrightarrow 2NOHSO_4+H_2O$$
$$NO+H_2SO_4 \longrightarrow H_2SO_4NO$$

NO 在硫酸中的溶解度不大，而在含 N_2O_3 的硫酸中，溶解度会提高几十倍。例如，NO 在浓度为 76% 的硫酸中的溶解度为 0.00243%，当 76% 的硫酸溶有 5% N_2O_3 时，NO 在其中的溶解度可提高到 0.14%。如果硫酸中有硫酸氧化氮（$NOHSO_4$）和硝酸存在，则 NO 与硝酸反应生成 $N_2O_3\cdot NOHSO_4$，可以进一步提高对 NO 的吸收效率。

由于亚硝基硫酸可以用于硫酸生产和浓缩稀硝酸，因此在同时生产硫酸和浓硝酸的企业，可以使用该法净化含 NO_x 的废气，其他企业应用此法不多。

（三）碱液吸收法脱硝

1. 碱液吸收法脱硝的原理是什么？

碱液吸收法是利用某些碱性溶液能和 NO_2 反应生成硝酸盐及亚硝酸盐，以及和 N_2O_3（$NO+N_2O_3$）反应生成亚硝酸盐的性质来净化含 NO_x 废气。

常用的碱性溶液有 NaOH、Na_2CO_3、Ca（OH）$_2$ 及氨水等。其反应如下：

$$2NaOH+2NO_2 \longrightarrow NaNO_3+NaNO_2+H_2O$$
$$2NaOH+NO+NO_2 \longrightarrow 2NaNO_2+H_2O$$
$$Na_2CO_3+2NO_2 \longrightarrow NaNO_3+NaNO_2+CO_2$$
$$Na_2CO_3+NO+NO_2 \longrightarrow 2NaNO_2+CO_2$$

以上反应式中的 Na^+ 可以用 K^+、Ca^{2+}、Mg^{2+}、NH_4^+ 等代替。

碱液吸收法的实质是酸碱中和反应，在吸收过程中，NO_2 先溶于水生成硝酸及亚硝酸，而气相中的 NO 则和 NO_2 反应生成 N_2O_3，生成的 N_2O_3 溶于水生成亚硝酸，之后亚硝酸和硝酸与碱液发生酸碱中和反应，其反应如下：

$$2NO_2+H_2O \longrightarrow HNO_3+HNO_2$$
$$NO+NO_2 \longrightarrow N_2O_3$$
$$N_2O_3+H_2O \longrightarrow 2HNO_2$$

酸碱吸收反应的过程不可逆。对于浓度为 $10 \sim 100g/L$ 的各种碱性物质吸收 NO_x 的反应活性顺序为：$KOH>NaOH>Ca（OH）_2>Na_2CO_3>K_2CO_3>Ba（OH）_2>NaHCO_3>KHCO_3>MgCO_3>BaCO_3>CaCO_3>Mg（OH）_2$。

工业上综合考虑价格、来源、吸收效率及设备等方面因素，大多采用 NaOH 和 Na_2CO_3 溶液作为脱硝吸收剂。一般用 30% 浓度以下的 NaOH 或 10%～15% 浓度的 Na_2CO_3 溶液。

2. 氮氧化物的氧化度与碱吸收效率有什么关系？

通常将 NO_2 在 NO_x 中所占的百分比称为 NO_x 的氧化度。试验表明，当 NO_x 中 $NO_2/NO=1\sim1.3$，即氧化度为 50%～60% 时，碱液吸收 NO_x 的速度最快，NO_x 吸收效率也最高。

此外，常压下碱液吸收 NO 的效率很低，对于浓度低于 500×10^{-6} 的 NO_x 废气，也不能期待采用碱液吸收法进行脱硝处理。

碱液吸收法的优点是能将 NO_x 回收为有销路的硝酸盐或亚硝酸盐产品，有一定经济效益，工艺流程和设备也比较简单，缺点是吸收率不高，对 NO_2 与 NO 的比例有一定限制，较适用于处理含 NO_x 超过 50% 的废气。

3. 用氨水作吸收剂时要注意什么?

采用氨水作为吸收剂吸收处理 NO_x 时，挥发的 NH_3 在气相中与 NO_x 发生以下反应:

$$2NH_3 + NO + NO_2 + H_2O \longrightarrow 2NH_4NO_2$$
$$2NO_2 + 2NH_3 + H_2O \longrightarrow NH_4NO_3 + NH_4NO_2$$

上述反应生成的铵盐（亚硝酸铵、硝酸铵等）微粒粒径在 $0.1 \sim 10 \mu m$ 之间，属于气溶胶颗粒，不易被水或碱液所捕集，而会逃逸形成白烟。此外，反应中生成的亚硝酸盐也不稳定，特别当其浓度较高，吸收热超过一定温度或者溶液的pH 值不合适时会发生分解甚至爆炸，要引起注意。这一因素也限制了氨水吸收法的应用。

4. 碱液吸收法吸收氮氧化物的工艺流程是怎样的?

碱液吸收法吸收 NO_x 的传统工艺流程如图 2-11 所示。废气按顺序进入三级串联吸收塔中，碱液则逆向进入吸收塔。常用吸收塔为填料塔，废气从底下部通入，碱液则从塔顶部喷入。操作时，当第一个吸收塔的循环碱液浓度下降到 5g/L时，即可放出吸收液。放出的吸收液经过蒸发、结晶、分离处理循环使用，其副产物硝酸钠和亚硝酸钠可作为成品销售。由于碱液吸收法净化效率不高，因此为提高其吸收效率，多采用强化吸收操作，改进吸收设备，优化吸收条件。例如，第一级采用填料吸收塔吸收 NO_x 气体，处理后的气体再通过喷射泵进行二级吸收。

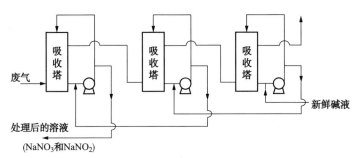

图 2-11　碱液吸收法吸收 NO_x 工艺流程示意图

除了强化吸收设备外，为了提高碱液吸收法的 NO_x 吸收效率，另一重要措施是有效控制废气中 NO_x 的氧化度。所用方法有:（1）采用配气处理。对高 NO_x 含量的气体进行调节，提高待处理废气的 NO_x 氧化度。如碱液吸收处理硝酸尾气时，可将进吸收塔之前的少量最高 NO_x 含量的气体引至碱吸收塔的入口或适当位置。（2）降低废气中 NO 的含量，以提高尾气氧化度。（3）对废气中的 NO 采取一定的氧化措施，如可采用氧化吸收串联碱液吸收的方法对传统的碱液吸收操作进行改进，以提高 NO_x 吸收效率。在实际应用中，常将硝酸吸收法与碱液吸收法串联使用。

（四）氧化吸收法脱硝

1. 什么是氧化吸收法？

NO 除生成络合物外，无论在水中还是在碱液中几乎不能被吸收。如能用氧化剂先将 NO_x 中的 NO 氧化，以提高 NO_x 的氧化度后，就可提高吸收效率。所谓氧化吸收法就是通过氧化剂将 NO 氧化为 NO_2 以提高 NO_x 的氧化度，然后再采用水吸收或碱液进行吸收处理。

在低浓度下，NO 的氧化速度十分缓慢，因此 NO 的氧化速度是吸收法脱除 NO_x 总速度的决定因素。为了加速 NO 的氧化，可以采用催化氧化和氧化剂直接氧化，氧化剂有气相氧化剂和液相氧化剂两类。所用气相氧化剂有 O_2、O_3、Cl_2、ClO_2 等，液相氧化剂有 HNO_3、$KMnO_4$、$NaClO_2$、$NaClO$、H_2O_2、KBr_2O_7、$KBrO_3$、Na_3CrO_4、$(NH_4)_2CrO_7$ 等，还可使用紫外线进行氧化。

2. 催化氧化 NO 主要用于什么场合？

催化氧化是在催化剂作用下使 NO 与 O 结合生成 NO_2 的转化过程。NO 在空气中易氧化为 NO_2，其氧化反应式如下：

$$2NO+O_2 \longrightarrow 2NO_2$$

其氧化速度可以用 NO_2 的生成速度表示：

$$\frac{d[NO_2]}{dt}=K[NO]^2[O_2]$$

式中，K 为反应速率常数。

当采用空气（可近似看作 $[O_2]$ 一定）氧化 NO 时，其氧化速度与 $[NO]^2$ 成正比。在 NO 浓度较高时，空气的氧化速度也较高。但在 NO 浓度较低时，氧化速度非常缓慢。为加快低浓度 NO 的氧化速度，可以采用富氧氧化或催化氧化的方法，前者是提高系统中氧的浓度。对于 NO 的催化氧化，一些非贵金属，如 Cr、Fe、Co、Mn、Cu 的氧化物及活性炭对 NO 与 O_2 的反应都有良好的催化活性，但此法主要用于小气量 NO 的催化氧化。

3. 臭氧吸收法脱硝的基本原理是什么？

臭氧的氧化能力极强，其氧化还原电位仅次于氟，比过氧化氢、高锰酸钾等都高。此外，臭氧的反应产物是氧气，所以它是一种高效清洁的强氧化剂。臭氧氧化法脱硝就是在烟气流中注入臭氧，在充分混合下，臭氧将 NO 氧化成易溶于

水的 N_2O_5，然后用水吸收生成硝酸，其主要化学反应如下：

$$NO+O_3 \longrightarrow NO_2+O_2$$
$$2NO+O_3 \longrightarrow N_2O_5$$
$$N_2O_5+H_2O \longrightarrow 2HNO_3$$

采用臭氧吸收法可达到较高的 NO_x 脱除率，脱除效率可达到 70% ~ 90%，并可在不同的 NO_x 浓度和 NO、NO_2 的比例下保持较高的脱硝效率，未与 NO_x 反应的 O_3 可在洗涤器内除去。吸收后得到的 HNO_3 浓度可达 60%。此外，使用臭氧吸收法时，烟气中存在的 SO_2 和 CO_2 不影响 NO_x 的脱除，也不影响其他污染物控制技术。本法的缺点是耗电略高，部分地区对外排污水的含氮化合物有要求时，需对后续的含氮盐水进行蒸发成盐或经生物降解处理。

4. 影响臭氧吸收法脱硝效率的主要因素有哪些？

臭氧吸收法脱硝的影响因素主要有物质的量比、反应温度及反应时间等。

（1）物质的量比的影响。物质的量比（O_3/NO）是指 O_3 与 NO 物质的量的比值，它反映所用臭氧量与 NO 量的高低比值。一般情况下，NO 的氧化率随 O_3/NO 的升高呈直线上升。如在 $0.9 \leqslant O_3$/$NO<1.0$ 的条件下，脱硝率可达 85% 以上。根据 O_3 与 NO 的反应式，O_3 与 NO 完全反应的物质的量比理论值为 1.0。在实际操作中，由于其他条件的干扰，O_3 不可能与 NO 百分之百地进行反应，所以要达到 100% 的反应率，还需优化其他条件。

（2）反应温度的影响。在 25℃ 时臭氧的分解率只有 0.5%，在 150℃ 时臭氧分解率也不太高，但在 200℃ 以上时，臭氧分解率显著加快。因此，进行臭氧吸收法脱硝时，应注意选用合适的温度范围。

（3）反应时间的影响。采用臭氧吸收法进行脱硝时，臭氧在烟气中的停留时间只要能够保证氧化反应的完成即可。一些实验表明，反应时间在 1 ~ 10s 之间对反应器出口的 NO 摩尔数几乎没有影响，再增加停留时间并不能增大 NO 的脱除率，这主要是因为关键脱硝反应的反应平衡在很短时间内即可达到，并不需要更长的臭氧停留时间。

（4）吸收液性质的影响。利用臭氧将 NO 氧化为高价态的氮氧化物后，需要进一步对氮氧化物进行洗涤吸收。常用吸收液有水、NaOH、Ca（OH）$_2$ 等。不同的吸收剂其吸收效果会有所差异。利用水吸收尾气时，NO_x 和 SO_2 的脱除效率分别可达到 86% 及 100%，吸收设备结构及吸收传质条件至关重要。利用 NaOH 溶液作吸收剂时，NO_x 的脱除率可高达 95%，SO_2 的脱除率约为 100%。

5. 亚氯酸钠和次氯酸钠溶液吸收法的基本原理是什么？该技术有什么特点？

亚氯酸钠（$NaClO_2$）和次氯酸钠（NaClO）溶液吸收法脱硝是利用 ClO_2^- 和 ClO^- 的氧化性将 NO 氧化为 NO_2，然后采用 Na_2SO_3 水溶液吸收。其主要化学反应如下：

$$2NO+NaClO_2 \longrightarrow NaCl+2NO_2$$
$$NO+NaClO \longrightarrow NaCl+NO_2$$
$$2NO_2+2Na_2SO_3 \longrightarrow Na_2SO_4+2NaNO_3$$
$$2NaNO_3+O_2 \longrightarrow 2NaNO_3$$

脱硫废液为 $NaCl+NaNO_3$ 溶液，与脱硫废水混合后排放。

该法可以和采用 NaOH 作为脱硫剂的湿法脱硫技术结合使用。NaOH 的加入可以和废气中的 SO_2 反应生成 Na_2SO_3，供吸收过程使用。此外，也可用 $HClO_3$ 代替 $NaClO_2$ 或 NaClO 溶液进行 NO 的氧化吸收。

采用 $NaClO_2$ 和 NaClO 溶液进行氧化脱硝的脱硝率可达 95%，且可同时脱硫。但 ClO_2 和 NaOH 的价格较高，而且还需建氧化剂制备贮存站等，装置建设及运用费用较高。

6. 影响亚氯酸钠溶液吸收法脱硝效率的主要因素有哪些?

影响 $NaClO_2$ 溶液吸收法脱硝的主要因素有 $NaClO_2$ 溶液浓度、NaOH 浓度、吸收液的 pH 值、NO_x 进气浓度、反应温度及液气比等。

(1) $NaClO_2$ 溶液浓度的影响。$NaClO_2$ 溶液为无色液体，含有效氯 20% 以上，具有氧化性。提高 $NaClO_2$ 浓度能促进 NO_x 吸收，其吸收作用 80% 来自 $NaClO_2$ 溶液的吸收，而大约 14% 的 NO_x 去除率来自水。

(2) NaOH 浓度的影响。加入低浓度的 NaOH 可以提高 NO_x 的吸收率，但 NaOH 浓度过高会降低或抑制吸收。这是因为高 pH 值会降低 $NaClO_2$ 的氧化能力，也就减少了对 NO_x 的吸收率。

(3) 吸收液 pH 值的影响，在 $NaClO_2$ 溶液吸收过程中，NO_x 借助于 N_2O_3 和 N_2O_4 的水解而被吸收。由于生成了 HNO_3，溶液 pH 值也迅速降低，吸收效率提高，这是因为 $NaClO_2$ 氧化能力随 pH 值的减少而增强，但当 pH 值降到最低，即到达吸附过程的末期，NO_x 的去除效率变化则不明显，实际吸收操作中，吸收液 pH 值一般控制在 5~7 之间。

(4) NO_x 进气浓度的影响。NO_x 进气浓度越高，脱硝效率越高。提高 NO_x 浓度，并且相应提高 $NaClO_2$ 溶液的浓度，有助于达到较高的脱硝效率。

(5) 反应温度的影响。一般来说，NO_x 溶解度随温度的上升而减少，但反应速率随温度升高而增大，这种相反的影响有可能相互抵消。一些实验表明，反应温度提高，NO_x 去除效率也会提高，如操作温度从 25℃ 提高至 50℃，吸收率可增加一倍。

(6) 液气比（L/G）的影响。一般来说，L/G 越大，达到最大 NO_x 去除率的速度也越快，这可能是由于气液接触面积增大所致。一些实验表明，在 L/G

为 4~10L/m³ 范围，L/G 值越大，NO$_x$ 去除效率也越高。

7. 高锰酸钾吸收法脱硝的基本原理是什么？

高锰酸钾是一种强氧化剂，在酸性介质中被还原为 Mn^{2+}，在碱性介质中则生成 MnO$_2$。高锰酸钾法是利用 KMnO$_4$ 将 NO 氧化为 NO$_2$，然后生成硝酸盐，其反应式为：

$$KMnO_4 + NO \longrightarrow KNO_3 + MnO_2$$
$$KMnO_4 + 2KOH + 3NO_2 \longrightarrow 3KNO_3 + H_2O + MnO_2$$

此法也可同时脱硫，其反应式为：

$$KMnO_4 + SO_2 \longrightarrow K_2SO_4 + MnO_2$$

高锰酸钾氧化法的优点是脱硝率高，1kg KMnO$_4$ 可以处理 0.19kg NO 和 0.4kg SO$_2$，脱硝率可达到 90%~95%。而且它对废气中 NO 的浓度要求不太严格。在该氧化反应过程中生成的 MnO$_2$ 可从沉淀中分离再生，副产物 KNO$_3$ 也可用作化肥。该法的主要缺点是 KMnO$_4$ 价格较高，使运行成本过高，而且还存在水污染的问题，需增加废水处理系统。

8. 硝酸氧化—碱液吸收工艺流程是怎样的？

与用稀硝酸吸收净化含 NO$_x$ 废气的方法不同，硝酸氧化法是用较高浓度的硝酸（44%~47%）将 NO 氧化为 NO$_2$，其反应如下：

$$NO + 2HNO_3 \longrightarrow 3NO_2 + H_2O$$

上述反应实质上是 NO$_2$ 成酸的逆反应。

在实际应用中，硝酸氧化法常与碱液吸收法配合使用，即利用硝酸氧化剂提高 NO$_x$ 废气的氧化度后再利用碱液回收 NO$_x$。由于氧化剂成本在很大程度上决定了吸收法的成本，而硝酸的成本较低，因此国内已有硝酸—碱液吸收的工业化应用，用于硝酸尾气的处理。

硝酸氧化—碱液吸收工艺流程如图 2-12 所示。

用作氧化剂的硝酸也需要先进行漂白处理，即在漂白塔内利用压缩空气吹脱硝酸吸收剂中溶解的 N$_2$O$_4$ 等 NO$_x$，然后才能进入硝酸氧化塔进行吸收处理。漂白后的空气排空。由于氧化过程中硝酸的浓度不断下降，因此吸收过程需要补充硝酸和碱液，并将含有硝酸盐和亚硝酸盐的吸收液送出加工成硝酸盐和亚硝酸盐副产品。

实验表明，硝酸中 N$_2$O$_4$ 含量超过 0.2g/L 时，对 NO 的氧化率影响较为明显，因此，事先需对硝酸进行漂白处理。硝酸氧化 NO 为吸热反应，提高温度有利于氧化反应的进行，但温度过高，超过 40℃ 以后，NO 又会从吸收液中挥发出来，不利于 NO 的液相吸收，因此，氧化温度以不超过 40℃ 为宜。

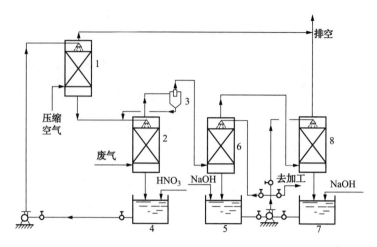

图 2-12　硝酸氧化—碱吸收工艺流程
1—硝酸漂白塔；2—氧化塔；3—分离器；4—硝酸循环槽；
5，7—碱循环槽；6，8—尾气吸收塔

（五）液相络合吸收法脱硝

1. 什么是液相络合吸收法？其应用前景如何？

液相络合吸收法是利用液相络合剂直接与 NO 进行反应的方法。通过 NO 生成的络合物在加热时又重新放出 NO 这一性质，从而能将烟气中的 NO 富集回收。所用的络合吸收剂有 $FeSO_4$、EDTA－Fe（Ⅱ）、Fe（Ⅱ）－EDTA－Na_2SO_3、Fe（CyS）$_2$ 等。在实验装置上，液相络合吸收法对 NO 的脱除率可达 90%，但在工业装置上目前还达不到这样高的 NO 脱除率。由于液相络合法脱除 NO 是用金属离子如 Fe^{2+}、Fe^{3+}、Ca^{2+}、Cu^{2+}、Ni^{2+}、Co^{2+} 等与氨基羧酸类（如 EDTA、NTA）配体或者巯基类（如 SH）配体等结合形成络合物来去除 NO，因此对于处理主要含有 NO 的燃煤烟气中的 NO_x 具有特别意义。此外，络合剂可以作为添加剂直接加入石灰—石膏法烟气脱硫的浆液中，在原有脱硫设备上稍加改造，可实现同时脱除 SO_2 和 NO_x，具有一定应用前景，但目前主要问题是为回收 NO_x 必须选用不使络合剂氧化的惰性气体将 NO_x 吹出，导致工艺流程复杂及经济费用增加。

2. 硫酸亚铁法的基本原理是什么？

硫酸亚铁又名铁矾、绿矾，是具有还原剂的酸性盐。硫酸亚铁是目前研究较多的 NO 络合吸收剂之一。$FeSO_4$ 与 NO 之间的吸收与解吸反应如下：

$$FeSO_4 + NO \underset{90\sim100℃}{\overset{20\sim30℃}{\rightleftharpoons}} Fe(NO)SO_4$$

$FeSO_4$ 吸收 NO 的反应是一个可逆反应，低温时有利于吸收，高温下则发生解吸。

所用吸收液一般含有 20% 的 $FeSO_4$ 和 $0.3\% \sim 1.0\%$ 的 H_2SO_4。根据 NO 在 $FeSO_4$-H_2SO_4-H_2O 三元系中溶解度的研究表明，$FeSO_4$ 溶液吸收 NO 的最大量为 $FeSO_4 : NO = 1 : 1$（物质的量比）。加入少量 H_2SO_4 可以防止 Fe^{2+} 氧化和 $FeSO_4$ 的水解作用。pH 值升高，并且当尾气中 O_2 含量大于 3.0% 时，Fe^{2+} 易被氧化成 Fe^{3+}；而当 pH 值大于 5.5 时，Fe^{2+} 开始沉淀出 $Fe(OH)_2$，解吸出含量达 $85\% \sim 90\%$ 的 NO 气体可用于硝酸生产，再生出的 $FeSO_4$ 可循环使用。

3. 乙二胺四乙酸亚铁络合法的基本原理是什么？在应用上存在哪些问题？

乙二胺四乙酸亚铁 $[Fe(II)EDTA]$ 是一种金属络合物，它可与溶解的 NO_x 迅速发生反应，促进 NO 吸收，其吸收与解吸反应如下：

$$Fe(II)EDTA + NO \underset{\text{高温}}{\overset{\text{低温}}{\rightleftharpoons}} Fe(II)EDTA(NO)^{2-}$$

$Fe(II)EDTA$ 吸收 NO 以后，可以用蒸汽解吸的方法回收高浓度的 NO，同时使吸收液再生。

$Fe(II)EDTA$ 对 NO 的吸收受多种因素影响，提高溶液中吸收剂的浓度、延长气液接触时间、采用合适的 pH 值和温度都可以提高 NO 的吸收率。$Fe(II)EDTA$ 作为一种常用试剂，具有价格低廉的优势，但由于其中的 Fe^{2+} 容易被水中的溶解氧或 $Fe(II)EDTA(NO)^{2-}$ 分解出来的官能团氧化而使 $Fe(II)$ 失去活性。因此，在实际操作中需要向溶液中加入抗氧剂或还原剂，抑制 Fe^{2+} 氧化，同时络合剂需要不断再生才能循环使用，以及络合剂再生速率慢等多种因素影响了该技术的推广应用。

4. 半胱氨酸亚铁络合法有什么特点？

含有—SH 基团类亚铁络合物不仅有很好的氧化性能，而且对 NO 也有较好的吸收速率。因此，用含有—SH 基团的亚铁络合物作为吸收液，可望解决 $Fe(II)EDTA$ 络合吸收剂中 $Fe(II)$ 氧化失活问题。在—SH 基团亚铁络合物中使用较多的是半胱氨酸亚铁溶液。

在中性或碱性条件下，半胱氨酸亚铁主要以 $Fe(CyS)$ 络合物形式存在，$Fe(CyS)_2$ 与 NO 发生复杂的反应，主要形成二亚硝酰络合物：

$$Fe(CyS)_2 + NO \longrightarrow Fe(CyS)_2(NO)$$

随后半胱氨酸被氧化成胱氨酸，而吸收的 NO 被还原成无害的 N_2。脱除 NO 后生成的胱氨酸能被烟气中的 SO_2 快速还原成半胱氨酸，再生的半胱氨酸又可用于烟气中 NO 吸收。因此，半胱氨酸亚铁络合法不仅能脱除烟气中的 NO，而且能同时脱除 SO_2，并且胱氨酸被还原成半胱氨酸，使脱硫脱硝反应得以循环进行，因此，可以持续高效地吸收 NO。但此法的主要问题是回收 NO_x 必须选用不使 $Fe(II)$ 氧化的惰性气体将 NO 吹出，而且 $Fe(II)$ 也不可避免地被氧化为

Fe（Ⅲ）。如用电解还原法或铁粉还原法再生 Fe（Ⅱ），均会使工艺流程变得复杂和运转费用增加。此外，该法的络合反应速率还存在需进一步提高的问题。

（六）液相还原吸收法脱硝

1. 液相还原吸收法的脱硝原理是什么？

液相还原吸收法是利用液相还原剂将 NO_x 还原为 N_2 的方法，即湿式分解法。常用的液相还原剂有亚硫酸盐、硫代硫酸盐、尿素溶液及硫化物等，其反应原理如下：

$$4Na_2SO_3+2NO_2 \longrightarrow 4Na_2SO_4+N_2$$
$$Na_2S_2O_3+2NO_2+2NaOH \longrightarrow 2Na_2SO_4+H_2O+N_2$$
$$(NH_2)_2CO+NO+NO_2 \longrightarrow CO_2+2H_2O+2N_2$$
$$Na_2S+3NO_2 \longrightarrow 2NaNO_3+S+N_2$$

由于液相还原剂与 NO 的反应并不是生成 N_2，而是生成 N_2O，而且该反应速率不快，还原影响液相还原剂吸收的效率，如 Na_2SO_3 与 NO 的反应就是如此：

$$Na_2SO_3+2NO \longrightarrow Na_2SO_4+N_2O$$

因此，液相还原吸收法必须先将 NO 氧化为 NO_2 或 N_2O_3，以防止上述副反应的发生。而随 NO_x 氧化度的提高，还原吸收率增加。因此，为了有效地利用 NO_x，对于高浓度 NO_x 废气，一般先用碱液或稀硝酸吸收后，再用还原法作为补充净化手段。

2. 碱—亚硫酸铵吸收法的脱硝原理是什么？

根据液相还原吸收法的脱硝原理，碱—亚硫酸铵吸收法脱硝是用碱对高浓度 NO_x 进行一级吸收，再用亚硫酸铵、亚硫酸氢铵还原一级吸收后废气中的 NO_x，其主要化学反应如下：

（1）一级碱液（NaOH 或 Na_2CO_3）吸收。

NaOH 吸收：$2NaOH+NO+NO_2 \longrightarrow 2NaNO_2+H_2O$
$$2NaOH+2NO_2 \longrightarrow NaNO_3+NaNO_2+H_2O$$

Na_2CO_3 吸收：$Na_2CO_3+NO+NO_2 \longrightarrow 2NaNO_2+CO_2$
$$Na_2CO_3+2NO_2 \longrightarrow NaNO_3+NaNO_2+CO_2$$

（2）二级还原 [$(NH_4)_2SO_3$ 或 NH_4HSO_3]。

$(NH_4)_2SO_3$ 还原：
$$4(NH_4)_2SO_3+2NO_2 \longrightarrow 4(NH_4)_2SO_4+N_2$$
$$4(NH_4)_2SO_3+N_2O_3+3H_2O \longrightarrow 2N(OH)(NH_4SO_3)_2+4NH_4OH$$

NH_4HSO_3 还原：
$$4NH_4HSO_3+2NO_2 \longrightarrow 4NH_4HSO_4+N_2$$

$$4NH_4HSO_3 + N_2O_3 \longrightarrow 2N(OH)(NH_4SO_3)_2 + H_2O$$

　　碱—亚硫酸铵法净化 NO_x 的工艺过程是：先将含 NO_x 的废气送入碱液（NaOH 或 Na_2CO_3）吸收塔进行一级吸收处理，然后再进入（NH_4）$_2SO_3$ 吸收塔进行二级吸收处理，此后排空。碱吸收塔和（NH_4）$_2SO_3$ 吸收塔的吸收液均循环使用，待吸收到一定程度后，分别送入 $NaNO_3$ 贮槽和 Na_2SO_4 成品罐，然后送去提取 $NaNO_3$ 或用作肥料。该法工艺成熟、操作简单，NO_x 净化效率高，吸收液可综合利用，有一定经济效益。此法的缺点是吸收液来源有局限性，用于净化氧化度低的 NO_x 废气时效率低。

第三章　烟气同时脱硫脱硝

一、一般概念

1. 为什么要实现烟气同时脱硫脱硝？

燃煤烟气中的 SO_2 和 NO_x 是大气污染物的主要来源，给生态环境带来严重危害。近年来，由于环境保护法规日益严格，对环境要求提高，很多燃煤锅炉都要求同时控制 SO_2 和 NO_x 的排放。如果采用两套装置分别进行脱硫脱硝，不但占地面积大、设备复杂，而且投资和运行费用很高。而在采用选择性催化还原脱硝技术时，其最佳操作温度在 450℃ 左右，还存在着脱硫后烟气再热的问题。如果运行不当，SO_2 含量升高还会使催化剂中毒。如果能实现脱硫脱硝一体化工艺，不仅可以消除某些技术上的难题，还可减少设备投资和运行费用。因此，目前开发既廉价又高效可以同时脱硫脱硝的新技术、新设备是国内外烟气净化技术发展的总趋势。这些技术中有的还处于中间试验或实验室阶段，有的已实现工业化运行。

2. 烟气同时脱硫脱硝技术分为哪些类型？

脱硫脱硝一体化工艺按照脱除机理的不同，可分为联合脱硫脱硝技术和同时脱硫脱硝技术两大类。前者是指将单独脱硫和脱硝技术进行整合而形成的一体化技术；后者是指用一种反应剂在一个过程内将烟气中的 SO_2 和 NO_x 同时脱除的技术。

按照处理过程不同，脱硫脱硝一体化工艺又可分为两大类：一类是炉内燃烧过程中同时脱硫脱硝技术。这类方法共同的特点是通过控制燃烧温度来减少 NO_x 的生成，同时利用钙吸收剂来吸收燃烧过程中产生的 SO_2，如循环流化床燃烧法、钠基吸收剂喷射法等。另一类是燃烧后烟气联合脱硫脱硝技术。这类方法是在烟气脱硫法的基础上发展起来的，如活性炭法、电子束法等。按照所用工艺过程不同，又可分为固相吸附/再生同时脱硫脱硝技术、气固催化同时脱硫脱硝技术、吸收剂喷射同时脱硫脱硝技术、高能电子活化氧化技术、湿法烟气同时脱硫脱硝技术等。

3. 烟气同时脱硫脱硝技术发展趋势是怎样的？

近年来，同时脱硫脱硝技术已经成为烟气污染控制技术的主要发展方向之一，但随着烟气污染控制的污染物种类和相关标准的日趋严格，以烟气同时脱硫脱硝技术为基础的多种污染物联合控制技术成为烟气污染控制技术开发的一个新热点。一些国家在烟气脱硫脱硝和除尘标准的基础上，在烟气污染物控制标准中开始增加汞等重金属、有机污染物以及 CO_2 等物质的排放标准或总量控制标准。

多种污染物的综合治理和联合控制方法最先是以目前成熟的污染物控制技术独立组合而成的，但在实践中发现，要对烟气中 SO_2、NO_x、粉尘、汞等重金属和有机污染物等进行综合治理，不仅工艺复杂、占地面积大，投资和运行费用极高，而且还受到电厂布置、运行特点及设备寿命等多种因素限制。因此，如何简化工艺、降低投资和烟气净化费用，开发新型的烟气多种污染物联合控制技术已成为当前净化技术发展的一大趋势和研究热点。

目前，烟气多种污染物联合控制技术的发展方向主要有两个：一个是以现有成熟技术进行组合及联用；另一个方向是进行烟气多种污染物的联合控制，即采用同时脱硫脱硝除汞等工艺方法，或再连接除尘或吸附等单独工艺单元，形成一整套较为简单、占地较小、费用较低的工艺系统，这也是目前烟气多种污染物联合控制技术的主要发展方向。一些国外公司也开发出一些组合工艺技术，但就烟气多种污染物联合控制技术而言，目前主要处于发展阶段，成熟技术相对较少。

二、活性炭/活性焦同时脱硫脱硝技术

1. 活性炭/活性焦同时脱硫脱硝的工艺过程是怎样的？

活性炭是一种孔隙结构丰富、比表面积大、吸附性能好的吸附材料，其表面还含有多种官能团，既是优良的吸附剂、催化剂及催化剂载体，也是良好的脱硫脱硝剂。活性焦是以煤炭为原料生产的，为专门用于脱硫脱硝工艺的新型成型活性炭吸附材料。与活性炭相比，活性焦生产成本较低，比表面积（$150\sim400\mathrm{m}^2/\mathrm{g}$）较小，机械强度高，抗磨损破碎性能好，更适合用于脱硫脱硝工艺，但活性炭和活性焦二者在脱硫脱硝的工艺和原理上是一致的。

活性炭/活性焦同时脱硫脱硝全过程由吸收、解吸及硫回收三部分组成。脱硫脱硝主要在吸收塔中完成。吸收塔分为两部分，从空气预热器中出来的烟气由下部往上部流动，活性炭或活性焦在重力作用下从塔上部往下部下落，与烟气呈逆流接触。进入吸收塔的烟气温度在 120~160℃ 之间具有最高的脱除效率。由于烟气先进入吸收塔下部，SO_2 在这一段先被脱除，脱除率可达98%；进入吸收塔上部的烟气与喷入的氨作用，通过 NH_3 与 NO_x 反应进行脱硝，NO_x 的脱除率可达 80%左右。净化后的烟气由烟囱排出。吸附饱和的活性炭进行加热再生。解吸出的高浓度 SO_2 气体可用于生产硫酸。

2. 活性炭/活性焦同时脱硫脱硝的基本原理是什么？

用活性炭/活性焦进行同时脱硫脱硝时，在吸收塔下部所进行的脱硫过程中，活性炭对 SO_2 既有物理吸附，又有化学吸附。在烟气中有氧及水蒸气存在的条件下，部分 SO_2 被氧化为 SO_3，并进一步与水反应生成硫酸。其反应过程与"第一章七、（七）活性炭烟气脱硫技术"所述相同，而吸附于活性炭表面的硫酸浓度取决于烟气的温度和烟气中水分的含量，化学吸附的总反应式可以表示为：

$$SO_2+H_2O+\frac{1}{2}O_2 \xrightarrow{活性炭} H_2SO_4$$

当在吸收塔上部喷入氨时，烟气中的 NO_x 在活性炭催化作用下，与 NH_3 反应生成 N_2，其原理如下：

$$4NO+4NH_3+O_2 \longrightarrow 4N_2+6H_2O$$
$$2NO_2+4NH_3+O_2 \longrightarrow 3N_2+6H_2O$$

吸附饱和的活性炭送入再生器在 400℃下进行再生，再生后的活性炭进行循环使用。解吸的 SO_2 气体可用于生产硫酸或经克劳斯反应器转化为单质硫。

在活性炭脱硫脱硝过程中，SO_2 的脱除反应先于 NO_x 的脱除反应。在含有高浓度 SO_2 的烟气中，活性炭进行的是 SO_2 脱除反应；在 SO_2 浓度较低的烟气中，NO_x 脱除反应占主导地位。SO_2 浓度与脱硝率存在一定关联，脱硝率随 SO_2 浓度的增大而降低。同时，SO_2 浓度越高氨的消耗率也就越高，这也是多数活性炭工艺使用二级吸收塔的原因。

3. 活性炭/活性焦同时脱硫脱硝工艺有哪些优缺点？

在活性炭/活性焦吸附脱硫系统中喷入氨，即可同时脱除 NO_x，该工艺具有以下优点：

（1）活性炭/活性焦材料具有丰富的孔结构、比表面积大，并具有非极性、疏水性、较好的化学稳定性及热稳定性，失活后可以再生，使得活性炭/活性焦可用作优良的吸附材料和脱硫脱硝材料。

（2）能除去湿法难以除去的 SO_3，SO_3 的脱除率很高。

（3）可以实现联合脱除 SO_2、NO_x 和粉尘的一体化，SO_2 脱除率可达到 98%以上，NO_x 的脱除率可超过 80%，吸收塔出口烟气粉尘含量为 $20mg/m^3$。

（4）能除去废气中的碳氢化合物，如二噁英、汞金属及其他有毒物质，是一种深度处理技术。

（5）在处理污染的同时，能充分回收副产品（如硫酸、硫黄等）。

（6）处理的烟气排放前不需要加热，无须工艺水和废水处理。

（7）装置占地面积小、工艺简单、投资少。

活性炭/活性焦脱硫脱硝工艺也存在以下缺点：

（1）在脱硫脱硝工艺过程中，活性炭经吸附、再生反复使用后损耗大。在吸收塔与解吸塔间的气力输送，易造成活性炭损耗。

（2）吸附脱硫存在着脱硫容量低、脱硫速率慢、再生频繁等缺点。

（3）喷射氨会增加活性炭的黏附力，造成吸收塔内气流分布不均匀。此外，使用氨还会引起管道腐蚀、堵塞及二次污染等问题。

4. 为什么说活性炭纤维在烟气脱硫脱硝上具有广阔的应用前景？

活性炭纤维是继粉状活性炭和粒状活性炭之后发展起来的第三代活性炭材料。它是将炭纤维经物理活化、化学活化或两者兼有的活化反应所制得的具有丰富和发达孔隙结构的功能型碳纤维，多用作吸附材料、催化剂载体等。

作为一种纳米微孔吸附材料，活性碳纤维具有直径 $20\mu m$ 左右的细长纤维结构和较高的强度，还可加工成各种不同的形状，比表面积可达 $2000m^2/g$。其外表面积则是活性炭的百倍乃至千倍，从而极大地增加了吸附和催化能力；由于其孔隙都是纳米尺度的表面微孔（小于 2nm），数量丰富、排列均匀，不仅在吸附过程中能减少气体的扩散阻力，而且在脱附过程中易使活性碳纤维再生，在有氧和水蒸气存在的条件下，活性碳纤维能在较低温度（低于 150℃）甚至常温下将 SO_2 和 NO_x 催化氧化，最终生成硫酸和硝酸。因此，活性碳纤维作为一种新型高效吸附剂，具有很强的吸附及催化能力，在烟气脱硫脱硝方面具有广阔的应用前景。

三、固相吸附/再生同时脱硫脱硝技术

1. 什么是固相吸附/再生同时脱硫脱硝技术？

固相吸附/再生烟气脱硫脱硝工艺是采用固体吸附剂或催化剂，将烟气中的 SO_2 及 NO_x 吸附或反应，然后在再生器中又将硫或氮从吸附剂中解吸出来，吸附剂可重新循环使用，回收的硫可进一步处理制得硫酸或单质硫等副产物；含氮组分通过喷射氨或再循环至锅炉分解为 N_2 和 H_2O。该工艺所用吸附剂有氧化铝、氧化铜、分子筛、硅胶等。上述活性炭也是常用的吸附剂。所用的吸附设备按床层形式可分为固定床吸附器及移动床吸附器。其吸附流程则根据所用吸附剂类型及再生方式的不同而有多种工艺。

2. 氧化铜同时脱硫脱硝的基本原理是怎样的？

氧化铜同时脱硫脱硝技术采用负载型的 CuO 作吸附剂，CuO 含量一般为

4%~6%，所用载体主要是 $\gamma-Al_2O_3$ 和硅胶。操作时，在 300~450℃ 下使烟气中 SO_2 与 CuO 发生反应，形成的 $CuSO_4$ 及 CuO 对还原 NO_x 有很高的催化活性，吸附饱和的 $CuSO_4$ 被送去再生。再生过程一般用 H_2 或 CH_4 气体对 $CuSO_4$ 进行还原，释出的 SO_2 可用于制造硫酸。还原得到的金属铜或 CuS 再用烟气或空气氧化，生成的 CuO 又重新用于吸附还原过程。该工艺的 SO_2 及 NO_x 脱除率可分别高于 95% 和 90%。在吸附剂再生过程中，可得到富 SO_2 混合气，便于硫的回收。

以 $CuO/\gamma-Al_2O_3$ 吸附—催化脱除 SO_2、NO_x 的机理大致如下：

在吸收塔中，温度大约为 400℃，烟气中 SO_2 先与 CuO 反应生成硫酸铜：

$$SO_2+CuO+\frac{1}{2}O_2 \longrightarrow CuSO_4$$

同时，CuO 和 $CuSO_4$ 还可用作脱硝催化剂，在 400℃ 下，通过向烟气中喷入氨，就可脱除 NO_x：

$$4NO+4NH_3+O_2 \xrightarrow{CuSO_4 \text{ 或 } CuO} 4N_2+6H_2O$$

$$2NO_2+4NH_3+O_2 \xrightarrow{CuSO_4 \text{ 或 } CuO} 3N_2+6H_2O$$

该过程也存在以下副反应：

$$4NH_3+5O_2 \longrightarrow 4NO+6H_2O$$

在再生阶段，吸收了硫的吸附剂被送到移动床反应器中以天然气（甲烷）再生，再生温度约 454℃，停留时间 2~4h，约 80% 的吸附剂可得到有效再生，其反应如下：

$$CuSO_4+\frac{1}{2}CH_4 \longrightarrow Cu+SO_2+\frac{1}{2}CO_2+H_2O$$

$$Cu+\frac{1}{2}O_2 \longrightarrow CuO$$

生成的 CuO 又重新用于烟气吸附还原过程。

3. 氧化铜同时脱硫脱硝工艺有哪些优缺点？

根据固定床、移动床及流化床等多种反应器体系对 $CuO/\gamma-Al_2O_3$ 同时脱硫脱硝的考察结果，该工艺具有以下优点：（1）该法不产生固态或液态二次污染物，对环境影响小；（2）脱硫剂可以再生及重复循环使用，降低了运行费用；（3）可以副产硫酸或单质硫等副产品，提高经济效益；（4）可以降低排烟温度，经中温脱硫后，锅炉尾部烟气中的 SO_2 浓度大大降低，酸露点也相应降低，减少尾部烟道结露；（5）工艺简单，投资少；（6）此法也可用活性炭替代 $\gamma-Al_2O_3$ 制取 $CuO/$活性炭吸附剂，克服活性炭使用温度偏低、$CuO/\gamma-Al_2O_3$ 活性温度偏高的缺点，其脱硫和脱硝活性明显高于同温下活性炭和 $CuO/\gamma-Al_2O_3$ 的脱除活性。

该工艺存在的缺点是：（1）吸附剂 CuO 再生后的物化性能有所下降，影响其脱硫脱硝率；（2）由于吸附剂是 CuO 负载在载体上制得，载体 γ-Al_2O_3、硅胶或活性炭的性能对吸附剂影响较大。因此，该法的研发与工业实际应用还存在一定的距离。

4. 什么是 NOXSO 工艺？

NOXSO 工艺是一种干式吸附再生工艺，采用 γ-Al_2O_3 小球浸渍 Na_2CO_3 溶液经干燥后制得的圆球作吸附剂，可同时脱除烟气中的 SO_2 和 NO_x，适用于中高硫煤火电机组。NOXSO 工艺过程主要包括吸收、再生等工序。操作时，通过蒸发直接喷入烟道的水雾来冷却烟气，冷却后的烟气进入流化床吸附塔进行吸收，SO_2 和 NO_x 在此过程中被吸附剂吸附脱除，净化后的烟气通过烟囱排放。吸附饱和的吸附剂被送入加热器，在 600℃ 左右 NO_x 被解吸并部分分解，含有解吸 NO_x 的热空气循环送回到锅炉燃烧室，在燃烧室中的 NO_x 浓度达到稳定状态，可以抑制燃烧产生 NO_x，而且只能产生 N_2。吸附剂则在移动床再生器中回收硫。

在吸附剂上吸附的硫化物主要是 Na_2SO_4，在高温（610℃）下通入还原性气体（CH_4、H_2 等）进行还原反应，部分 Na_2SO_4 还原为 Na_2S。Na_2S 接着在蒸汽处理容器中水解，同时生成的高浓度的 SO_2、H_2S、S 等的混合气体与水蒸气处理器中的气态物送入克劳斯单元回收单质硫。吸附剂在冷却塔中冷却后再循环送至吸收塔重复使用。采用该工艺，SO_2 的去除率可达 90%，NO_x 的去除率达 70%~90%。

5. NOXSO 工艺的化学原理是什么？

NOXSO 工艺是采用高比表面积的 Al_2O_3 浸渍 Na_2CO_3 溶液的球形颗粒作为吸附剂，吸附、再生过程的主要化学反应如下：

$$Na_2CO_3+Al_2O_3 \longrightarrow Na_2AlO_2+CO_2$$

$$2Na_2AlO_2+H_2O \longrightarrow 2NaOH+Al_2O_3$$

$$2NaOH+SO_2+\frac{1}{2}O_2 \longrightarrow Na_2SO_4+H_2O$$

$$2NaOH+2NO+\frac{3}{2}O_2 \longrightarrow 2NaNO_3+H_2O$$

$$2NaOH+2NO_2+\frac{1}{2}O_2 \longrightarrow 2NaNO_3+H_2O$$

吸附剂在加热器中的解吸过程如下：

$$2NaNO_3 \longrightarrow Na_2O+2NO_2+\frac{1}{2}O_2$$

$$2NaNO_3 \longrightarrow Na_2O+NO_2+NO+O_2$$

$$4Na_2SO_4+CH_4 \longrightarrow 4Na_2SO_3+CO_2+2H_2O$$
$$4Na_2SO_3+3CH_4 \longrightarrow 4Na_2S+3CO_2+6H_2O$$
$$Al_2O_3+Na_2SO_3 \longrightarrow 2NaAlO_2+SO_2$$
$$Al_2O_3+Na_2S+H_2O \longrightarrow 2NaAlO_2+H_2S$$

6. NOXSO 工艺有哪些优缺点?

NOXSO 作为一种可同时脱硫脱硝的技术,具有以下优缺点:

(1) 从 NOXSO 工艺的化学原理可知,其吸附剂是氧化铝浸渍了碳酸钠溶液,而起着脱硫脱硝作用的是由于碳酸钠与氧化铝反应生成的碱性化合物偏铝酸钠及氢氧化钠,因而可以同时高效去除 SO_2 和 NO_x,并可副产硫酸或单质硫。

(2) 该工艺与传统的脱硫脱硝技术相比,净化效率高,而且由于是一种干式可再生技术,不存在废水和淤泥排放问题。

(3) NOXSO 技术可用于 75MW 或更大的电站和工业锅炉,适应性强,不受电厂操作条件变化的影响,还可用于老厂的改造。而对于希望提高 SO_2 和 NO_x 脱除率和灰渣综合利用的电厂,该技术具有很大吸引力。

目前,NOXSO 工艺已有示范性工厂,但成熟的工程实例还不多,其主要原因是在 NOXSO 工艺过程中,反应后的吸附剂要加热或需经化学反应后才能重复使用,因此导致运行成本高、工艺复杂,影响了该技术的广泛应用。

7. 什么是 SNAP 工艺,其化学原理是怎样的?

SNAP 工艺是一种改进的 NOXSO 工艺,其工艺过程与 NOXSO 工艺相似,所采用的吸收剂也是用 γ-Al_2O_3 浸渍 Na_2CO_3 溶液制得的圆球。与 NOXSO 工艺所不同的是,SNAP 采用的是气体悬浮式吸附器,脱硫脱硝反应主要发生在通过一些复杂反应产生的 Na_2O 与 SO_2 和 NO_x 之间。

SNAP 工艺过程的反应是在 120℃ 下通过复杂的表面化学反应分步进行的,其吸附作用可能是由 Na_2CO_3 分解后负载在氧化铝上的 Na_2O 所实现的。其脱硫脱硝的主要反应如下:

$$Na_2O+SO_2 \longrightarrow Na_2SO_3$$
$$Na_2SO_3+\frac{1}{2}O_2 \longrightarrow Na_2SO_4$$
$$Na_2O+SO_2+NO+O_2 \longrightarrow Na_2SO_4+NO_2$$
$$Na_2O+3NO_2 \longrightarrow 2NaNO_3+NO$$
$$2NaNO_3+SO_2 \longrightarrow Na_2SO_4+2NO_2$$

解吸出的 NO_x 又被重新送到燃烧器,NO_x 则在火焰区转化成 N_2。在再生的第二阶段,由送入的天然气在 600℃ 以上的高温下与吸附剂进行还原反应,总反应方程式如下:

$$2Na_2SO_4+\frac{5}{4}CH_4 \longrightarrow Na_2O+H_2S+SO_2+\frac{5}{4}CO_2+\frac{3}{2}H_2O$$

在再生的最后阶段，H_2S 和 SO_2 在克劳斯装置中被转化为单质硫。

与 NOXSO 工艺相比，SNAP 工艺的适应性更强，脱硫脱硝率更高，如在规模为 10MW 的 SNAP 工艺试验中，SO_2 的脱除率几乎可达 99%，NO_x 脱除率可达 60%以上。但 SNAP 工艺与 NOXSO 工艺有类似的缺点，其工艺比较复杂，运行成本较高，故其应用也受到很大限制。

四、气固催化同时脱硫脱硝技术

1. 什么是气固催化同时脱硫脱硝技术？

催化净化法是消除气态污染物的重要手段之一，它是使气态污染物通过催化剂床层，在催化剂作用下，经历催化反应转化为无害物质或易于处理和回收利用的物质。气体污染物的催化转化主要有催化氧化和催化还原两种类型。催化氧化就是使废气中的污染物在催化剂的作用下被氧化，如废气中的 SO_2 在催化剂（如 V_2O_5）作用下氧化为 SO_3，再用水吸收变成硫酸而回收；催化还原是使废气中的污染物在催化剂作用下与还原性气体发生反应的净化过程，如废气中的 NO_x 在催化剂作用下与 NH_3 反应生成无害的 N_2。

气固催化同时脱硫脱硝技术就是使用固体催化剂，通过催化反应同时脱除烟气中的 SO_2 和 NO_x 的技术。采用该技术不仅具有较高的脱硫脱硝效率，而且无废水产生，同时还可回收单质硫。其中一些技术已进入商业运行阶段，具有较好的发展前景。

2. 什么是循环流化床脱硫脱硝技术？其脱硫脱硝原理是什么？

循环流化床（简称 CFB）脱硫是目前应用较广的一项技术，最早是由德国鲁奇（Lurgi）公司在 20 世纪 80 年代首先提出的。循环流化床脱硫脱硝工艺是以循环流化床原理为基础，将循环流化床脱硫与选择性催化还原脱硝相结合的一种技术。该工艺使用消石灰作为脱硫的吸收剂，氨作为脱硝的还原剂，$FeSO_4 \cdot 7H_2O$ 作为脱硝的催化剂。操作时，烟气从流化床下部进入吸收塔，与消石灰颗粒充分混合，SO_2 与消石灰反应生成 $CaSO_3$ 或 $CaSO_4$，NO_x 则在催化剂作用下与 NH_3 反应生成 N_2 和 H_2O。反应产物被烟气从吸收塔的上部携带出去，经分离后的固体灰渣又送回循环吸收塔再利用。

循环流化床脱硫脱硝的主要化学反应如下：

脱硫的化学反应为：

$$CaO+H_2O \longrightarrow Ca(OH)_2$$

$$Ca(OH)_2+SO_2 \longrightarrow CaSO_3 \cdot \frac{1}{2}H_2O+\frac{1}{2}H_2O$$

$$Ca(OH)_2+SO_3 \longrightarrow CaSO_4+H_2O$$

$$CaSO_3 \cdot \frac{1}{2}H_2O+\frac{3}{2}H_2O+\frac{1}{2}O_2 \longrightarrow CaSO_4 \cdot 2H_2O$$

脱除 NO_x 的主要反应如下：

$$4NO+4NH_3+O_2 \longrightarrow 4N_2+6H_2O$$

$$2NO_2+4NH_3+O_2 \longrightarrow 3N_2+6H_2O$$

循环流化床脱硫脱硝工艺在脱除 SO_2 的同时，还可以脱除 CO_2、HCl 及 HF 等有害气体，其脱除反应如下：

$$Ca(OH)_2+CO_2 \longrightarrow CaCO_3+H_2O$$

$$Ca(OH)_2+2HCl \longrightarrow CaCl_2+2H_2O$$

$$Ca(OH)_2+2HF \longrightarrow CaF_2+2H_2O$$

3. 循环流化床脱硫脱硝技术有哪些优缺点？

循环流化床脱硫脱硝技术具有以下优点：

（1）脱硫脱硝效率高。由于流化床操作的强烈湍流效应和较高的循环倍率强化了固体颗粒的碰撞及固体颗粒与烟气的接触，并通过摩擦不断地从吸附表面去除反应产物，以产生新鲜的反应表面积，从而提高吸收剂的利用率。某些运行业绩表明，在 Ca/S 为 1.2~1.5、NH_3/NO_x 为 0.7~1.03 的条件下，脱硫率达到 97%，脱硝率为 88%。

（2）脱硫剂利用率高。由于吸收剂可以不断地再循环，延长了脱硫反应时间，因此，脱硫剂的利用率较高，即使在较低的 Ca/S 下，也可以达到与湿法相当的脱硫率。

（3）无废水产生，对环境污染小。由于该工艺处理后的烟气可以直接排出，无须加热，也无废水排放。

（4）运行能耗低，投资费用也较少。

循环流化床脱硫脱硝技术也存在一些缺点，如脱硫产物是 $CaSO_3$、$CaSO_4$、未反应的 CaO 和飞灰的混合物，使综合利用受到一定限制。此外，还存在流化床脱硫系统的阻力大、烟气经过循环流化床的停留时间相对较短，以及运行稳定性不是很好等问题，使其难以推广应用。

4. 什么是 WSA-SNOX 工艺？有哪些特点？

WSA-SNOX 技术，也即湿式洗涤并脱除 NO_x 技术，也称 SNOX 工艺，由丹麦首先开发。其工艺由选择性催化还原（SCR）脱硝单元、SO_2 催化氧化单位及湿法尾气制硫酸单元等组成。烟气先经热交换器加热至 405℃后，送入 SCR 单元脱硝。在 SCR 单元，NO_x 与喷入的 NH_3 在催化剂作用下生成 N_2 和 H_2O；然后，烟气再进入 SO_2 转换器，SO_2 在此被催化氧化为 SO_3，经热交换器降温后，再在降膜冷凝器中凝结水合为硫酸，并可进一步浓缩为商品硫酸（大于 90%）。

该工艺具有以下特点：（1）脱硫脱硝效率高，脱硫率可达 95%~99%，脱硝率也可达到 90%~95%。尤其适用于燃烧石油焦和其他渣油的烟气处理。（2）该工艺除消耗 NH_3 外，不使用其他化学品，因此不产生其他湿法脱硫产生的废水、废弃物等二次污染，也不产生采用石灰石脱硫所产生的 CO_2。（3）能副产高浓度硫酸，可用作化工原料或生产化肥。（4）由于该工艺中，SO_2 氧化催化剂是在 NO_x 的下游，从而保证未反应完全的 NH_3 可以继续反应完全，即使在 NH_3/NO_x 大于 1.0 的情况下也不会有 NH_3 的泄漏。此外，该工艺还可在 SO_2 转换、SO_2 水解、硫酸冷凝、脱 NO_x 等反应中回收热能。因此，该工艺的运行费和维护费用较低。（5）该工艺的缺点是投资费用较高、能耗也较大，还存在副产品浓硫酸的储存、运输等问题。

5. 什么是 DESONOX 工艺？有什么特点？

DESONOX 工艺是由德国 Degussa、Lentjes 和 Lurgi 联合开发，可同时脱除烟气中的 SO_2、NO_x、CO 及未燃烧的烃类物质。它是将氨催化还原、SO_2 催化氧化和 CO、烃类催化氧化集于一体的烟气净化技术。NO_x 的脱除类似于选择性催化还原（SCR）脱硝工艺；CO 及烃类的催化氧化则是在 Degussa 公司开发的贵金属或非贵金属催化剂的作用下去除的；SO_2 的脱除则是由钒催化剂催化氧化为 SO_3 完成的。操作时，烟气先经过静电除尘器除尘后，与 NH_3 混合进入具有双层催化剂的固定床反应器，第一层是 SCR 催化剂，NO_x 被 NH_3 还原为 N_2 和 H_2O；第二层是钒催化剂，SO_2 被催化氧化为 SO_3，最佳操作温度为 400~450℃。富含 SO_3 的烟气经冷凝器冷却至硫酸的露点以下，SO_3 与水反应生成硫酸凝结下来，在洗涤器中用循环硫酸吸收未反应的 SO_3，可得到浓度为 95% 的硫酸。

DESONOX 工艺的特点是 SO_2、NO_x 的脱除率高，对低浓度的 SO_2 也具有较好的活性，不产生二次污染，也适用于老厂技术改造，但其投资和操作运行费用较高。

6. 什么是 SNRB 工艺？有什么特点？

SNRB 工艺是由美国 B&W 公司开发的一种新型高温烟气净化技术，其特点是使用脉冲喷射式布袋式除尘器，将 SO_2、NO_x 及烟尘 3 种污染物同时去除。SNRB 工艺将以下 3 种功能结合在一起：

（1）用钠基吸收剂或石灰基吸收剂吸收 SO_2；

（2）用选择性催化还原（SCR）脱硝催化剂将 NO_x 用 NH_3 还原为 N_2 和 H_2O；

（3）在高温脉冲喷射式布袋除尘器中去除烟尘。

该工艺的关键是使用了陶瓷纤维过滤袋，它可以承受 425~470℃ 的高温，袋内包裹有圆柱形整体 SCR 催化剂。利用高温布袋除尘器可达到一台设备同时脱硫脱硝和除尘的目的。操作时，在布袋除尘器的上游喷入钠基或钙基吸收剂脱除烟气中的 SO_2，灰尘和反应后的吸附剂用陶瓷纤维过滤布袋除尘；NH_3 由布袋除尘器上游喷入，烟气中的 NO_x 在 SCR 催化剂作用下与 NH_3 反应而被脱除。由除尘器出来的烟气通过热交换后就可直接排放。

SNRB 工艺具有以下特点：

（1）吸附剂利用效率高。在 SNRB 工艺中，布袋除尘器的运行温度在 430℃以上，在 Ca/S>1.8 时使用脱水石灰吸附可以达到 80% 以上的脱硫率，而且钙的利用率也可达到 40%~45%；使用钠基吸附剂时，在 Na/S=2 条件下能达到 90%的脱硫率和 85% 的吸附剂利用率。

（2）不产生设备腐蚀。由于在烟气接触 SCR 催化剂之前，SO_2 的量已经大大减少，因此不会引起下游设备由于硫酸铵沉淀导致的结垢和腐蚀。

（3）设备投资少。由于该工艺集脱硫、脱硝和除尘于一体化，因此能显著减少占地面积和设备投资。

（4）该工艺存在的问题主要是两个方面：一是其脱硫率和脱硝率总体来说比较低，对于脱硫率要求高于 85% 的机组则不经济，在脱硫率要求不高时，SNRB 工艺有较大的优势；二是该工艺要求的烟气温度为 300~500℃，为此需要采用特殊耐高温陶瓷纤维编织的过滤袋，制作成本较高。此外，该工艺还会产生一些利用价值不高的副产物或废渣。这些因素一定程度上会影响其推广应用。

五、吸收剂喷射同时脱硫脱硝技术

1. 尿素同时脱硫脱硝的原理是什么？

采用尿素同时脱硫脱硝的工艺是将尿素溶液直接喷入吸收塔内，使尿素与烟气中的 SO_2 和 NO_x 接触，达到同时脱硫脱硝的目的。操作时将 pH 值为 8~9 的尿素溶液通过输送泵直接喷入立式吸收塔内，烟气由吸收塔内经分布器由下而上与烟气接触。送入吸收塔内的烟气分上中下三路进入塔的上部，并通过特殊设计的喷头在塔内充分分散，分散的雾状尿素溶液与上升烟气中的 SO_2 及 NO_x 接触并反应而达到同时脱硫脱硝的目的。未反应完全的尿素溶液流入贮槽后重复使用。

尿素溶液与 SO_2、NO_x 发生的主要反应如下：

$$SO_2+(NH_2)_2CO+\frac{1}{2}O_2+2H_2O \longrightarrow (NH_4)_2SO_4+CO_2$$

$$NO+NO_2+(NH_2)_2CO \longrightarrow 2H_2O+CO_2+2N_2$$

总反应式为：

$$NO+NO_2+SO_2+\frac{1}{2}O_2+2CO（NH_4）_2\longrightarrow2CO_2+2N_2+（NH_4）_2SO_4$$

该工艺的脱硫脱硝率与反应温度、吸收液浓度及 pH 值等因素有关。例如，在反应温度 70~95℃、吸收液 pH 值为 9、尿素浓度为 70~120g/L 的条件下，SO_2 和 NO_x 的脱除率可接近 100%。

该工艺虽具有脱硫脱硝率高、投资较低、操作较简单的优点，但因烟气在设备中的吸收时间长、效率较低，对气液的分散及接触在技术及设备结构上有特殊要求，否则难以达到高脱硫脱硝率的要求。

2. 什么是石灰/尿素喷射工艺？有什么特点？

石灰/尿素喷射工艺是把炉膛喷钙和选择性非催化还原（SNCR）结合起来，实现同时脱除烟气中 SO_2 和 NO_x 的一种技术。操作时，将由尿素溶液和各种钙基吸收剂组成的喷射液（总固体含量为 30%）直接喷入燃烧炉膛中，在反应温度为 900~1000℃时，NO_x 与尿素反应生成 N_2 和 H_2O；同时，SO_2 和 CaO 反应生成 $CaSO_4$，从而达到脱硫脱硝的目的。

由于该工艺不使用催化剂，尿素分解产物的脱硝反应通常是在较高温度（800~900℃）下才能进行，而以 950~980℃ 的温度下效果最好，其反应如下：

$$（NH_2）_2CO\longrightarrow2NH_2+CO$$
$$NH_2+NO\longrightarrow N_2+H_2O$$

SO_2 与石灰水中的 CaO 反应如下：

$$CaO+H_2O\longrightarrow Ca（OH）_2$$
$$Ca（OH）_2+SO_2\longrightarrow CaSO_3\cdot\frac{1}{2}H_2O+\frac{1}{2}H_2O$$
$$Ca（OH）_2+SO_3\longrightarrow CaSO_4+H_2O$$
$$CaSO_3\cdot\frac{1}{2}H_2O+\frac{3}{2}H_2O+\frac{1}{2}O_2\longrightarrow CaSO_4\cdot2H_2O$$

此法与使用干 Ca（OH）$_2$ 吸收剂相比，由于吸收剂磨得更细、更具活性，所以浆液喷射增强了 SO_2 的脱除，而且尿素溶液脱硝对 SO_2 脱除也有促进作用。其运行成本也低于一般的湿法脱硫。但此法的主要不足是，喷头容易堵塞结垢，脱硫脱硝率不太高，脱硫脱硝率通常为 50%~60%，运行好时也只有 80% 左右。

3. 什么是喷雾干燥同时脱硫脱硝工艺？

喷雾干燥同时脱硫脱硝工艺所采用的吸收剂是由消石灰、石膏、飞灰及 5 倍于总固体质量的水混合后，再在 95℃ 下搅拌均化 3~12h 制成的增强石灰—飞灰混合物。操作时将吸收剂以浆液形式进入喷雾干燥塔中，经雾化的吸收剂与烟气接触时，同时与烟气中的 SO_2 和 NO_x 发生反应，最终生成 $CaSO_4$ 和 $Ca（NO_3）_2$ 而达到同时脱硫脱硝目的。脱硫脱硝后的烟气经冷却后排放。

喷雾干燥同时脱硫脱硝的机理比较复杂，目前还十分明确。通过示踪法观察发现，氧化 SO_2 的主要官能团是吸附在吸附剂表面的 NO^{2-}，NO_x 则以 $Ca(NO_3)_2$ 的形式固定。SO_2 的脱除与 NO 的氧化有关，因此 NO_x 的脱除随着 SO_2/NO_x 的增加而增加；而 NO_x 的脱除率随吸收剂中 SiO_2 含量的增加而呈线性增加，这表明 SiO_2 在脱硝机理中扮演一个重要的角色。

在烟气处理量为 $80m^3/h$ 的试验中，在 Ca/S=2.7 的条件下，将上述吸收剂喷射到喷雾干燥塔内，SO_2 和 NO_x 的脱除率可达到 90% 和 70%。当 SO_2/NO_x 增加时，NO_x 的脱除率也随之增加，在 70～130℃内，SO_2 的脱除率为常数，而在 70～90℃之间，NO_x 的脱除率则显著增加。

喷雾干燥同时脱硫脱硝工艺比较简单，但其脱硫率不是太高，比湿式石灰石—石膏工艺的脱硫率低。

4. 什么是干式一体化 SO_2/NO_x 排放控制技术？

干式一体化 SO_2/NO_x 排放控制技术由 4 项控制技术和烟气增湿技术组合而成。4 项控制技术分别是采用低 NO_x 燃烧器、燃尽风、选择性非催化还原及喷射干吸附剂；NO_x 的脱除是通过前三项技术共同完成，脱 SO_2 则是在由钠基或钙基吸附剂及烟气增湿活化来实现的。在该工艺过程中，脱 NO_x 发生在炉内，而脱 SO_2 则是在空气预热器和纤维布袋除尘器之间的管道系统内完成的。

在该工艺中，NO_x 通过燃烧控制得到减量的同时，喷入尿素也能减少 NO_x 的排放量，这时的反应如下：
$$NO+NO_2+(NH_2)_2CO \longrightarrow 2N_2+CO_2+2H_2O$$
而喷入钙基或钠基吸收剂则与 SO_2 反应生成 $CaSO_4$ 或 Na_2SO_4，从而减少 SO_2 的排放。

该工艺的最大优势在于所有的排放控制发生在炉内和烟道内，不需要额外的空间，从而可节省用地、减少投资。但其脱硫脱硝率较低，只有 70%～80%，因而主要用于燃用低硫煤同时脱硫脱硝的小型机组，更适合于小型机组的改造，能降低烟气中 55%～75% 的 SO_2 和 70% 以上的 NO_x。

六、高能电子活化氧化同时脱硫脱硝法

1. 什么是高能电子活化氧化同时脱硫脱硝法？

应用于烟气同时脱硫脱硝的高能电子活化氧化法，是利用高能电子撞击烟气中的 O_2、H_2O 等分子，产生 O、OH、O_3 等氧化性很强的自由基，将 SO_2 氧化成 SO_3，SO_3 与 H_2O 反应生成 H_2SO_4，同时也将 NO 氧化成 NO_2，NO_2 也与 H_2O 反

应生成 HNO_3，生成的酸与喷入的 NH_3 反应生成硫酸铵及硝酸铵等副产物。常用的高能电子活化氧化法有电子束辐照法及脉冲电晕放电法等。

2. 电子束辐照法同时脱硫脱硝技术有哪些特点？

电子束辐照法同时脱硫脱硝工艺过程是烟气经静电除尘后，进入喷雾冷却塔，从塔顶喷射出的冷却水在落到塔底前全部蒸发汽化，将烟气冷却到接近其饱和温度（60~70℃）。然后，烟气进入反应器接受电子束加速器的高能电子（$80 \times 10^{-15} \sim 128 \times 10^{-15}$ J）照射，使烟气中的 N_2、O_2、H_2O 等发生辐射反应，生成大量的自由基、原子、电子和各种激发态的原子、分子等活性物质，它们将烟气中的 SO_2 和 NO 氧化为 SO_3 和 NO_2，这些高价的硫氧化物和氮氧化物再与水蒸气反应生成雾状的硫酸和硝酸。硫酸和硝酸又与先加入反应器的化学计量的氨发生反应，生成硫酸铵及硝酸铵粉状粒子。然后，用干式静电除尘器捕集这些粉状副产品，净化后的烟气由烟囱排入大气。

电子束辐照法同时脱硫脱硝技术的特点是不产生废水、废渣，脱硫效率可达90%以上，脱硝效率也可达80%，副产物可作为化肥使用。此法的主要不足是需要产生高能电子的电子束加速器，需要大功率长期连续稳定工作的电子枪，需要有严格而庞大的放射线防护装置。电子束加速器昂贵、电能消耗高、设备维护工作量大。关于电子束辐照法基本原理可参见"第一章七、（五）电子束辐照烟气脱硫技术"相关内容。

3. 脉冲电晕放电同时脱硫脱硝技术有哪些特点？

脉冲电晕放电同时脱硫脱硝技术主要包括3个工艺过程，即除尘、脱硫脱硝及产物收集。烟气首先经过除尘器除去粉尘。除尘后的烟气进入喷雾增湿降温塔，将烟气温度降至60~80℃，然后将烟气引入脉冲电晕放电脱硫脱硝反应器，反应器采用脉冲供电，并在入口加入氨气。在反应器内脉冲电晕放电，使器内烟气分子突然获得爆炸式巨大能量，从而在常温下产生大量高能电子和·OH、·O等活性等离子体，并进而与烟气中的 SO_2、NO_x 等发生氧化反应及成酸反应。在有 NH_3 存在下进一步转化为硫酸铵、硝酸铵等细微颗粒，并随烟气进入产物收集装置而被捕集到极板上，利用振打使其落到收集电除尘的灰斗中，然后造粒用作化肥。

该法由于脉冲电晕与氨的协同效应可显著提高 SO_2 脱除率，脱硫脱硝效率均在80%以上；除尘效果优于传统静电除尘技术；能量效率比电子束辐照法要高，而且设备简单，省去了电子加速器，避免了电子枪寿命短和X射线屏蔽问题。由于可实现除尘、脱硫脱硝相结合，是一种具有良好发展前景的烟气脱硫脱硝技术。关于脉冲电晕放电法基本原理可参见"第一章七、（六）脉冲电晕等离子体烟气脱硫技术"相关内容。

七、湿法烟气同时脱硫脱硝技术

1. 什么是氯酸氧化同时脱硫脱硝工艺?

氯酸氧化工艺是采用湿式洗涤系统,在一套设备中同时脱除烟气中的 SO_2 及 NO_x。该工艺采用氧化吸收塔和碱式吸收塔两段吸收,其工艺流程如图 3-1 所示。烟气首先送入氧化吸收塔,NO、SO_2 及有毒金属在这里被氯酸($HClO_3$)氧化,生成 HCl、HNO_3 和 H_2SO_4 等;随后进入碱式吸收塔,使用 Na_2S 及 NaOH 作为吸收剂,吸收残余的酸性气体。该工艺对 NO_x、SO_2 及有毒金属都有较高的脱除率。

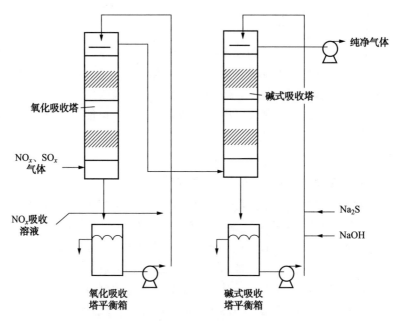

图 3-1　氯酸氧化脱硫脱硝的工艺流程

2. 氯酸氧化 NO_x 的反应机理是什么?

氯酸氧化同时脱硫脱硝工艺的核心是氯酸氧化工艺。氯酸常温下为无色或浅黄色液体,有类似硝酸的刺激性酸臭味,熔点-20℃,在含量30%以下冷的水溶液中相当稳定。水溶液呈强酸性,是强氧化剂,其氧化性随水溶液的 pH 值和温度的变化而变化。氯酸的氧化性比高氯酸($HClO_4$)还要强。

氯酸氧化 NO_x 的反应机理是,$HClO_3$ 先与 NO 反应产生 ClO_2 和 NO_2,其反应如下:

$$2HClO_3+NO \longrightarrow NO_2+2ClO_2+H_2O$$

ClO_2 进一步与气液两相中的 NO 与 NO_2 反应：

$$2ClO_2+5NO+H_2O \longrightarrow 2HCl+5NO_2$$

$$5NO_2+ClO_2+3H_2O \longrightarrow HCl+5HNO_3$$

总反应为：

$$6HClO_3+13NO+5H_2O \longrightarrow 6HCl+10HNO_3+3NO_2$$

由此可见，NO_2、HNO_3 和 HCl 是主要最终产物。

3. 氯酸氧化 SO_2 的反应机理是什么?

氯酸是强氧化剂，能将 SO_2 氧化成硫酸，其氧化 SO_2 的反应机理如下：

$HClO_3$ 与 SO_2 反应：

$$2HClO_3+SO_2 \longrightarrow SO_3+2ClO_2+H_2O$$

$$SO_3+H_2O \longrightarrow H_2SO_4$$

净反应为：$\qquad 2HClO_3+SO_2 \longrightarrow H_2SO_4+2ClO_2$

产生的副产物 ClO_2 与多余的 SO_2 在气相中反应：

$$2ClO_2+4SO_2 \longrightarrow 4SO_3+Cl_2$$

生成的 Cl_2 又进一步与 SO_2、H_2O 在气相、液相中反应生成 SO_3 和 HCl：

$$Cl_2+H_2O \longrightarrow HCl+HOCl$$

$$HOCl+SO_2 \longrightarrow SO_3+HCl$$

总反应为：$\qquad 6SO_2+2HClO_3+6H_2O \longrightarrow 6H_2SO_4+2HCl$

4. 氯酸氧化同时脱硫脱硝工艺有哪些特点?

氯酸氧化同时脱硫脱硝工艺是近期开发的一种技术，该工艺具有如下优点：

（1）适用性广。对现有采用湿式脱硫燃煤电厂而言，可在烟气脱硫前后喷入 NO_x 吸收剂溶液。由于该工艺采用的是湿式洗涤系统，因而可处理含有颗粒的气流，也不存在催化剂中毒、失活等问题。

（2）对入口烟气浓度的限制不严格。氯酸氧化工艺与选择性催化还原（SCR）、选择性非催化还原（SNCR）工艺相比，前者可以在更高的 NO_x 浓度范围内以较高的脱除率脱除 NO_x，而 SCR 和 SNCR 工艺对 NO_x 的入口浓度有较大的限制。

（3）对 NO_x、SO_2 和有毒金属的脱除率较高。氯酸氧化工艺对 NO 的脱除率可达95%以上，而且还可脱除 As、Be、Cd 等有害元素。

（4）操作温度低。氯酸氧化工艺可在常温低氯酸浓度下操作，而 SCR 工艺则需在高温下才能有效脱除 NO_x。

（5）酸性混合物可以回收。在氯酸氧化工艺中，由 $HClO_3$ 与 NO、SO_2 反应所产生的酸性副产物，如 HCl、HNO_3 及 H_2SO_4 等，可经过适当的浓缩处理进行回收利用。

尽管如此，氯酸氧化同时脱硫脱硝工艺存在以下问题而限制其推广应用：

（1）用作氧化剂的氯酸是采用电化学工艺制取的，其技术水平要求较高，对工艺、材料要求都较为严格，而且运输也较困难。

（2）氯酸对设备的腐蚀性较强，设备需使用防腐内衬，因而增加了投资。

（3）氯酸氧化工艺所产生的酸性废液，虽然可经过浓缩处理作为酸性原料使用，但也存在着贮存及运输困难等问题。

5. 什么是湿式烟气脱硫加金属螯合剂工艺？有什么特点？

传统的湿法烟气脱硫工艺可以脱除 90% 以上的 SO_2，但因 NO 在水中的溶解度很低而难以去除。后来发现，一些金属螯合物，如 $Fe(II)EDTA$ 等可以与溶解的 NO_x 迅速发生反应，具有促进 NO_x 吸收的作用。$Fe(II)EDTA-5NO$ 反应可形成复杂的化合物 $Fe(II)EDTA \cdot NO$，而同等的 NO 能与 SO_4^{2-} 与 HSO_3^- 反应，释放出铁螯合物以进一步与 NO 反应。这一协同作用显示无须对 $Fe(II)EDTA$ 进行单独的再生过程以释放出 NO。

湿式烟气脱硫加金属螯合物工艺就是在碱性溶液中加入亚铁离子形成氨基羟酸亚铁螯合物，如 $Fe(EDTA)$、$Fe(NTA)$ 等。这类螯合物吸收 NO 后形成亚硝酰亚铁螯合物，所配位的 NO 能与溶解的 SO_2 和 O_2 反应生成 N_2、N_2O、连二硫酸盐、硫酸盐、各种 N—S 化合物和三价铁螯合物。然后，从吸收液中去除连二硫酸盐、硫酸盐、N—S 化合物以及三价铁螯合物还原成亚铁螯合物使吸收液再生，因此，采用湿式洗涤系统可以做到同时脱除 SO_2 和 NO_x。例如，采用 6% 氧化镁增强石灰加 $Fe(II) \cdot EDTA$ 进行同时脱硫脱硝，可达到约 99% 的脱硫率和 60% 以上的脱硝率。

该工艺的主要缺点是乙二胺四乙酸络铁［$Fe(EDTA)$］和次氮基三乙酸络铁［$Fe(NTA)$］等金属螯合物的再生工艺复杂、运行成本高，还存在着反应过程中螯合物的损失问题。为此，有些研究者也提出用可再生的半胱氨酸亚铁溶液来替代 $Fe(EDTA)$ 等进行烟气同时脱硫脱硝，但还处于试验阶段。

参考文献

[1] 郝吉明，王书肖，陆永琪．燃煤二氧化硫污染控制手册．北京：化学工业出版社，2001.

[2] 蒋文举．烟气脱硫脱硝技术手册．2版．北京：化学工业出版社，2015.

[3] 朱廷钰．烧结烟气净化技术．北京：化学工业出版社，2009.

[4] 朱洪法．石油石化环境保护辞典．北京：石油工业出版社，2017.

[5] 朱洪法．环境保护辞典．北京：金盾出版社，2009.

[6] 王祥光．脱硫技术．北京：化学工业出版社，2013.

[7] 郭东明．脱硫工程技术与设备．2版．北京：化学工业出版社，2012.

[8] 周晓猛．烟气脱硫脱硝工艺手册．北京：化学工业出版社，2016.

[9] 苏亚欣，毛玉如，徐璋．燃煤氮氧化物排放控制技术．北京：化学工业出版社，2005.

[10] 李广超，傅梅绮．大气污染控制技术．北京：化学工业出版社，2005.

[11] 高晋生，鲁军，王杰．煤化工过程中的污染与控制．北京：化学工业出版社，2015.

[12] 王纯，张殿印．工业烟尘减排与回收利用．北京：化学工业出版社，2014.

[13] 俞非漉，王海涛，等．冶金工业烟尘减排与回收利用．北京：化学工业出版社，2012.

[14] 朱洪法，刘丽芝．催化剂制备及应用技术．北京：中国石化出版社，2011.

[15] 朱洪法，刘丽芝．炼油及石油化工"三剂"手册．北京：中国石化出版社，2015.

[16] 党小庆，等．大气污染控制工程技术与实践．北京：化学工业出版社，2009.

[17] 李立清，宋剑飞．废气控制与净化技术．北京：化学工业出版社，2014.

[18] 朱洪法．环境保护基础知识问答．北京：石油工业出版社，2018.